普通高等院校计算机基础教育“十四五”规划教材

微信小程序开发教程 微课版

夏敏捷　潘惠勇　宋宝卫◎编著

中国铁道出版社有限公司
CHINA RAILWAY PUBLISHING HOUSE CO., LTD.

内 容 简 介

本书以开发案例为导向，通过具体案例讲解微信小程序开发，了解微信小程序的设计原理。全书共分两篇：基础篇对微信小程序的框架文件、微信小程序逻辑层和视图层、微信小程序组件进行详细介绍，包括 JavaScript 编程语言基础、WXML、WXSS 和组件的使用，重点学习与游戏绘图相关的 canvas 画布组件；提高篇讲解微信小程序提供的 API、云开发功能和微信小游戏开发，进一步提高微信小程序的应用能力。通过本书的学习，不仅可使读者掌握关键的知识点，更重要的是读者将学会微信小程序编程技术和技巧。书中不仅列出了完整的代码，同时对所有的源代码进行了非常详细的解释，做到通俗易懂，图文并茂。

本书适合作为普通高等院校计算机相关专业的教材，也可作为程序设计人员和微信小程序编程爱好者的参考用书。

图书在版编目（CIP）数据

微信小程序开发教程：微课版/夏敏捷，潘惠勇，宋宝卫编著.—北京：中国铁道出版社有限公司，2021.5（2025.1重印）

普通高等院校计算机基础教育“十四五”规划教材

ISBN 978-7-113-27900-4

Ⅰ.①微… Ⅱ.①夏… ②潘… ③宋… Ⅲ.①移动终端-应用程序-程序设计-高等学校-教材 Ⅳ.①TN929.53

中国版本图书馆CIP数据核字（2021）第070853号

书　　名：微信小程序开发教程（微课版）
WEIXIN XIAOCHENGXU KAIFA JIAOCHENG（WEIKEBAN）

作　　者：夏敏捷　潘惠勇　宋宝卫

策　　划：韩从付　　　**编辑部电话：**（010）63549501

责任编辑：贾　星　彭立辉

封面设计：高博越

责任校对：孙　玫

责任印制：赵星辰

出版发行：中国铁道出版社有限公司（100054，北京市西城区右安门西街 8 号）

网　　址：https://www.tdpress.com/51eds

印　　刷：北京铭成印刷有限公司

版　　次：2021 年 5 月第 1 版　2025 年 1 月第 2 次印刷

开　　本：787 mm × 1 092 mm 1/16　**印张：**17.75　**字数：**440 千

书　　号：ISBN 978-7-113-27900-4

定　　价：55.00 元

前　言

微信小程序是一种不需要下载安装即可使用的应用程序，用户只要“扫一扫”或“搜一搜”即可打开该程序。相对于 App，微信小程序游戏具有随用随点、随走随退、无须下载、不占内存等特点，用户可以在各种各样的环境中拿起手机，忙里偷闲地满足放松与娱乐需求。数据显示，大量用户已在日常生活中逐步养成了使用微信小程序的习惯，其中小游戏活跃度与阅读留存量均大幅度提升。小游戏数量在所有微信小程序中虽然占比不高，但依然是用户访问最多的品类。

本书作者长期从事程序设计语言教学与应用开发，在长期的工作学习中，积累了丰富的经验，能够了解读者在学习编程时需要什么样的书才能提高微信小程序开发能力，以最少的时间投入得到最多的实际应用。

本书内容分成基础篇和提高篇：

基础篇包括第 1~5 章，主要讲解微信小程序开发工具的使用，对微信小程序的框架文件、微信小程序逻辑层和视图层、微信小程序组件进行了详细介绍，包括 JavaScript 编程语言基础、WXML、WXSS 和组件的使用，尤其重点讲解了与游戏绘图相关 canvas 画布组件的使用等。

提高篇包括第 6~8 章，讲解微信提供的 API 和云开发功能，以及原生微信小游戏的开发方式，并实现接宝石箱子游戏，可进一步提高读者微信小程序的开发能力。

需要说明的是，学习微信小程序编程是一个实践的过程，而不仅仅是看书、看资料的过程，亲自动手编写、调试程序才是至关重要的。通过实际的编程和积极的思考，读者可以很快地掌握编程知识及许多宝贵的编程经验，这种编程经验对开发者不可或缺。

本书由夏敏捷（中原工学院）主持编写，宋宝卫（郑州轻工业大学）编写第 1~6 章，潘惠勇（中原工学院）编写第 7 章，其余章节由夏敏捷编写。张锦歌（河南工业大学）参与了附录 A 的编写工作。在本书的编写过程中，为确保内容的正确性，参阅了很多资料，并得到郑秋生教授的支持，在此谨向他们表示衷心的感谢。

由于时间仓促，编者水平有限，书中难免存在疏漏与不妥之处，敬请广大读者批评指正。作者电子邮件地址：xmj@zut.edu.cn。

夏敏捷

2020 年 12 月

目　录

基　础　篇

提 高 篇

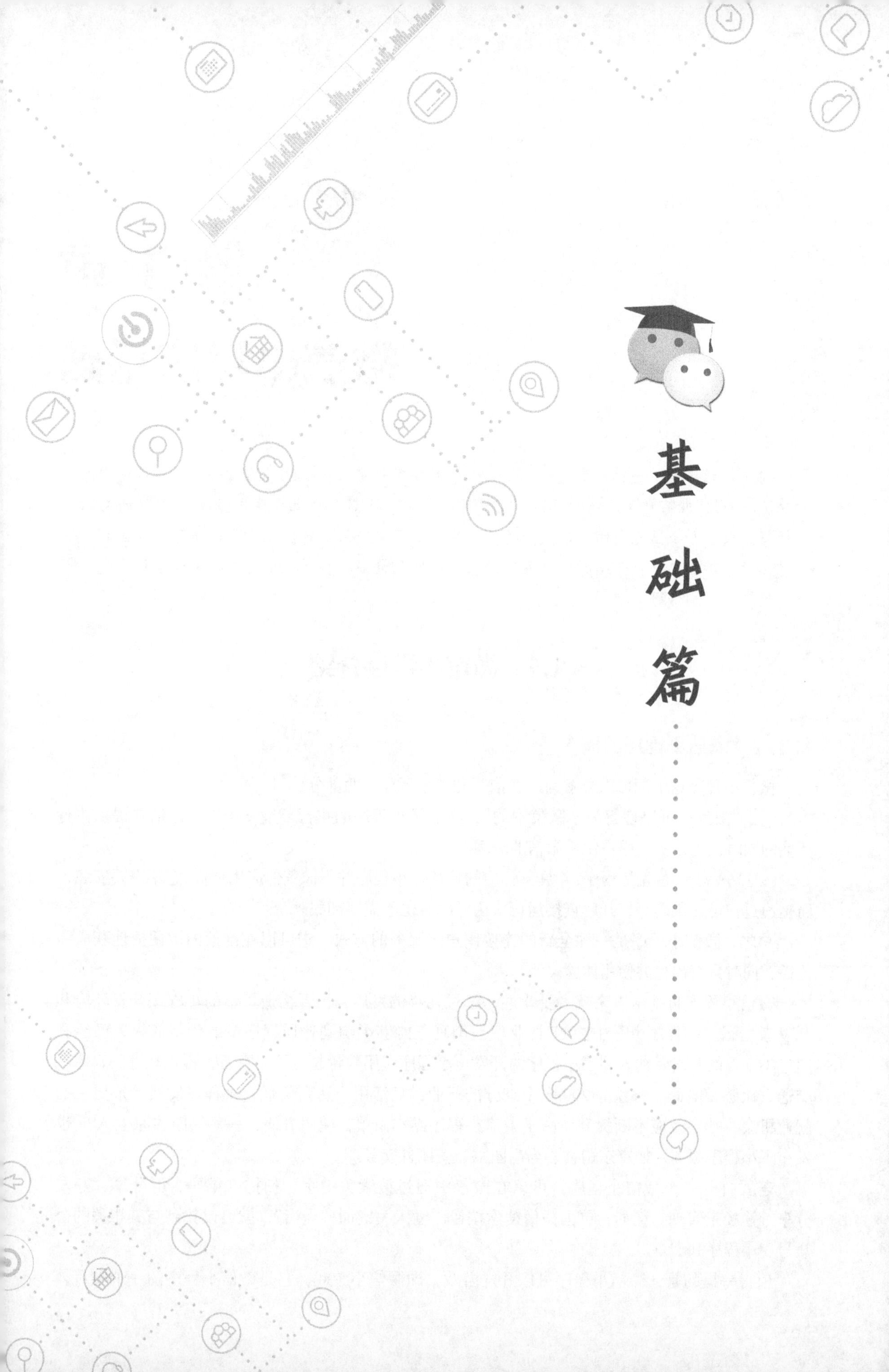

基础篇

第 1 章 微信小程序基础

微信小程序通常简称为小程序，是一种不需要下载安装即可使用的应用，用户只要“扫一扫”或“搜一搜”即可打开该程序。微信小程序2017年1月9日正式上线后，受到广大用户的关注，其较低的成本和微信庞大的用户数量的优势为许多商家提供了商机。为了让读者对微信小程序有整体的认识，本章将介绍微信小程序的基本概念和特征，并针对开发环境的搭建和开发工具的使用进行详细讲解。

1.1 微信小程序介绍

1.1.1 微信小程序的概念

微信小程序这个词可以分解为“微信”和“小程序”两部分：

（1）“微信”可以理解为“微信中的”，指的是小程序的执行环境；当然，微信在提供执行环境的同时，也延长了用户使用微信的时间。

（2）“小程序”首先是程序，并具备轻便的特征。小程序并不像其他应用那样，它不需要安装，而是通过扫描二维码等打开后直接运行；用完以后也不需要卸载。

总之，微信小程序是一种全新的连接用户与服务的方式，它可以在微信内被便捷地获取和传播，同时具有出色的使用体验。

微信小程序自推出以来就大受欢迎，经过几年的发展，已经构造了新的小程序开发环境和开发者生态。小程序也是中国 IT 行业里一个真正能够影响到普通程序员的创新成果，已经有超过 150 万的开发者加入到了小程序的开发，小程序应用数量超过了一百万，覆盖教育、媒体、交通、旅游、电商、餐饮等 200 多个细分的行业，日活用户达到两亿，小程序发展带来更多的就业机会，社会效应不断提升。由于微信小程序操作简单，使用方便，一些热门的原生 APP 也发布了小程序版本，如京东购物、当当图书、美团外卖等。

若要打开一个微信小程序，可以在微信中通过搜索关键字、扫描二维码、群分享、好友分享等途径来实现。例如，单击微信搜索按钮，输入关键词“当当”，就可以找到与其相关的公众号、小程序和文章。

值得一提的是，微信小程序可以开发游戏，即微信小游戏，它是微信小程序的一个类目，使用相同的开发工具开发。

视　频

微信小程序开发工具的使用

1.1.2　注册开发者账号

在创建微信小程序之前，需要注册小程序账号，这样才能进行代码开发和提交工作。其注册步骤如下：

（1）使用浏览器打开微信公众平台网站 https://mp.weixin.qq.com，单击右上角“立即注册”链接进行注册，如图 1-1 所示。

图 1-1　微信公众平台网站

（2）根据图 1-2 中的提示，选择注册微信公众平台的账号类型为“小程序”，即可开始账号注册。

图 1-2　选择账号类型

（3）小程序注册页面包含 3 个填写页面，即账号信息、邮箱激活、信息登记，如图 1-3 所示。完成注册后可以使用刚才的注册账号登录进入小程序管理页面，进行小程序信息完善和管理工作。例如，填写小程序的基本信息，包括名称、头像、介绍及服务范围等。

① 帐号信息 ② 邮箱激活 ③ 信息登记

每个邮箱仅能申请一个小程序

邮箱 xmj@zzti.edu.cn

作为登录帐号，请填写未被微信公众平台注册，未被微信开放平台注册，未被个人微信号绑定的邮箱

密码 ••••••••

字母、数字或者英文符号，最短8位，区分大小写

确认密码

请再次输入密码

验证码 BDEP 换一张

你已阅读并同意《微信公众平台服务协议》及《微信小程序平台服务条款》

注册

图 1-3　小程序注册页面

1.2　微信小程序开发工具的使用

1.2.1　获取微信小程序 AppID

登录 https://mp.weixin.qq.com，就可以在微信小程序管理页面的“开发”→“开发设置”中，查看到微信小程序的 AppID，如图 1-4 所示。

注意：

不可直接使用服务号或订阅号的 AppID。

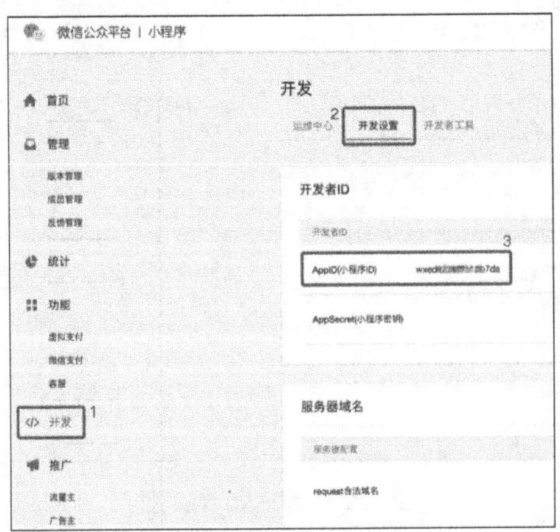

图 1-4　小程序管理页面

1.2.2　安装微信开发者工具

微信提供了小程序的官方开发工具——微信开发者工具。目前，微信开发者工具仍然在不

断完善中，在开发小程序时经常要不断的更新。微信开发者工具官方下载地址为 https://developers.weixin.qq.com/miniprogram/dev/devtools/download.html。

读者根据自己的实际情况，选择 Windows 64（64 位操作系统）、Windows 32（32 位操作系统）或者 macOS（Mac 操作系统）版本下载，安装界面如图 1-5 所示。

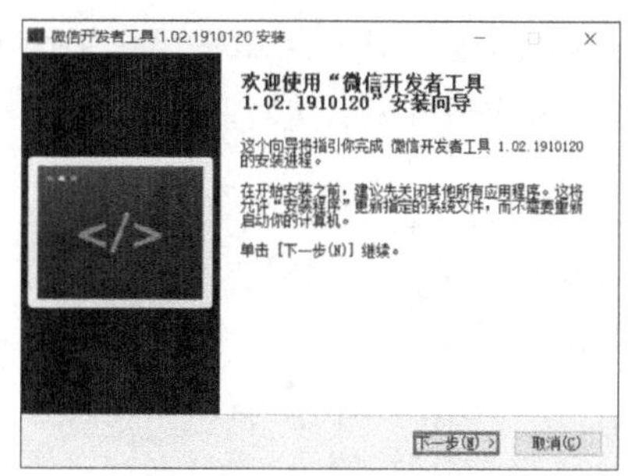

图 1-5　微信开发者工具安装界面

微信开发者工具在使用微信开发者账号登录后，才能进行小程序开发。与一般软件的输入账号和密码登录不同，微信开发者工具使用微信二维码扫描方式验证开发者身份。双击启动微信开发者工具图标时会弹出二维码，开发者使用手机微信扫描二维码确认身份后，才能使用微信开发者工具。

微信小程序开发工具安装好后，开发者工具主界面，从上到下，从左到右，分别为菜单栏、工具栏、模拟器、编辑器、调试器五大部分。这里以微信开发者工具 Stable V1.02 版为例简要介绍其主要功能。

1. 菜单栏

菜单栏中分别有项目、文件、编辑、工具、界面、设置和微信开发者工具。

（1）项目：

- 新建项目：快速新建项目。
- 打开最近：可以查看最近打开的项目列表，并选择是否进入对应项目。
- 查看所有项目：新窗口打开启动页的项目列表页。
- 关闭当前项目：关闭当前项目，回到启动页的项目列表页。

（2）文件：文件的新建、保存和关闭文件操作。

（3）编辑：提供代码格式上的操作。

（4）工具：

- 编译：编译当前小程序项目。
- 刷新：与编译的功能一致，由于历史原因保留。
- 编译配置：可以选择普通编译或自定义编译条件。
- 前后台切换：模拟客户端小程序进入后台运行和返回前台的操作。
- 清除缓存：清除文件缓存、数据缓存及授权数据。

（5）界面：控制“工具栏”、“模拟器”、“编辑器”、“目录树”和“调试器”主界面窗口模块的显示与隐藏。

（6）设置：

- 外观设置：控制编辑器的配色主题、字体、字号、行距。
- 编辑设置：控制文件保存的行为、编辑器的表现。
- 代理设置：选择直连网络、系统代理和手动设置代理。
- 通知设置：设置是否接受某种类型的通知。

（7）微信开发者工具：账户的切换、开发者工具版本的更新。

2. 工具栏

工具栏提供的主要功能如下：

（1）切换用户：单击用户头像（图 1-6 中①）可以打开个人中心，在这里可以便捷地切换用户和查看开发者工具收到的消息。

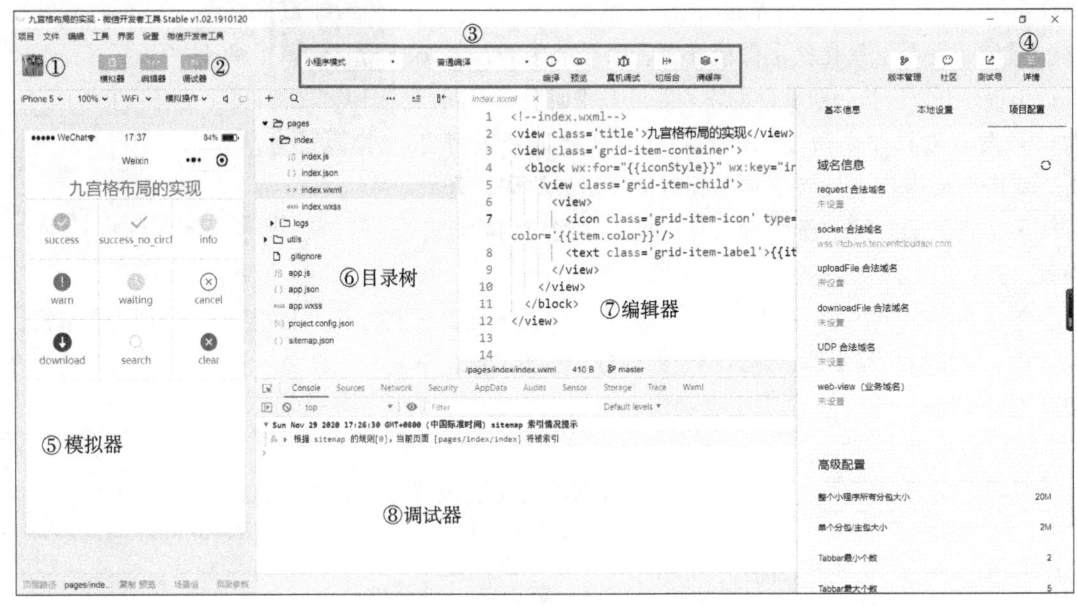

图 1-6　微信开发者工具的界面

（2）在用户头像的右侧有 3 个控制按钮（图 1-6 中②），分别是“模拟器”、“编辑器”和“调试器”，分别对应下方的 3 个功能区域。默认情况下，这 3 个控制按钮都是打开的，可以关掉其中的最多两个功能区域，至少需要有一个功能区域显示。

（3）在界面工具栏中（图 1-6 中③），开发者可以选择普通编译模式，也可以新建并选择自定义条件进行编译和预览。通过“切后台”按钮，可以模拟小程序进入后台的情况；“预览”按钮用于生成二维码进行真机调试（非常实用）；“真机调试”按钮用于生成二维码进行真机远程调试。在工具栏上还提供了“清缓存”按钮，可以便捷地清除工具上的文件缓存、数据缓存，以及后台的授权数据，方便开发者调试。

（4）详情：通过（图 1-6 中④）“详情”按钮可以查看代码体积，微信限制代码必须在 2 MB 以内。控制 ECMAScript6（ES6）语法转换为 ES5。小程序开发中一般不校验合法域名信息。域名信息是小程序后台配置服务器的域名，有 request 域名、socket 域名，以及 uploadFile 和 downloadFile 域名。

> **注意：**
> 域名小程序要求必须是 https。

3. 模拟器

模拟器（图 1-6 中⑤）用于模拟手机环境，查看不同手机的运行效果。写好视图布局代码后单击“编译”按钮，模拟器会刷新显示。小程序以 iPhone 6 的屏幕尺寸为设计标准，此处可选择不同机型来改变屏幕尺寸。

4. 目录树

目录树（图 1-6 中⑥）显示小程序的文件结构。在目录树中单击左上角“+”号可以添加目录（文件夹）和文件，文件类型包括 WXML、JS、WXSS 和 JSON。在 pages 文件夹是与页面同名的子文件夹，每个子文件夹内包含同名的 WXML、JS、WXSS 和 JSON 文件。关于小程序文件结构详见 3.1 节。

5. 编辑器

编辑器（图 1-6 中⑦）用于编辑代码，可以打开多个页面切换查看代码。

6. 调试器

调试器（图 1-6 中⑧）主要有：

（1）Console 控制台：打印输出调试信息。小程序的错误输出，会显示在此处。

（2）Sources 资源文件：当前项目编译后的脚本文件。与浏览器开发不同，微信小程序框架会对脚本文件进行编译工作，所以在 Sources 面板中开发者看到的文件是经过处理之后的脚本文件。

（3）Network 网络：用于观察和显示 request 和 socket 的请求情况。

（4）Storage 本地数据存储：显示的是本地存储的数据，对应的相关 API 是 wx.setStorageSync(key,data)。可以直接在 Storage 面板上对数据进行删除（按【 Delete 】键）、新增、修改。

（5）AppData：用于显示当前项目运行时小程序 AppData 的具体数据，实时地反映项目数据情况，可以在此处编辑数据，并及时地反馈到界面上。

（6）Sensor：开发者可以选择模拟地理位置。同时可以模拟移动设备表现，用于调试重力感应 API。

（7）Wxml 视图调试：开发者可以看到真实的页面结构以及结构对应的 WXSS 属性，同时可以通过修改对应 WXSS 属性，在模拟器中实时看到修改的情况（仅为实时预览，无法保存到文件）。通过调试模块左上角的选择器，还可以快速定位页面中组件对应的 WXML 代码。

以上就是在开发过程中微信开发者工具常用到的功能。为了以后更好地提升开发效率，微信开发者工具也在不断完善，且需要用户在开发过程中将遇到的问题不断地反馈给小程序团队进行优化。

1.2.3　微信小程序发布流程

完成小程序开发后，提交代码至微信团队审核，审核通过后即可发布（公测期间不能发布）。微信小程序发布之前，开发者首先需要在自己的移动终端预览，确保没有任何问题。当确认无误时，上传代码到小程序的管理后台并设置版本，具体内容如下：

（1）预览。单击开发者工具顶部工具栏中的“预览”按钮，开发者工具会自动打包当前项目，并上传小程序代码至微信的服务器，成功之后会在界面上显示一个二维码。使用当前小程序开发者的微信扫码即可看到小程序在手机客户端上的真实表现。

（2）上传代码。选择“工具”→“上传”命令，填写版本号及项目备注，需要注意的是，这里版本号及项目备注是为了方便管理员检查版本使用的，开发者可以根据自己的实际要求填写这两个字段。

上传成功之后，登录小程序管理后台，选择“管理”→“版本管理”就可以找到刚提交上传的版本。小程序版本及说明如表 1-1 所示。

表 1-1　小程序版本及说明

版　本	说　明
开发版本	使用开发者工具，可将代码上传到开发版本中。开发版本只保留最新的一份上传代码，然后提交审核代码。开发版本可删除，不影响线上版本和审核中版本的代码
审核中版本	只能有一份代码处于审核中。有审核结果后可以发布到线上，也可直接重新提交审核，覆盖原审核版本
线上版本	线上所有用户使用的代码版本，该版本代码在新版本代码发布后被覆盖更新

（3）可以将这个版本设置为“体验版”或者“提交审核”。

开发版本在还没审核通过成为线上版本之前，可以先将开发版本设为“体验版”，然后使用“小程序教学助手”，将自己的小程序授权给其他人体验。

（4）发布。审核通过之后，管理员的微信中会收到小程序通过审核的通知，此时登录小程序管理后台，在“版本管理”→“审核版本”中可以看到通过审核的版本。单击“发布”按钮，即可发布小程序。

（5）运营数据。登录小程序管理后台，选择“统计”中的选项可以看到相关的数据，如图 1-7 所示。

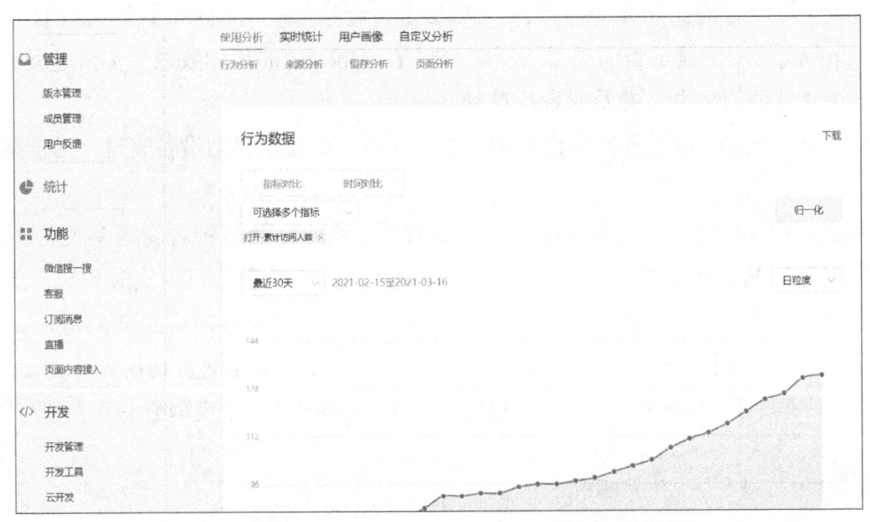

图 1-7　使用网页查看运营数据

1.3　创建一个微信小程序项目

启动微信开发者工具创建一个微信小程序项目，单击菜单界面“项目”→“新建项目”，选择开发模式为“小程序”，同时填写项目名称（如井字棋）、项目文件存放的路径和 AppID，如图 1-8 所示。其中，AppID 就是用户注册时的小程序 ID，参见 1.2.1 节。如果没有 AppID，可以使用测试号，但发布时需要使用正式的小程序 ID。

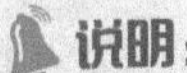**说明：**

小程序项目类型为“小程序”、“小游戏”和“代码片段”。

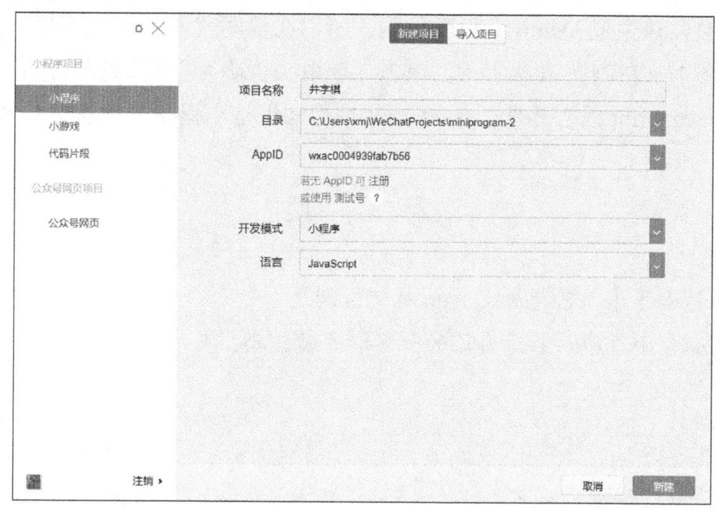

图 1-8 新建小程序项目

其中，“代码片段”是一种可分享的小项目，可用于分享小程序和小游戏的开发经验、展示组件和 API 的使用、复现开发问题等。分享代码片段成功后会得到一个链接，所有拥有此分享链接的人可以在工具中导入此代码片段。它们和普通“小程序”项目一样可以直接运行，主要区别在于代码片段体积小且可以被分享。

小游戏是小程序的一个类目，是微信开放给小程序的更多的功能。小游戏开发将在第 8 章学习。

初学者这里选择小程序项目类型为“小程序”。

填写完毕后单击“新建”按钮，进入如图 1-9 所示的开发界面。默认情况下会创建一个 HelloWorld 简单 Demo 小程序供初学者学习。第 3 章通过这个 Demo 程序了解小程序框架构成（文件组成）。

图 1-9 新建的一个小程序

开发者工具会默认生成 Demo 小程序代码，所以在没写代码的情况下项目已经编辑好了，程序运行效果如图 1-9 左侧模拟器所示。单击“获取头像昵称”可以获取用户头像昵称。微信小程序需要使用 JavaScript 语言开发，JavaScript 编程知识是小程序开发的必备内容。

习　题

1. 什么是微信小程序，它与原生 App 有何区别？
2. 创建一个微信小程序，显示自己的姓名和年龄信息。

第 2 章 JavaScript 语法基础

微信小程序使用的编程语言是JavaScript（简称JS），是一种可以嵌入到HTML页面中的脚本语言，需要掌握JavaScript的核心语法，以满足小程序的开发需求。学习JavaScript编程是阅读本书后面内容的基础。

2.1 JavaScript 语言概述

JavaScript是互联网上最流行的脚本语言，可用于HTML和Web，也可广泛用于服务器、PC、笔记本计算机、平板计算机和智能手机等设备。JavaScript主要用于以下3个领域：

（1）浏览器：得到所有浏览器的支持，只要有网页的地方几乎就有JavaScript。

（2）服务器：借助node.js运行环境，JavaScript已经成为很多开发者进行后端开发的选择之一。

（3）微信小程序：小程序逻辑开发的语言。

视 频

JavaScript 语言

2.1.1 JavaScript 语言简介

JavaScript在1995年由Brendan Eich发明，并于1997年成为一个ECMA标准。ECMAScript（ECMA-262）是JavaScript的官方名称。ECMAScript 1（1997）是第一版，其后经历多个版本，如ECMAScript 5（发布于2009年）也称为ES5和ECMAScript 2009、ECMAScript 6（发布于2015年）等版本。

ECMAScript通常缩写为ES。在微信小程序中通常使用ES5和ES6版本。

在ES5版本中添加JSON支持，String.trim()、Array.isArray()数组迭代方法等。在ES6版本中添加了let和const、class类、Array.find()和Array.findIndex()等功能。此后的每个版本都有新功能添加进来。

2.1.2 运行 JavaScript 语言

1. 在浏览器中运行

在HTML网页文件中使用JavaScript脚本时，JavaScript代码需要出现在<Script Language="JavaScript">和</Script>之间。

例 2-1 一个简单的在 HTML 文件中使用 JavaScript 脚本的实例。

```
<HTML>
<HEAD>
<TITLE> 简单的 JavaScript 代码 </TITLE>
<Script Language="JavaScript">
   // 下面是 JavaScript 代码
   var iNum=10;
   iNum*=2;
   console.log(iNum);
   console.log(" 这是一个简单的 JavaScript 程序 !");
</Script>
</HEAD>
<BODY>
简单的 JavaScript 脚本
</BODY>
</HTML>
```

在 JavaScript 中，使用“//”作为注释符。浏览器在解释程序时，将不考虑一行程序中“//”后面的代码。

另外一种插入 JavaScript 程序的方法是把 JavaScript 代码写到一个 .js 文件中，然后在 HTML 文件中引用该文件，方法如下：

```
<script src="***.js 文件 "></script>
```

使用引用 JS 文件的方法实现例 2-1 的功能。创建 output.js，内容如下：

```
var iNum=10;
iNum*=2;
console.log(iNum);
console.log(" 这是一个简单的 JavaScript 程序 !");
```

HTML 文件的代码如下：

```
<HTML>
<HEAD><TITLE> 简单的 JavaScript 代码 </TITLE></HEAD>
<BODY>
   <Script src="output.js"></Script>
</BODY>
</HTML>
```

JavaScript 是一种解释性编程语言，其源代码在发往客户端执行之前不需经过编译，而是将文本格式的字符代码发送给客户端由浏览器解释执行。注意 JavaScript 与 Java 的区别，Java 的源代码在传递到客户端执行之前，必须经过编译，因此客户端必须具有相应平台上的解释器。

2. 在服务器中运行

搭建 node 运行环境后，通过命令行执行 JS 文件。例如：

```
node  output.js
```

3. 在微信小程序中运行

在微信小程序中，JavaScript 需要单独保存在 JS 文件中，即外联式。小程序框架对此进行了优化，只要按目录规范保证 JS 文件与 WXML 文件同名，则无须使用 <script src="***.js 文件"></script> 引入即可使用。

在微信开发工具中，可以让用户方便地调试 JavaScript 代码，单击 Console 选项卡（见图 2-1），可以查看 JS 代码文件中 console.log() 输出的调试信息。

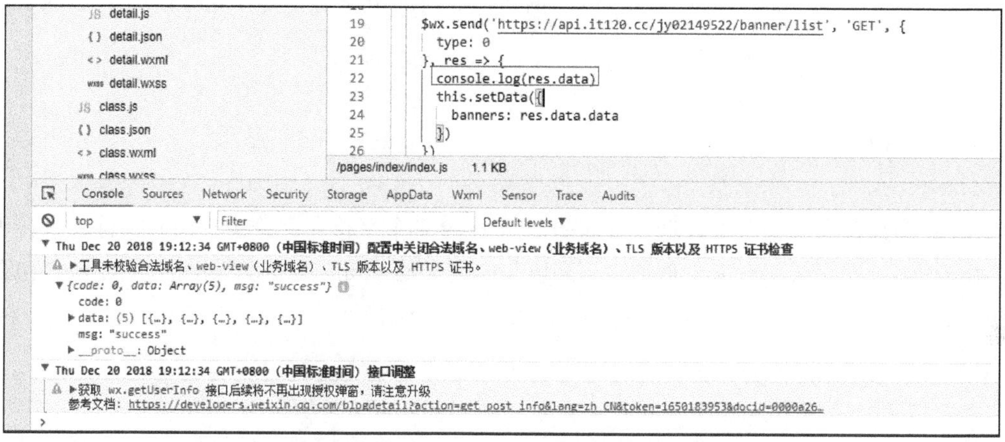

图 2-1　调试 console 效果图

此外，对于不依赖界面的纯 JS 代码，可以直接在 Console 选项卡的命令行中“>”符号后输入相关代码，按【Enter】键后即可得到结果。

例如：

```
var iNum=10;
iNum*=2;
console.log(iNum);
```

可得到结果 20。

2.2　基本语法

2.2.1　数据类型

JavaScript 包含下面 5 种原始数据类型。

1. Undefined

Undefined 即未定义类型，用于不存在或者没有被赋初始值的变量或对象的属性。例如，下列语句定义变量 name 为 Undefined 型：

```
var name;
```

定义 Undefined 型变量后，可在后续的脚本代码中对其进行赋值操作，从而自动获得由其值决定的数据类型。

2. Null

Null 型数据表示空值，作用是表明数据空缺的值，一般在设置已存在的变量（或对象的属性）为空时较为常用。区分 Undefined 型和 Null 型数据比较麻烦，一般将 Undefined 型和 Null 型等同对待。

3. Boolean

Boolean 表示的是布尔型数据，取值为 true 或 false，分别表示逻辑真和假，且任何时刻都只能使用两种状态中的一种，不能同时出现。例如，下列语句分别定义 Boolean 变量 bChooseA 和 bChooseB，并分别赋予初值 true 和 false：

```
var bChooseA=true;
var bChooseB=false;
```

4. String

String 型数据表示字符型数据。JavaScript 不区分单个字符和字符串，任何字符或字符串都可以用双引号或单引号引起来。例如，下列语句中定义的 String 型变量 nameA 和 nameB 包含相同的内容：

```
var nameA="Tom";
var nameB='Tom';
```

如果字符串本身含有双引号，则应使用单引号将字符串括起来；若字符串本身含有单引号，则应使用双引号将字符串引起来。一般来说，在编写脚本过程中，双引号或单引号的选择在整个 JavaScript 脚本代码中应尽量保持一致，以养成好的编程习惯。

5. Number

Number 型数据即数值型数据，包括整型和浮点型，整型数制可以使用十进制、八进制及十六进制标识，而浮点型为包含小数点的实数，且可用科学计数法来表示。例如：

```
var myDataA=8;
var myDataB=6.3;
```

上述代码分别定义值为整数 8 的 Number 型变量 myDataA 和值为浮点数 6.3 的 Number 型变量 myDataB。

JavaScript 脚本语言除了支持上述基本数据类型外，也支持组合类型，如数组 Array 和对象 Object 等。

2.2.2 常量和变量

1. 常量

常量是内存中用于保存固定值的单元，在程序中常量的值不能发生改变。

2. 变量

变量是内存中命名的存储位置，可以在程序中设置和修改变量的值。在 JavaScript 中，可以使用 var 关键字声明变量，声明变量时不要求指明变量的数据类型。例如：

```
var x;
```

也可以在声明变量时为其赋值。例如：

```
var x=1;
var a=1,b=2,c=3,d=4;
```

或者不声明变量，而通过使用变量来确定其类型，但这样的变量默认是全局的。例如：

```
x=1;
str="This is a string";
exist=false;
```

JavaScript 变量名需要遵守下面的规则：

（1）第一个字符必须是字母、下画线（_）或美元符号（$）。

（2）其他字符可以是下画线、美元符号、任何字母或数字字符。

（3）变量名称对大小写敏感（也就是说 x 和 X 是不同的变量）。

JavaScript 脚本程序对大小写敏感，相同的字母，大小写不同，代表的意义也不同，如变量名 name、Name 和 NAME 代表 3 个不同的变量名。在 JavaScript 脚本程序中，变量名、函数名、运算符、关键字、对象属性等都对大小写敏感。同时，所有的关键字、内建函数，以及对象属性等的大小写都是固定的，甚至混合大小写，因此在编写 JavaScript 脚本程序时，要确保输入正确，否则不能达到编写程序的目的。

提示：

JavaScript 变量在使用前可以不作声明，采用弱类型变量检查，解释器在运行时检查其数据类型。而 Java 与 C 语言一样，采用强类型变量检查，所有变量在编译之前必须声明，而且不能使用没有赋值的变量。

变量声明时不需要显式指定其数据类型，既是 JavaScript 脚本语言的优点也是其缺点，优点是编写脚本代码时不需要指明数据类型，使变量声明过程简单明了；缺点就是有可能造成因拼写不当而引起致命的错误。

注意：

JavaScript 用分号表示结束一行代码，每行结尾的分号可有可无，最好的编写代码习惯是每行结尾加上分号。

2.2.3　注释

JavaScript 支持 2 种类型的注释字符。

1. //

“//”是单行注释符，这种注释符可与要执行的代码处在同一行，也可另起一行。从“//”开始到行尾均表示注释。对于多行注释，必须在每个注释行的开始使用“//”。

2. /* ... */

/* ... */ 是多行注释符，“…”表示注释的内容。这种注释字符可与要执行的代码处在同一行，也可另起一行，甚至用在可执行代码内。对于多行注释，必须使用开始注释符（/*）开始注释，使用结束注释符（*/）结束注释。注释行上不应出现其他注释字符。

2.2.4 运算符和表达式

编写 JavaScript 脚本代码过程中，对数据进行运算操作需要用到运算符。表达式则由常量、变量和运算符等组成。

1. 算术运算符

算术运算符可以实现数学运算，包括加（+）、减（-）、乘（*）、除（/）和求余（%）等。具体使用方法如下：

```
var a,b,c;
a=b+c;
a=b-c;
a=b*c;
a=b/c;
a=b%c;
```

2. 赋值运算符

JavaScript 脚本语言的赋值运算符包含“=”、“ +=”、“-=”、“ *=”、“ /=”、“ %=”、“ &=”和“ ^=”等，如表 2-1 所示。

表 2-1 赋值运算符

运 算 符	举 例	简 要 说 明
=	m=n	将运算符右边变量的值赋给左边变量
+=	m+=n	将运算符两侧变量的值相加并将结果赋给左边变量
-=	m-=n	将运算符两侧变量的值相减并将结果赋给左边变量
*=	m*=n	将运算符两侧变量的值相乘并将结果赋给左边变量
/=	m/=n	将运算符两侧变量的值相除并将整除的结果赋给左边变量
%=	m%=n	将运算符两侧变量的值相除并将余数赋给左边变量
&=	m&=n	将运算符两侧变量的值进行按位与操作并将结果赋值给左边变量
^=	m^=n	将运算符两侧变量的值进行按位或操作并将结果赋值给左边变量
<<=	m<<=n	将运算符左边变量的值左移由右边变量的值指定的位数，并将结果赋予左边变量
>>=	m>>=n	将运算符左边变量的值右移由右边变量的值指定的位数，并将结果赋予左边变量

例如：

```
var iNum=10;
iNum*=2;
console.log(iNum);                          // 输出 20
```

3. 关系运算符

JavaScript 脚本语言中用于比较两个数据的运算符称为比较运算符，包括“==”、“===”、“ !=”、“>”、“<”、“<=”和“>=”等，其具体作用如表 2-2 所示。

表 2-2　关系运算符

关系运算符	具 体 描 述
==	等于运算符（两个 =）。例如 a==b，如果 a 等于 b，则返回 true；否则返回 false
===	恒等运算符（3 个 =）。例如 a===b，如果 a 的值等于 b，而且它们的数据类型也相同，则返回 true；否则返回 false。例如： var a=8 , b="8"; a==b;　　//true a===b;　//false
!=	不等运算符。例如 a!=b，如果 a 不等于 b，则返回 true；否则返回 false
!==	不恒等，左右两边必须完全不相等（值、类型都相等）才为 true
<	小于运算符
>	大于运算符

4. 逻辑运算符

JavaScript 脚本语言的逻辑运算符包括“ &&”、“ ||” 和 “ !” 等，用于两个逻辑型数据之间的操作，返回值的数据类型为布尔型。逻辑运算符的功能如表 2-3 所示。

表 2-3　逻辑运算符

<table>
<tr><th>逻辑运算符</th><th>具 体 描 述</th></tr>
<tr><td>&&</td><td>逻辑与运算符。例如 a && b，当 a 和 b 都为 true 时等于 true；否则等于 false</td></tr>
<tr><td>||</td><td>逻辑或运算符。例如 a || b，当 a 和 b 至少有一个为 true 时等于 true；否则等于 false</td></tr>
<tr><td>!</td><td>逻辑非运算符。例如 !a，当 a 等于 true 时，表达式等于 false；否则等于 true</td></tr>
</table>

逻辑运算符一般与比较运算符捆绑使用，用以引入多个控制的条件，以控制 JavaScript 脚本代码的流向。

5. 位移运算符

位移运算符用于将目标数据（二进制形式）往指定方向移动指定的位数。JavaScript 脚本语言支持“<<”、“>>” 和 “>>>” 等位移运算符，其具体作用如表 2-4 所示。

表 2-4　位移运算符

<table>
<tr><th>位运算符</th><th>具 体 描 述</th><th>举　例</th></tr>
<tr><td>~</td><td>按位非运算</td><td>~（-3）结果是 2</td></tr>
<tr><td>&</td><td>按位与运算</td><td>4&7 结果是 4</td></tr>
<tr><td>|</td><td>按位或运算</td><td>4|7 结果是 7</td></tr>
<tr><td>^</td><td>按位异或运算</td><td>4^7 结果是 3</td></tr>
<tr><td><<</td><td>位左移运算</td><td>9<<2 结果是 36</td></tr>
<tr><td>>></td><td>有符号位右移运算，将左边数据表示的二进制值向右移动，忽略被移出的位，左侧空位补符号位（负数补 1，正数补 0）</td><td>9>>2 结果是 2</td></tr>
<tr><td>>>></td><td>无符号位右移运算，将左边数据表示的二进制值向右移动，忽略被移出的位，左侧空位补 0</td><td>9>>>2 结果是 2</td></tr>
</table>

-3 的补码是 11111101，~（-3）按位非运算所以结果是 2。

4&7 结果是 4，因为 00000100 &00000111 的结果是 00000100 所以是 4。

9>>2 结果是 2，因为 00001001>>2 是右移 2 位，结果是 000010 所以是 2。

6. 条件运算符

在 JavaScript 脚本语言中，“?：”运算符用于创建条件分支。较 if...else 语句更加简便，其语法结构如下：

```
(condition)?statementA:statementB;
```

上述语句首先判断条件 condition，若结果为真则执行语句 statementA，否则执行语句 statementB。值得注意的是，由于 JavaScript 脚本解释器将分号“；”作为语句的结束符，statementA 和 statementB 语句均必须为单个脚本代码，若使用多个语句会报错。

考查如下简单的分支语句：

```
var age=25;
var contentA="\n 系统提示：\n 对不起，您未满 18 岁，不能浏览该网站！\n";
var contentB="\n 系统提示：\n 单击确定按钮，注册网上商城开始欢乐之旅！"
console.log(age<18? contentA:contentB );
```

程序运行后，结果如下：

```
系统提示:
单击确定按钮，注册网上商城开始欢乐之旅!
```

效果等同于：

```
if(age<18)  console.log(contentA);
else  console.log(contentB);
```

7. 逗号运算符

使用逗号运算符可以在一条语句中执行多个运算。例如：

```
var iNum1=1, iNum=2, iNum3=3;
```

8. typeof 运算符

typeof 运算符用于表明操作数的数据类型，返回数值类型为一个字符串。在 JavaScript 脚本语言中，其使用格式如下：

```
var myString=typeof(data);
```

例 2-2 演示使用 typeof 运算符返回变量类型的方法，代码如下：

```
var temp;
console.log(typeof temp);      //输出 "undefined"
temp="test string";
console.log(typeof temp);      //输出 "string"
temp=100;
console.log(typeof temp);      //输出 "number"
```

程序运行结果：

```
undefined
string
number
```

可以看出，使用关键字 var 定义变量时，若不指定其初始值，则变量的数据类型默认为

undefined。同时，若在程序执行过程中，变量被赋予其他隐性包含特定数据类型的数值时，其数据类型也随之发生更改。

9. 其他运算符

其他几个特殊运算符的作用如表 2-5 所示。

表 2-5　其他运算符

一元运算符	具体描述
delete	删除对以前定义的对象属性或方法的引用。例如： var o=new Object;　　　// 创建 Object 对象 o delete o;　　　　　　　// 删除对象 o
void	出现在任何类型的操作数之前，作用是舍弃运算数的值，返回 undefined 作为表达式的值。例如：var x=1,y=2; console.log(void(x+y));　// 输出：undefined
++	增量运算符。了解 C 语言或 Java 的读者应该认识此运算符。它与 C 语言或 Java 中的意义相同，可以出现在操作数的前面（此时叫作前增量运算符），也可以出现在操作数的后面（此时叫作后增量运算符）。++ 运算符对操作数加 1，如果是前增量运算符，则返回加 1 后的结果；如果是后增量运算符，则返回操作数的原值，再对操作数执行加 1 操作。例如：var iNum=10; console.log(iNum++);　// 输出 "10" console.log(++iNum);　// 输出 "12"
--	减量运算符。它与增量运算符的意义相反，可以出现在操作数的前面（此时叫作前减量运算符），也可以出现在操作数的后面（此时叫作后减量运算符）。- - 运算符对操作数减 1，如果是前减量运算符，则返回减 1 则返回减 1 后的结果；如果是后减量运算符，则返回操作数的原值，再对操作为执行减 1 操作

2.3　常用控制语句

对于 JavaScript 程序中的执行语句，默认按照书写顺序依次执行，通常称这样的语句是顺序结构的。但是，仅有顺序结构是不够的，因为有时需要根据特定的情况，有选择地执行某些语句，这时就需要一种选择结构的语句。另外，有时还需要在给定条件下往复执行某些语句，则称这些语句是循环结构的。有了这 3 种基本的结构，就能够构建任意复杂的程序。

2.3.1　选择结构语句

1. if 语句

JavaScript 的 if 语句的功能跟其他语言的非常相似，都是用来判定给出的条件是否满足，然后根据判断的结果（即真或假）决定是否执行给出的操作。if 语句是一种单选结构，它选择的是做与不做。它由三部分组成：关键字 if 本身、测试条件真假的表达式（简称条件表达式）和表达式结果为真（即表达式的值为非零）时要执行的代码。if 语句的语法形式如下：

```
if(表达式)
  语句体
```

if 语句的流程图如图 2-2 所示。

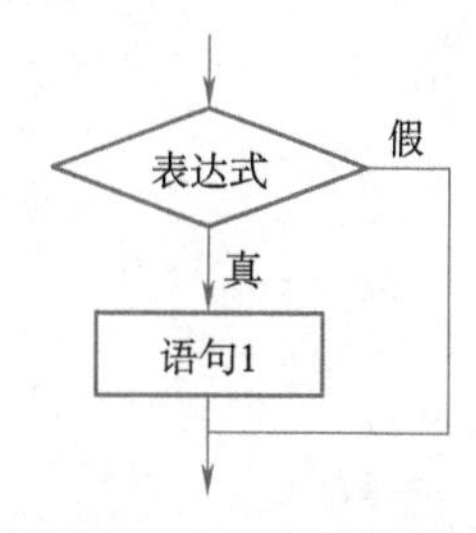

图 2-2　if 语句的流程图

if 语句的表达式用于判断条件，可以用 >（大于）、<（小于）、==（等于）、>=（大于等于）、<=（小于等于）来表示其关系。

下面用一个示例程序来演示一下 if 语句的用法。

```
// 比较 a 是否大于 0
if(a>0)
  console.log(" 大于 0");
```

如果 a 大于 0 则显示出“大于 0”的文字提示，否则不显示。

2. if...else... 语句

上面的 if 语句是一种单选结构，也就是说，如果条件为真（即表达式的值为真），那么执行指定的操作；否则就会跳过该操作。而 if...else... 语句是一种双选结构，在两种备选行动中选择其中一个。if...else... 语句由五部分组成：关键字 if、测试条件真假的表达式、表达式结果为真（即表达式的值为非零）时要执行的代码，以及关键字 else 和表达式结果为假（即表达式的值为假）时要执行的代码。if...else... 语句的语法形式如下：

```
if(表达式)
  语句 1
else
  语句 2
```

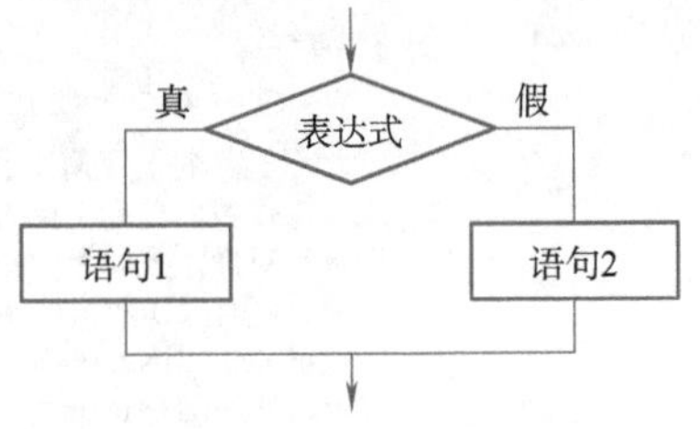

图 2-3　if...else... 语句的流程图

if...else... 语句的流程图如图 2-3 所示。

下面对上面的示例程序进行修改，以演示 if...else... 语句的使用方法。程序很简单，如果 a 这个数字大于 0，就输出“大于 0”一行信息；否则，输出另一行“小于等于 0”字符串，指出 a 小于等于 0。代码如下：

```
if(a>0)
    console.log(" 大于 0");
else
    console.log(" 小于等于 0");
```

3. if...else if...else 语句

有时候，需要在多组动作中选择一组执行，这时就会用到多选结构，对于 JavaScript 语言来说就是 if...else if...else 语句。该语句可以利用一系列条件表达式进行检查，并在某个表达式为真的情况下执行相应的代码。需要注意的是，虽然 if...else if...else 语句的备选动作较多，但是有且只有一组操作被执行，该语句的语法形式如下：

```
if （表达式 1)
  语句 1
else if （表达式 2)
  语句 2
else if （表达式 3)
  语句 3
...
else if （表达式 n)
  语句 n
else
  语句 n+1
```

注意：

最后一个 else 子句没有进行条件判断，它实际上处理跟前面所有条件都不匹配的情况，所以 else 子句必须放在最后。

if...else if...else 语句的流程图如图 2-4 所示。

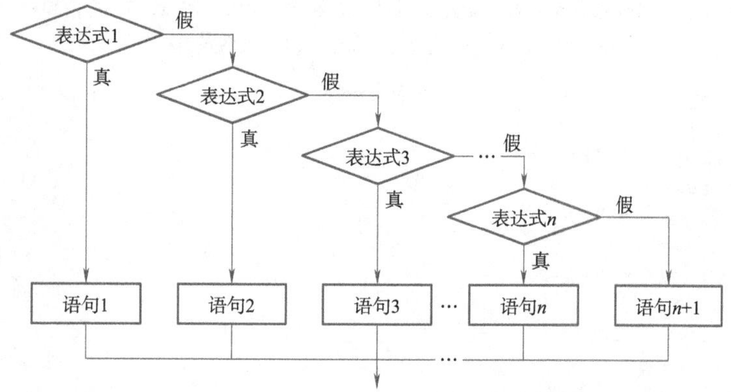

图 2-4 if...else if...else 语句的流程图

下面继续对上面的示例程序进行修改，以演示 if...else if...else语句的使用方法。具体代码如下：

```
if(a>0)
   console.log("大于 0");
else if(a==0)
   console.log("等于 0");
else
   console.log("小于 0");
```

以上区分 a 大于 0、a 等于 0 和 a 小于 0 三种情况分别输出不同信息。

例 2-3 下面是一个显示当前系统日期的 JavaScript 代码，其中使用到 if...else if…else 语句。

```
//显示当前系统日期
d=new Date();
console.log("今天是");
if(d.getDay()==1){
   console.log("星期一");
}
else if(d.getDay()==2){
   console.log("星期二");
}
else if(d.getDay()==3){
   console.log("星期三");
}
else if(d.getDay()==4){
   console.log("星期四");
}
else if(d.getDay()==5){
   console.log("星期五");
}
else if(d.getDay()==6){
   console.log("星期六");
}
else{
```

```
    console.log("星期日");
}
```

Date 对象用于处理时间和日期，getDay() 是 Date 对象的方法，它返回表示星期几的数字。星期一则返回 1，星期二则返回 2……

例 2-4 输入学生的成绩 score，按分数输出其等级：score ≥ 90 为优，90>score ≥ 80 为良，80>score ≥ 70 为中等，70>score ≥ 60 为及格，score<60 为不及格。

```
var  score=89;                    //输入成绩
if(score>=90)
   console.log("优");
else if(score>=80)
   console.log("良");
else if(score>=70)
   console.log("中");
else if(score>=60)
   console.log("及格");
else
   console.log("不及格");
```

说明：

3 种选择语句中，条件表达式都是必不可少的组成部分。那么哪些表达式可以作为条件表达式呢？基本上，最常用的是关系表达式和逻辑表达式。

4. switch 语句

如果有多个条件，可以使用嵌套的 if 语句来解决，但此种方法会增加程序的复杂度，并降低程序的可读性。若使用 switch 语句可实现多选一程序结构，其基本结构如下：

```
switch(表达式){
 case 值1:
     语句块1
     break;
 case 值2:
     语句块2
     break;
 ...
 case 值n:
     语句块n
     break;
 default:
     语句块n+1
}
```

说明：

（1）当 switch 后面括号中表达式的值与某一个 case 分支中常量表达式匹配时，就执行该分支。如果所有的 case 分支中常量表达式都不能与 switch 后面括号中表达式的值匹配，则执行 default 分支。

（2）每一个 case 分支最后都有一条 break 语句，执行此语句会退出 switch 语句，不再执行后面的语句。

（3）每个常量表达式的取值必须各不相同，否则将引起歧义。各 case 后面必须是常量，而不能是变量或表达式。

switch 语句的流程图如图 2-5 所示。

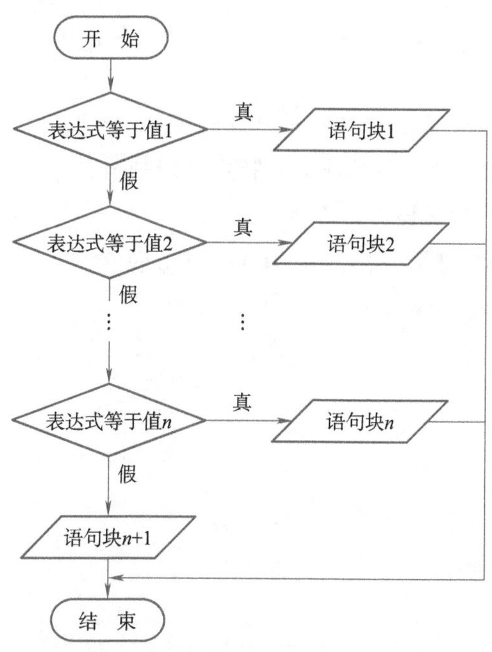

图 2-5　switch 语句的流程图

例 2-5 将例 2-4 的按分数输出等级使用 switch 语句实现。

```
//使用 switch 语句实现按分数输出其等级
var MyScore=89;                          // 输入成绩
score=parseInt(MyScore/10)               // parseInt 取整
switch(score){
   case  10:
   case  9:
        console.log("优");  break;
   case  8:
        console.log("良");  break;
   case  7:
         console.log("中");  break;
   case  6:
         console.log("及格"); break;
   default:
        console.log("不及格");
}
```

2.3.2　循环结构语句

程序在一般情况下是按顺序执行的。编程语言提供了各种控制结构，允许更复杂的执行路径。循环语句允许执行一条语句或语句组多次。

1. while 语句

while 语句的语法格式如下：

```
while(表达式)
{
   循环体语句
}
```

其作用是：当指定的条件表达式为真时，执行 while 语句中的循环体语句，其流程图如图 2-6 所示。其特点是先判断表达式，后执行语句。while 循环又称当型循环。

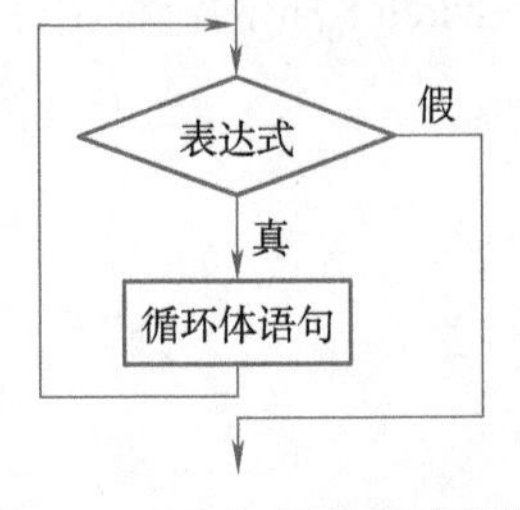

图 2-6　while 语句的流程图

例 2-6 用 while 循环来计算 1+2+3+…+98+99+100 的值。

```
//计算1+2+3+…+98+99+100的值
var total=0;
var i=1;
while(i<=100){
   total+=i;
   i++;
}
console.log(total);
```

程序运行结果：

```
5050
```

2. do...while 语句

do...while 语句的语法格式：

```
do
{
   循环体语句
}while(表达式);
```

do...while 语句的执行过程：先执行一次循环体语句，然后判断表达式，当表达式的值为真时继续执行循环体语句，如此反复，直到表达式的值为假为止，此时循环结束。其流程图如图 2-7 所示。

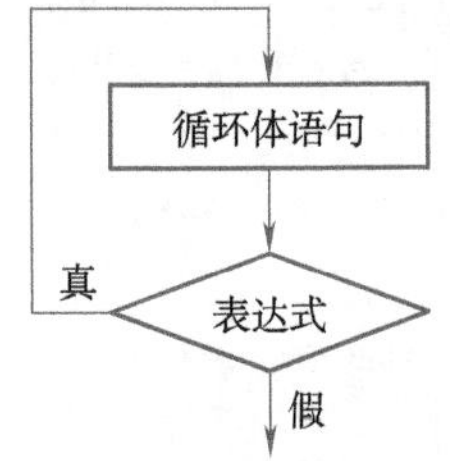

图 2-7　do...while 语句的流程图

说明：

在循环体相同的情况下，while 语句和 do...while 语句的功能基本相同。二者的区别在于，当循环条件一开始就为假时，do...while 语句中的循环体至少会被执行一次，而 while 语句则一次都不执行。

例 2-7 用 do...while 循环来计算 1+2+3+…+98+99+100 的值。

```
//计算1+2+3+…+98+99+100的值
var total=0;
var i=1;
do{
    total+=i;
    i++;
```

```
}while(i<=100);
console.log(total);
```

3. for 语句

for 循环语句是循环结构语句，按照指定的循环次数，循环执行循环体内的语句（或语句块）。其基本结构如下：

```
for(表达式 1; 表达式 2; 表达式 3)
{
    循环体语句
}
```

该语句的执行过程如下：

（1）执行 for 后面的表达式 1。

（2）判断表达式 2，若表达式 2 的值为真，则执行 for 语句的内嵌语句（即循环体语句），然后执行第（3）步；若表达式 2 的值为假，则循环结束，执行第（5）步。

（3）执行表达式 3。

（4）返回继续执行第（2）步。

（5）循环结束，执行 for 语句循环体下面的语句。

for 循环的流程图如图 2-8 所示。

3 个表达式都可以省略，如果表达式 2 省略则无限循环。注意分号仍要保留。

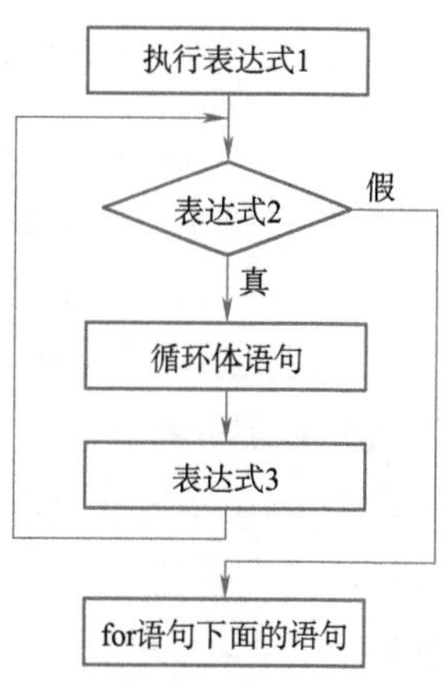

图 2-8　for 循环的流程图

例 2-8 用 for 循环来计算 1+2+3+…+98+99+100 的值。

```
var total=0;
for(var i=1; i<=100; i++){
    total+=i;
}
console.log(total);
```

4. continue 语句

continue 语句的一般格式如下：

```
continue;
```

该语句只能用在循环结构中。当在循环结构中遇到 continue 语句时，则跳过 continue 语句后的其他语句，结束本次循环，并转去判断循环控制条件，以决定是否进行下一次循环。

例 2-9 计算 1+2+3+…+98+99+100 的偶数和。

```
//计算偶数和
var total=0;
var i=1;
while(i<=100){
    if(i%2==1)    //奇数
    {
```

```
        i++;
        continue;
    }
    total+=i;
    i++;
}
console.log(total);
```

如果 (i%2==1)，表示变量 i 是奇数。此时只对变量 i 加 1，然后执行 continue; 语句开始下一个循环，并不将其累加到变量 sum 中。

5. break 语句

break 语句的一般格式如下：

```
break;
```

该语句只能用于两种情况：

（1）用在 switch 结构中，当某个 case 分支执行完后，使用 break 语句跳出 switch 结构。

（2）用在循环结构中，用 break 语句来结束循环。如果放在嵌套循环中，则 break 语句只能结束其所在的那层循环。

例 2-10 计算 1+2+3+…+98+99+100 的和。

```
var total=0;
for(var i=1; ;i++){     //无限循环
    if(i>100){
        break;
    }
    total+=i;
}
console.log(total);
```

进入循环后，用 if 语句来判断 i 的值，如果 i>100，则执行 brcak 语句，结束循环，否则继续执行循环。

2.4 函　　数

函数（function）由若干条语句组成，用于实现特定的功能。函数包含函数名、若干参数和返回值。一旦定义了函数，就可以在程序中需要实现该功能的位置调用该函数，给程序员共享代码带来了很大方便。在 JavaScript 中，除了提供丰富的内置函数外，还允许用户创建和使用自定义函数。

2.4.1 创建自定义函数

函数定义有以下 2 种常见方法：

1. 函数声明

可以使用 function 关键字来创建自定义函数，其基本语法结构如下：

```
function 函数名（参数列表）
{
   函数体
}
```

创建一个非常简单的函数 PrintWelcome()，其功能是打印字符串“欢迎使用 JavaScript”，代码如下：

```
function PrintWelcome()
{
   console.log("欢迎使用 JavaScript");
}
```

创建函数 PrintString()，通过参数决定要打印的内容。

```
function PrintString(str)
{
   console.log(str);
}
```

在微信小程序中函数的定义如下：

```
functionName:function(e){
    //执行的代码
}
```

2. 函数表达式

使用 function 关键字来创建自定义函数，但没给函数名。采用变量赋值的写法将匿名函数赋予一个变量。例如：

```
var print=function(s){
   console.log(s);
};
print("欢迎使用 JavaScript");     //调用函数
```

2.4.2 调用函数

1. 使用函数名来调用函数

在 JavaScript 中，可以直接使用函数名来调用函数。无论是内置函数还是自定义函数，调用函数的方法都是一致的。

例 2-11 调用 PrintWelcome() 函数，显示“欢迎使用 JavaScript”字符串。

```
function PrintWelcome()
{
   console.log("欢迎使用 JavaScript");
}
PrintWelcome();  //调用 PrintWelcome() 函数
```

例 2-12 调用 sum() 函数，计算并打印 num 1 和 num 2 之和。

```
//计算并打印 num1 和 num 2 之和
```

```
function sum(num1, num2)
{
   console.log(num1+num2);
}
sum(1, 2);                            // 结果是 3
```

2. 与事件结合调用 JavaScript 函数

微信小程序中可以将 JavaScript 函数指定为事件的处理函数。当触发事件时会自动调用指定的 JavaScript 函数。例如：

```
<button bindtap="Hello1">设置</button>
Hello1:function(){
  console.log('单击我了')
}
```

2.4.3 变量的作用域

在函数中也可以定义变量，在函数中定义的变量称为局部变量。局部变量只在定义它的函数内部有效，在函数体之外，即使使用同名的变量，也会被看作是另一个变量。

相应地，在函数体之外定义的变量是全局变量。全局变量在定义后的代码中都有效，包括它后面定义的函数体内。如果局部变量和全局变量同名，则在定义局部变量的函数中，只有局部变量是有效的。

例 2-13 变量的作用域实例。

```
var a=100;                            // 全局变量
function setNumber(){
    var a=10;                         // 局部变量
    console.log(a);                   // 打印局部变量 a
}
setNumber();
console.log("<BR>");
console.log(a);                       // 打印全局变量 a
```

程序运行结果：

```
10
<BR>
100
```

2.4.4 函数的返回值

可以为函数指定一个返回值，返回值可以是任何数据类型，使用 return 语句可以返回函数值并退出函数。语法如下：

```
function 函数名(){
   return 返回值;
}
```

例 2-14　return 返回值实例。

```
function sum(num1, num2)
{
    return num1+num2;
}
console.log(sum(1, 10));
```

如果改成求 (m,n) 两个数字之间的和，代码如下：

```
function getTotal(m,n){
    var total=0;
    if(m>=n){
        return false;            // n 必须大于 m，否则无意义
    }
    for(var i=m;i<=n;i++){
        total+=i;
    }
    return total;
}
console.log(getTotal(1, 10));
```

2.4.5　JavaScript 内置函数

1. parseFloat() 函数

parseFloat() 函数用于将字符串转换成浮点数字形式。语法如下：

```
parseFloat(str)
```

参数 str 是待解析的字符串，函数返回解析后的数字。

```
console.log(parseFloat("12.3")+1);        // 结果 13.3
```

2. parseInt() 函数

parseInt() 函数用于将字符串转换成整型数字形式。语法如下：

```
parseInt(str, radix)
```

参数 str 是待解析的字符串；参数 radix 可选，表示要解析的数字的进制。该值介于 2 ~ 36 之间。如果省略该参数或其值为 0，则数字将以十进制来解析。函数返回解析后的数字。例如：

```
parseInt("10");            // 十进制，结果是 10
parseInt("f",16);          // 十六进制，结果是 15
parseInt("010",2);         // 二进制，结果是 2
```

3. isNaN() 函数

isNaN() 用于检验某个值是否为 NaN（not a number 不是数字），返回 false 为数字，返回 true 为非数字。

```
var num="123.456789abc";
isNaN(num)                 // 结果是 true
isNaN("123")               // 结果是 false
```

4. 强制类型转换函数

用户可以使用强制类型转换函数来处理转换值的类型，在 ECMAScript 中可以使用以下 3 种强制类型转换函数。

（1）String(value)：把给定的值转换成字符串。类似于 toString() 方法，但是和它又不同，对 null 或 undefined 值 toString() 会报错。

（2）Boolean(value)：把给定的值转换成 Boolean 型。给定的值为空字符串、数字 0、undefined 或 null 返回 false，其余返回 true。

（3）Number(value)：把给定的值转换成数字（可以是整数或浮点数）。

例如：

```
var a=String(123);              //返回"123"
var a=Boolean(0);               //返回false
var a=Boolean(undefined);       //返回false
var a=Boolean(null);            //返回false
var a=Boolean(50);              //返回true
var a=Number("11.11");          //返回11.11
```

5. 保留几位小数

语法格式如下：

```
NumberObject.toFixed(位数);
```

toFixed() 位数功能是保留几位小数（四舍五入），参数为保留的小数点后的位数，返回的值为 String 类型。

```
var a=13.37.toFixed(4);         //返回"13.3700"
var a=13.378888.toFixed(2);     //返回"13.38"
```

2.5 JavaScript 面向对象程序设计

视 频

JavaScript 面向对象程序设计

JavaScript 脚本是面向对象（Object Oriented）的编程语言，它可以将属性和代码集成在一起定义为类，从而使程序设计更加简单、规范、有条理。通过对象来访问可大大简化 JavaScript 程序的设计，并提供直观、模块化的方式进行脚本程序开发。本节主要介绍 JavaScript 的面向对象编程思想以及有关对象的基本概念，并引导读者创建和使用自定义的类和对象。

2.5.1 对象的概念

对象是客观世界存在的人、事和物体等实体。现实生活中存在很多对象，如猫、自行车等。不难发现它们有两个共同特征：都有状态和行为。例如，猫有自己的状态（名字、颜色、饥饿与否等）和行为（爬树、抓老鼠等）。汽车也有自己的状态（挡位、速度等）和行为（制动、加速、减速、改变挡位等）。若以自然人为例，构造一个对象，可以用图 2-9 来表示，其中属性（Attribute）表示对象状态，动作（方法）（Method）表示对象行为。

综上所述，凡是能够提取一定度量数据并能通过某种途径对度量数据实施操作的客观存在都可以构成一个对象，且用属性来描述对象状态，用方法和事件来处理对象的各种行为。

（1）对象（Object）：面向对象程序设计思想可以将一组数据和与这组数据有关的操作组装在一起，形成一个实体，这个实体就是对象。

（2）属性：用来描述对象的状态。通过定义属性值，可以改变对象的状态。在图 2-9 中，可以定义 height 表示该自然人身高，字符串 HungryOrNot 表示该自然人肚子的状态，HungryOrNot 称为自然人的某个属性。

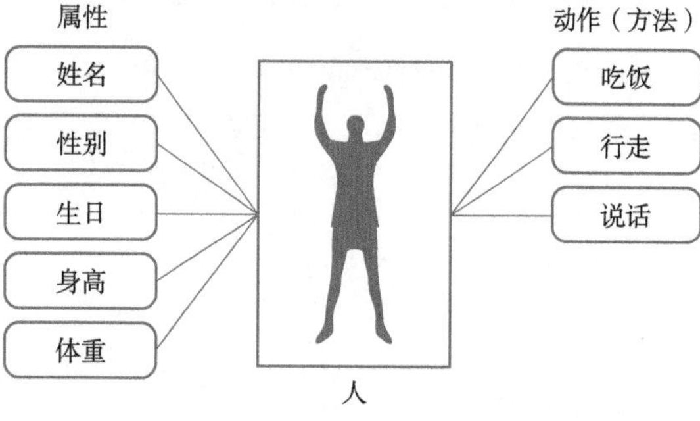

图 2-9 以自然人构造的对象

（3）方法：也称为成员函数，是指对象上的操作。在图 2-9 中，可以定义方法 Eat() 来处理自然人肚子很饿的情况，Eat() 称为自然人的某个方法。

（4）事件：由于对象行为的复杂性，对象的某些行为需要用户根据实际情况来编写处理该行为的代码，该代码称为事件。在图 2-9 中，可以定义事件 DrinkBeforeEat() 来处理自然人肚子很饿，同时嘴巴很渴，需要先喝水后进食。

2.5.2 面向对象编程

面向对象编程（OPP）是一种计算机编程架构，具有 3 个最基本的特点：封装、重用性（继承）、多态。面向对象编程主要包含有以下重要的概念：

（1）类（class）：具有相同或相似性质的对象的抽象就是类。因此，对象的抽象是类，类的实例化就是对象。例如，如果人类是一个类，则一个具体的人就是一个对象。

（2）封装：将数据和操作捆绑在一起，定义一个新类的过程就是封装。

（3）继承：类之间的关系，在这种关系中，一个类共享了一个或多个其他类定义的属性和行为。继承描述了类之间的关系。子类可以对基类的行为进行扩展、覆盖、重定义。如果人类是一个类，则可以定义一个子类“男人”。“男人”可以继承人类的属性（例如姓名、身高、体重等）和方法（即动作，例如，吃饭和行走），在子类中无须重复定义。

（4）多态：从同一个类中继承得到的子类也具有多态性，即相同的函数名在不同子类中有不同的实现。如同子女会从父母那里继承到人类共有的特性一样，而子女也具有自己的特性。

实际上，JavaScript 语言是通过一种叫作原型（Prototype）的方式来实现面向对象编程的。下面就来讨论基于类的（Class-Based）面向对象和基于原型的（Prototype-Based）面向对象这两种方式在构造客观世界的方式上的差别。

在基于类的面向对象方式中，对象依靠类来产生。而在基于原型的面向对象方式中，对象则是依靠构造函数（Constructor）利用原型构造出来的。

举个客观世界的例子来说明两种方式的差异。例如，工厂造一辆车，一方面，工人必须参照一张工程图纸，设计规定这辆车应该如何制造。这里的工程图纸就好比是编程语言中的类，而车就是按照这个类制造出来的；另一基于原型的面向对象方式中，工人和机器（相当于 Constructor）利用各种零部件，如发动机、轮胎、转向盘(相当于prototype的各个属性)将汽车构造出来。

2.5.3 JavaScript类的定义和实例化

严格地说，JavaScript是基于对象的编程语言，而不是面向对象的编程语言。在面向对象的编程语言中（如Java、C++、C#、PHP等），声明一个类使用class关键字。

例如：

```
public class Person
{
    ...
}
```

但是，在JavaScript中，没有声明类的关键字，也没有办法对类的访问权限进行控制。JavaScript使用函数来定义类，注意ES6版本开始提供class关键字，详见2.7.4节。

1. 类的定义

类定义的语法：

```
function className(){
    // 具体操作
}
```

例如，定义一个Person类：

```
function Person(){
    this.name="张三";              // 定义一个属性name
    this.sex="男";                 // 定义一个属性sex
    this.say=function(){           // 定义一个方法say()
        console.log("我的名字是 "+this.name+" ，性别是 "+this.sex+"。");
    }
}
```

说明：

this关键字是指当前的对象。

2. 创建对象（类的实例化）

创建对象的过程也是类实例化的过程。

在JavaScript中，创建对象（即类的实例化）使用new关键字。

创建对象语法：

```
new className();
```

将上面的Person类实例化：

```
var zhangsan=new Person();
zhangsan.say();
```

程序运行结果：

```
大家好，我的名字是 张三 ，性别是 男。
```

定义类时可以设置参数，创建对象时也可以传递相应的参数。

下面将 Person 类重新定义：

```
function Person(name,sex){
    this.name=name;              // 定义一个属性 name
    this.sex=sex;                // 定义一个属性 sex
    this.say=function(){         // 定义一个方法 say()
        console.log("大家好，我的名字是 "+this.name+"，性别是 "+this.sex);
    }
}
var zhangsan=new Person("小丽","女");
zhangsan.say();
```

程序运行结果：

```
大家好，我的名字是 小丽，性别是 女。
```

当调用该构造函数时，浏览器给新的对象 zhangsan 分配内存，并隐性地将对象传递给函数。this 操作符是指向新对象引用，用于操作这个新对象。下面的句子：

```
this.name=name;     //赋值右侧是函数参数传递过来的 name
```

该句使用作为函数参数传递过来的 name 值在构造函数中给该对象 zhangsan 的 name 属性赋值。对象实例的 name 属性被定义和赋值后，就可以访问该对象实例的 name 属性。

3. 通过对象直接初始化创建对象

通过直接初始化对象来创建对象，与定义对象的构造函数方法不同的是，该方法不需要 new 生成此对象的实例，改写 zhangsan 对象：

```
//直接初始化对象
var zhangsan={
    name:"张三",
    sex:"男",
    say:function(){              //定义对象的方法
      console.log("大家好，我的名字是 "+this.name+"，性别是 "+this.sex);}
}
zhangsan.say();
```

可以通过对象直接初始化创建对象是一个“名字 / 值”对列表，每个“名字 / 值”对之间用逗号分隔，最后用一个大括号括起来。“名字 / 值”对表示对象的一个属性或方法，名和值之间用冒号分隔。

上面的 zhangsan 对象，也可以这样来创建：

```
var zhangsan={}
zhangsan.name="张三";
zhangsan.sex="男";
zhangsan.say=function(){return "嗨！大家好，我来了。";}
```

该方法在只需生成一个对象实例并进行相关操作的情况下使用时，代码紧凑，编程效率高，但若要生成若干个对象实例，就必须为生成每个对象实例重复相同的代码结构，代码的重用性比较差，不符合面向对象的编程思路，应尽量避免使用该方法创建自定义对象。

2.5.4 JavaScript访问对象的属性和方法

属性是一个变量，用来表示一个对象的特征，如颜色、大小、重量等；方法是一个函数，用来表示对象的操作，如奔跑、呼吸、跳跃等。

对象的属性和方法统称为对象的成员。

1. 访问对象的属性

在JavaScript中，可以使用“.”和“[]”来访问对象的属性。

（1）使用“.”来访问对象属性。

语法格式如下：

```
objectName.propertyName
```

其中，objectName为对象名称，propertyName为属性名称。

（2）使用“[]”来访问对象属性。

语法格式如下：

```
objectName[propertyName]
```

其中，objectName为对象名称，propertyName为属性名称。

2. 访问对象的方法

在JavaScript中，只能使用“.”来访问对象的方法。

语法格式如下：

```
objectName.methodName()
```

其中，objectName为对象名称，methodName()为函数名称。

例 2-15 创建一个Person对象并访问其成员。

```
function Person(){
   this.name="张三";                          // 定义一个属性 name
   this.sex="男";                             // 定义一个属性 sex
   this.age=22;                               // 定义一个属性 age
   this.say=function(){                       // 定义一个方法 say()
      return "我的名字是 "+this.name+" ，性别是"+this.sex+"，今年"+this.age
 +"岁！";
   }
}
var zhangsan=new Person();
console.log("姓名: "+zhangsan.name);           // 使用“.”来访问对象属性
console.log("性别: "+zhangsan.sex);
console.log("年龄: "+zhangsan["age"]);         // 使用“[ ]”来访问对象属性
console.log(zhangsan.say());                  // 使用“.”来访问对象方法
```

实际项目开发中，一般使用“.”来访问对象属性；但是在某些情况下，使用“[]”会方便很多，例如，JavaScript遍历对象属性和方法。

JavaScript可使用for in语句来遍历对象的属性和方法。for in语句循环遍历JavaScript对象，每循环一次，都会取得对象的一个属性或方法。

语法格式如下：

```
for(valueName  in  ObjectName){
    // 代码
}
```

其中，valueName 是变量名，保存着属性或方法的名称，每次循环，valueName 的值都会改变。

例 2-16 遍历 zhangsan 对象的属性或方法。

```
//直接初始化对象
var zhangsan={}
zhangsan.name="张三";
zhangsan.sex="男";
zhangsan.say=function(){
   return "嗨! 大家好，我来了。";
}
var strTem=" ";  // 临时变量
for(value in zhangsan){
   strTem+=value+': '+zhangsan[value]+"\n";
}
console.log(strTem);
```

```
name: 张三
sex: 男
say: function(){
    return "嗨! 大家好，我来了。";
}
```

图 2-10　例 2-6 程序运行结果

程序运行结果如图 2-10 所示。

2.6　JavaScript 内置对象

JavaScript 脚本提供丰富的内置对象（内置类），包括同基本数据类型相关的对象（如 String、Boolean、Number）、允许创建用户自定义和组合类型的对象（如 Object、Array）和其他能简化 JavaScript 操作的对象（如 Math、Date、RegExp、Function）。了解这些内置对象是 JavaScript 编程和微信小程序开发的基础和前提。

2.6.1　JavaScript 的内置对象框架

JavaScript 的内置对象（内置类）框架如图 2-11 所示。

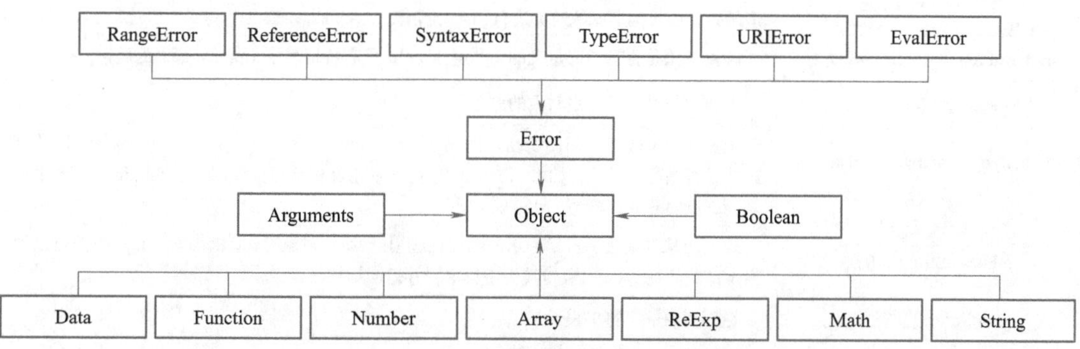

图 2-11　JavaScript 的内置对象框架

JavaScript 内置对象的基本功能如表 2-6 所示。

表 2-6　JavaScript 内置对象的基本功能

内置对象	基本功能
Arguments	用于存储传递给函数的参数
Array	用于定义数组对象
Boolean	布尔值的包装对象，用于将非布尔型的值转换成一个布尔值（true 或 false）
Date	用于定义日期对象
Error	错误对象，用于处理错误。它还派生出下面几个处理错误的子类： ● EvalError，处理发生在 eval() 中的错误； ● SyntaxError，处理语法错误； ● RangeError，处理数值超出范围的错误； ● ReferenceError，处理引用错误； ● TypeError，处理不是预期变量类型的错误； ● URIError，处理发生在 encodeURI() 或 decodeURI() 中的错误
Function	用于表示开发者定义的任何函数
Math	数学对象，用于数学计算
Number	原始数值的包装对象，可以自动地在原始数值和对象之间进行转换
RegExp	用于完成有关正则表达式的操作和功能
String	字符串对象，用于处理字符串

2.6.2　基类 Object

从图 2-11 中可以看到，所有的 JavaScript 对象都继承自 Object 类，后者为前者提供基本的属性（如 prototype 属性等）和方法（如 toString() 方法等）。而前者也在这些属性和方法的基础上进行扩展，以支持特定的某些操作。基类 Object 的属性和方法如表 2-7 所示。

表 2-7　基类 Object 的属性和方法

属性和方法	具体描述
Prototype 属性	引用该对象的对象原型。原型是一个对象，其他对象可以通过它实现属性继承。也就是说可以把原型理解成父类
constructor() 方法	构造函数。构造函数是类的一个特殊函数，当创建类的对象实例时系统会自动调用构造函数，通过构造函数对类进行初始化操作
hasOwnProperty(proName) 方法	检查对象是否有局部定义的（非继承的）、具有特定名字（proName）的属性
IsPrototypeOf(object) 方法	检查对象是否是指定对象的原型
propertyIsEnumerable(proName) 方法	返回 Boolean 值，指出所指定的属性（proName）是否为一个对象的一部分，以及该属性是否是可列举的。如果 proName 存在于 Object 中且可以使用一个 for...in 循环穷举出来，则返回 true；否则返回 false
toLocaleString() 方法	返回对象本地化字符串表示。例如在应用于 Date 对象时，toLocaleString() 方法可以根据本地时间把 Date 对象转换为字符串，并返回结果
toString() 方法	返回对象的字符串表示
valueOf() 方法	返回对象的原始值（如果存在）

2.6.3　Date 类

Date 类主要提供获取和设置日期和时间的方法，如 getYear()、getMonth()、getDate() 等。Date 类的常用方法如表 2-8 所示。

表 2-8　Date 类的常用方法

方　法	具 体 描 述
getDate()	获得当前的日期
getDay()	获得当前的天
getHours()	获得当前的小时
getMinutes()	获得当前的分钟
getMonth()	获得当前的月份
getSeconds()	获得当前的秒
getTime()	获得当前的时间（单位为毫秒）
getTimeZoneOffset()	获得当前的时区偏移信息
getYear()	获得当前的年份。推荐使用 getFullYear()
getFullYear()	从 Date 对象以四位数字返回年份
setDate()	设置对象月中的某一天
setFullYear()	设置对象中的年份字段
setHours()	设置对象的小时字段
setMilliseconds()	设置对象的毫秒字段
setMinutes()	设置对象的分钟字段
setMouth()	设置对象的月份字段
setSeconds()	设置对象的秒字段
setTime()	使用毫秒的形式设置对象的各个字段
setYear()	推荐使用 setFullYear()
toDateString()	返回对象的日期部分的字符串表示
toGMTString()	推荐使用 toUTCString()
toLocaleDateString()	根据本地时间格式，返回对象的日期部分的字符串表示
toLocaleString()	根据本地时间格式，将对象转换成一个字符串
toLocaleTimeString()	根据本地时间格式，返回对象的时间部分的字符串表示
toString()	将对象转换成一个字符串
toTimeString()	将对象的时间部分转换成一个字符串
toDateString()	将对象的日期部分转换成一个字符串
toUTCString()	根据世界时间，将对象转换成一个字符串
valueOf()	将对象转换成它的内部毫秒格式
parse()	静态方法，返回 1970 年 1 月 1 日午夜到指定日期（字符串）的毫秒数

可以使用下面 3 种方法创建 Date 对象：

（1）不带参数：

```
var  today=new Date();
```

取得并输出当前的年份：

```
var d=new Date()
console.log(d.getFullYear())
```

（2）创建一个指定日期的 Date 对象：

```
var  theDate=new Date(2017, 9, 1);
```

（3）创建一个指定时间的 Date 对象：

```
var  theTime=new Date(2017, 9, 1, 10, 20,30,50);
```

例 2-17 计算求 1+2+3+…+100000 之和所需要的运行时间（毫秒数）。

```
//使用 Date 对象示例
var t1,t2,htime,i,sum=0;
t1=new Date();                          //记录循环前的时间
console.log( "循环前的时间是:"+t1.toLocaleString()+":"+t1.getMilliseconds());
for(i=1;i<=100000;i++) sum+=i;          //耗时的循环
t2=new Date();                          //记录循环后的时间
console.log("循环后的时间是:"+t2.toLocaleString()+":"+t2.getMilliseconds());
htime=t2.getTime()-t1.getTime();
console.log("执行 100000 次循环用时:"+ htime+"毫秒")
```

程序运行结果：

```
循环前的时间是:2020/2/1 下午 12:18:11:408
循环后的时间是:2020/2/1 下午 12:18:11:412
执行 100000 次循环用时:4 毫秒
```

2.6.4 String 类

String 是 JavaScript 的字符串类，用于管理和操作字符串数据。可以使用下面 2 种方法创建 String 对象：

```
MyStr=new String("这是一个测试字符串");   //把参数作为 MyStr 对象的初始值
MyStr="这是一个测试字符串";                //直接对 String 对象赋值字符串
```

String 类只有一个属性 length，用来返回字符串的长度。

例 2-18 计算 String 对象的长度。

```
//演示使用 String 对象的 length 属性
var MyStr;
MyStr=new String("这是一个测试字符串");
console.log(""" +MyStr+"" 的长度为:"+MyStr.length);
```

程序运行结果：

```
"这是一个测试字符串"的长度为:9
```

String 类的常用方法如表 2-9 所示。

表 2-9 String 类的常用方法

方　法	具体描述
charAt(index))	用来返回字符串中指定位置的字符，参数 index 用于指定字符串中某个位置的数字，从 0 开始计数
slice(start,end)	用于返回字符串的片段。参数 start 指定要返回的片断的起始索引。如果是负数，则位置从字符串的尾部开始算起。-1 指字符串的最后一个字符，-2 指倒数第二个字符，依此类推。参数 end 指定要返回的片断的结尾索引。如果是负数，则位置从字符串的尾部开始算起
replace(substr,replace)	用于在字符串中用一些字符替换另一些字符，如 str.replace("china","chinese")
concat(str)	用于返回一个 String 对象，该对象包含了两个提供的字符串的连接，如 console.log(str1.concat(str2))
substring(start,stop)	用于返回位于 String 对象中指定位置的子字符串。start 指定要提取子串的第一个字符的位置；stop 指定定要提取子串的最后一个字符的位置
blink()	把 HTML<BLINK> 标记放置在 String 对象中的文本两端，显示为闪动的文本
bold()	把 HTML <B> 标记放置在 String 对象中的文本两端，显示为加粗的文本
italics()	把 HTML <I> 标记放置在 String 对象中的文本两端，显示为斜体的文本
lastIndexOf(str)	返回 String 对象中子字符串最后出现的位置
match()	使用正则表达式对象对字符串进行查找，并将结果作为数组返回
search()	返回与正则表达式查找内容匹配的第一个子字符串的位置
small()	将 HTML 的 <SMALL> 标识添加到 String 对象中的文本两端
substr(start,length)	返回一个从指定位置开始的指定长度的子字符串
toUpperCase()	返回一个字符串，该字符串中的所有字母都被转化为大写字母
toLowerCase()	返回一个字符串，该字符串中的所有字母都被转化为小写字母
split(separator,howmany)	split() 方法用于将一个字符串分割为子字符串，然后将结果作为字符串数组返回。separator 指定分割符；howmany 指定返回的数组的最大长度

例 2-19 演示 slice() 方法的例子。

```
var str="Hello world!"
console.log(str. slice(6, 11))
```

程序运行结果：

```
world
```

2.6.5 Array 类

Array 数组用于在内存中保存一组数据。Array 类的常用属性和方法如表 2-10 所示。

表 2-10 Array 数组的常用属性和方法

属性和方法	具体描述
length 属性	数组包含的元素个数
concat()	给数组添加元素（此操作原数组的值不变）
join()	把数组中所有元素转换成字符串连接起来，元素是通过指定的分隔符进行分隔的
pop()	删除并返回数组最后一个元素
push()	把一个元素添加到数组的尾部，返回值为数组的新长度
reverse()	在原数组上颠倒数组中元素的顺序
shift()	删除并返回数组的头部元素
slice()	返回数组的一个子数组，该方法不修改原数组
sort()	从原数组上对数组进行排序
splice()	插入和删除数组元素，该方法会改变原数组
toString()	把数组转换成一个字符串
unshift()	在数组头部插入一个元素，返回值为数组的新长度
concat()	给数组添加元素（此操作原数组的值不变）

1. Array 数组的创建与使用

方法一：可以使用 new 关键字创建 Array 对象。

```
Array 对象 =new Array( 数组大小 )
```

例如，下面的语句可以创建一个由 3 个元素组成的数组 cars：

```
var cars=new Array(3);
```

通过下面的方法访问数组元素。

```
数组元素值 = 数组名 [ 索引 ]
```

例如：

```
var cars=new Array(3);
cars[0]="Audi";
cars[1]="BMW";
cars[2]="Volvo";
```

方法二：在创建数组对象时给元素赋值。

```
var cars=new Array("Audi","BMW","Volvo");
```

方法三：直接赋值。

```
var cars=["Audi","BMW","Volvo"];
```

注意：

创建对象时用的是小括号“()”，而直接赋值时用的是方括号“[ ]”。

2. 数组遍历

可以使用 for 语句遍历数组的所有索引，然后使用“数组名 [索引]”方法访问每个数组元素。

例 2-20 使用 for 语句遍历数组。

```
var MyStr;
MyArr=new Array(3);
MyArr[0]=" 中国 ";
MyArr[1]=" 美国 ";
MyArr[2]=" 日本 ";
for(var i=0;i< MyArr.length; i++)
   console.log(MyArr[i]);
```

程序运行结果：

```
中国
美国
日本
```

另外，for in 循环也可用来遍历数组的每个元素。改写上例如下：

```
var MyStr;
yArr=new Array(3);
yArr[0]=" 中国 ";
yArr[1]=" 美国 ";
yArr[2]=" 日本 ";
for(m in MyArr){                      //m 为数组的 key
   console.log(MyArr[m]);
}
```

运行结果同上。

例 2-21 给定任意一个字符串，使用 for in 语句来统计字符出现的个数。

```
function charNum(str){
   var charObj=[];            // 空的 Array 数组
   for(i=0,len=str.length;i<len;i++){
      if(charObj[str[i]]){
         charObj[str[i]]++;
      }else{
         charObj[str[i]]=1;
      }
   }
   var strTem="";             // 临时变量
   for(value in charObj){
      strTem+='"'+value+'" 的个数: '+charObj[value];
   }
   return strTem;
}
console.log(charNum("Hello"));
```

程序运行结果：

```
"H" 的个数: 1 "e" 的个数: 1 "l" 的个数: 2 "o" 的个数: 1
```

3. 数组排序

使用 Array 类的 sort() 方法可以对数组元素进行排序，sort() 方法返回排序后的数组。

语法如下：

```
arrayObject.sort(sortby)
```

其中，参数 sortby 可选，用于规定排序顺序，sortby 必须是函数。

如果调用该方法时没有使用参数，将按字母顺序对数组中的元素进行排序。说得更精确点，是按照字符编码的顺序进行排序。

例 2-22 对数组排序。

```
var arr=new Array(6);
arr[0]="George";
arr[1]="Johney";
arr[2]="Thomas";
arr[3]="James";
arr[4]="Adrew";
arr[5]="Martin";
console.log(" 排序前 "+ arr);
console.log(" 排序后 "+ arr.sort());
```

程序运行结果：

```
排序前 George,Johney,Thomas,James,Adrew,Martin
排序后 Adrew,George,James,Johney,Martin,Thomas
```

数组元素为整数时，sort() 方法并没有按数值大小真正排序，而是按字符编码顺序排序。例如：

```
var arr=new Array(6);
arr[0]=10; arr[1]=5; arr[2]=40;
arr[3]=25; arr[4]=111; arr[5]=1;
console.log(arr)
console.log(arr.sort())
```

程序运行结果：

```
10,5,40,25,111,1
1,10,111,25,40,5
```

注意：

上面的代码没有按照数值的大小对数字进行排序，而是按字符编码顺序排序。如果想按照其他标准进行排序，就需要提供排序比较函数（参数 sortby），该函数要比较两个值，然后返回一个用于说明这两个值的相对顺序的数字。

比较函数应该具有两个参数 a 和 b，其返回值如下：

（1）若 a 小于 b，在排序后的数组中 a 应该出现在 b 之前，则返回一个小于 0 的值。

（2）若 a 等于 b，则返回 0。

（3）若 a 大于 b，则返回一个大于 0 的值。

对上例增加一个排序比较函数 sortNumber(a, b)。代码如下：

```
function sortNumber(a, b)      // 排序比较函数
{
```

```
        return a-b;
    }
    var arr=new Array(6) ;
    arr[0]=10; arr[1]=5; arr[2]=40;
    arr[3]=25; arr[4]=111; arr[5]=1;
    console.log(arr)
    console.log(arr.sort(sortNumber))
```

程序运行结果：

```
10,5,40,25,111,1
1,5,10,25,40,111
```

4. 数组的操作

（1）push() 方法：往数组后面添加数组，并返回数组新长度。

```
var a=["aa","bb","cc"];
console.log(a.push("dd"));                 //输出 4
console.log(a);                            //输出 aa,bb,cc,dd
```

而 unshift() 方法可向数组的开头添加一个或更多元素，并返回新的长度。

（2）pop() 方法和 shift() 方法：pop() 方法删除数组最后一个元素，并返回该元素。而 shift() 方法用于把数组的第一个元素从其中删除，并返回第一个元素的值。

```
var a=["aa","bb","cc"];
console.log(a.pop());                      //输出 cc
console.log(a.shift());                    //输出 aa
```

（3）slice() 方法：可从已有的数组中返回选定的元素的一个新数组。语法如下：

```
arrayObject.slice(start,end)
```

返回一个新数组，包含从 start 到 end（不包括 end 元素）的 arrayObject 中的元素。

- 参数 start 必需，规定从何处开始选取。如果是负数，那么它规定位置从数组尾部开始算起。也就是说，-1 指最后一个元素，-2 指倒数第二个元素，依此类推。
- end 可选，规定从何处结束选取。该参数是数组片断结束处的数组下标。如果没有指定该参数，那么切分的数组包含从 start 到数组结束的所有元素。如果这个参数是负数，那么它规定的是从数组尾部开始算起的元素。

例如：

```
var a=['a','b','c','d','e','f','g'];
console.log(a.slice(1,2));               // 输出 b
console.log(a.slice(2));                 // 输出 c,d,e,f,g
console.log(a.slice(-4));                // 输出 d,e,f,g
console.log(a.slice(-6,-2));             // 输出 b,c,d,e
```

其中：

- a.slice(1,2) 返回从下标 1 开始，到下标 2 之间的元素，但并不包括下标为 2 的元素，所

以仅仅是 'b'。a.slice(2) 只有一个参数，则默认到数组最后元素，所以为 'c','d','e','f','g'。

- a.slice(-4) 中的 -4 表示倒数第 4 个元素，所以返回倒数的 4 个元素。
- console.log(a.slice(-6,-2)) 从倒数第 6 开始，截取到倒数第 2 个前，则返回 b、c、d、e。

（4）join() 方法：用于把数组中的所有元素连接起来放入一个字符串。语法如下：

```
arrayObject.join(separator)
```

separator 指定要使用的分隔符。如果省略该参数，则使用逗号作为分隔符。

```
var arr=new Array(3);
arr[0]="George";arr[1]="John";     arr[2]="Thomas";
console.log(arr.join("."));          // 输出 George.John.Thomas
```

5. 二维数组

数组中的元素又是数组就成为二维数组。创建二维数组的方法如下：

方法一：先创建一个一维数组，然后该一维数组的所有元素再创建一维数组。

```
var persons=new Array(3);            //创建一个一维数组
persons[0]=new Array(2);             //每个元素 persons[0] 又是一维数组
persons[1]=new Array(2);             //每个元素 persons[1] 又是一维数组
persons[2]=new Array(2);             //每个元素 persons[2] 又是一维数组
persons[0][0]="zhangsan";
persons[0][1]=25;
persons[1][0]="lisi";
persons[1][1]=22;
persons[2][0]="wangwu";
persons[2][1]=32;
```

方法二：先创建一个一维数组，然后该一维数组的所有元素直接赋值。

```
var persons=new Array(3);
persons[0]=["zhangsan", 25];
persons[1]=["lisi", 21];
persons[2]=["wangwu", 32];
```

方法三：直接赋值。

```
var persons=[["zhangsan",25], ["lisi",21], ["wangwu",32]];
```

二维数组或多维数组的长度是多少？测试下面的代码：

```
console.log("persons.length="+persons.length);
```

输出的结果是：

```
persons.length=3
```

也就是说，二维数组的 length 属性返回的是二维数组第一维的长度，而不是二维数组中元素的个数。

计算二维数组的元素个数，可以创建嵌套 for 循环来遍历二维数组。例如：

```
var persons=[["zhangsan",25], ["lisi",21], ["wangwu",32]];
```

```
function getArr2ElementNum(arr){
    var eleNum=0;
    for(var i=0; i<arr.length; i++){           //二维数组遍历
        for(var j=0; j<arr[i].length; j++){
            eleNum++;
        }
    }
    return eleNum;
}
console.log(getArr2ElementNum(persons));    //返回 persons 二维数组的元素个数 6
```

二维数组的元素使用如下：

```
数组名 [ 第一维索引 ] [ 第二维索引 ]
```

例 2-23 输出并计算二维数组元素的和。

```
var sum=0;
var arr=new Array();                        //先声明一维
for(var i=0;i<3;i++){                        //一维长度为 3
    arr[i]=new Array();                      //再声明第二维
    for(var j=0;j<5;j++){                    //第二维长度为 5
        arr[i][j]=i*5+j+1;
    }
}
//遍历二维数组 arr
for(var i=0;i<arr.length;i++){
    for(var j=0;j<arr[i].length;j++){
        console.log(arr[i][j]);              //输出元素值
        sum=sum+arr[i][j];
    }
    console.log("<br/>");                    //换行
}
console.log(" 二维数组元素的和: "+sum);
```

程序运行结果：

```
1, 2, 3, 4, 5,
6, 7, 8, 9, 10,
11, 12, 13, 14, 15,
二维数组元素的和: 120
```

数组中的元素又是二维数组就成为三维数组，依此类推多维数组。多维数组的 length 属性永远返回第一维数组的元素个数。多维数组的遍历类似二维数组，采用多个嵌套 for 循环来遍历。

2.6.6 Math 对象

Math 对象是对一个已创建好的 Math 类的实例，因此不能使用 new 运算符。其提供一些属性是数学中常用的常量，包括 E（自然对数的底，约为 2.718）、LN2（2 的自然对数）、LN10（10

的自然对数）、LOG2E（以 2 为底的 e 的对数）、LOG10E（以 10 为底的 e 的对数）、PI（圆周率）等。Math 对象提供的一些方法是数学中常用的函数，如 sin()、random()、log() 等。Math 对象的常用方法如表 2-11 所示。

表 2-11　Math 对象的常用方法

方　法	具体描述
abs	返回数值的绝对值
acos	返回数值的反余弦值
asin	返回数值的反正弦值
atan	返回数值的反正切值
atan2	返回由 x 轴到 (y,x) 点的角度（以弧度为单位）
ceil	返回大于等于其数字参数的最小整数
cos	返回数值的余弦值
exp	返回 e（自然对数的底）的幂
floor	返回小于等于其数字参数的最大整数
log	返回数字的自然对数
max	返回给出的两个数值表达式中较大者
min	返回给出的两个数值表达式中较小者
pow	返回底表达式的指定次幂
random	返回介于 0 ~ 1 之间的伪随机数
round	返回与给出的数值表达式最接近的整数
sin	返回数字的正弦值
sqrt	返回数字的平方根
tan	返回数字的正切值

例 2-24 演示使用 Math 对象。

```
console.log("Math.abs(-1)="+Math.abs(-1));
console.log("Math.ceil(0.60)="+Math.ceil(0.60));
console.log("Math.floor(0.60)="+Math.floor(0.60));
console.log("Math.max(5,7)="+Math.max(5,7));
console.log("Math.min(5,7)="+Math.min(5,7));
console.log("Math.random()="+Math.random());
console.log("Math.round(0.60)="+Math.round(0.60));
console.log("Math.sqrt(4)="+Math.sqrt(4));
```

程序运行结果：

```
Math.abs(-1)=1
Math.ceil(0.60)=1
Math.floor(0.60)=0
Math.max(5,7)=7
```

```
Math.min(5,7)=5
Math.random()=0.9517934215255082
Math.round(0.60)=1
Math.sqrt(4)=2
```

2.7　ES6 简介

视　频

ES6 简介

因为 JavaScript 规范已经有很多年没有进行大规模的改动，ES6 一经推出就引起了广泛的关注。微信小程序已经支持绝大部分的 ES6 API，用户可以放心地使用。本节对最常用的语法进行简单介绍。

2.7.1　变量相关

ES2015(ES6) 新增加了两个重要的 JavaScript 关键字：let 和 const。

1. let

let 声明的变量只在 let 所在的代码块（一对大括号内部的代码）内有效，也称为块作用域。let 只能声明同一个变量一次，而 var 可以声明多次。

```
{
    let a=0;
    var b=1;
}
console.log(a);          // ReferenceError:a is not defined
console.log(b);          // 1
```

for 循环计数器很适合用 let 声明。

```
var j=5;
for(let j=0; j<10; j++){
    console.log(j);
}
console.log(j);          //5, 不受影响
```

2. const

const 声明一个只读的常量，一旦声明，常量的值就不能改变。

```
const PI=3.1415926;
```

2.7.2　数据类型

ES6 数据类型除了 Number、String、Boolean、Object、null 和 undefined，还引入了一种新的数据类型 Symbol，表示独一无二的值，最常见的用法是用来定义对象的唯一属性名。

由于每一个 Symbol 的值都是不相等的，所以 Symbol 作为对象的属性名，可以保证属性不重名。

```
let sy=Symbol("key1");
```

```
console.log(sy);                          // Symbol(Key1)
console.log(typeof(sy));                  // 输出类型 "symbol"
//作为对象的属性名写法1
let syObject={};
syObject[sy]="kk";
console.log(syObject);                    //{Symbol(key1):"kk"}
//作为对象的属性名写法2
let syObject={
   [sy]:"kk"
};
console.log(syObject);                    //{Symbol(key1):"kk"}
```

注意：

Symbol 值作为属性名时，该属性是公有属性，不是私有属性，可以在类的外部访问。但是不会出现在 for...in、for...of 的循环中，也不会被 Object.keys()、Object.getOwnPropertyNames() 返回。如果要读取到一个对象的 Symbol 属性，可以通过 Object.getOwnPropertySymbols() 和 Reflect.ownKeys() 取到。

2.7.3 对象

ES6 允许对象的属性直接写变量，这时候属性名是变量名，属性值是变量值。

```
var  age=12;
var  name="Amy";
var  person={age, name};                  //{age:12, name:"Amy"}
```

以上写法等同于：

```
var  person={age:age, name:name};
```

方法名也可以简写。

```
var  person={
   sayHi(){
     console.log("Hi");
   }
}
person.sayHi();                           //"Hi"
```

以上写法等同于：

```
var  person={
   sayHi:function(){
     console.log("Hi");
   }
}
person.sayHi();                           //"Hi"
```

2.7.4 类

ES6 引入了类（class）这个概念，通过 class 关键字可以定义类。该关键字的出现使得其在对象写法上更加清晰，更像是一种面向对象的语言。实际上 class 的本质仍是 function，它让对象原型的写法更加清晰、更像面向对象编程的语法。

例如，ES5 中定义一个 Person 类：

```
function Person(name,age){      //构造函数
   this.name=name;              //定义一个属性 name
   this.age=age;                //定义一个属性 age
   this.say=function(){         //定义一个方法 say()
      console.log("我的名字是 "+this.name+" ，+"今年 "+this.age+" 岁了 ");
   }
}
```

ES6 中改用 class 定义 Person 类如下：

```
class Person{                        //定义了一个名字为 Person 的类
   constructor(name,age){            //constructor 是一个构造方法，用来接收参数
      this.name=name;                //this 代表的是实例对象
      this.age=age;
   }
   say(){                            //这是一个类的方法，注意千万不要加上 function
      return "我的名字叫 "+this.name+" 今年 "+this.age+" 岁了 ";
   }
}
var obj=new Person("xmj",48);
console.log(obj.say());        //我的名字叫 xmj 今年 48 岁了
```

由下面代码可以看出类实质上就是一个函数，类自身指向的就是构造函数。所以，可以认为 ES6 中的类其实就是构造函数的另外一种写法。

```
console.log(typeof Person);                              //function
console.log(Person===Person.prototype.constructor);  //true
```

以下代码说明构造函数的 prototype 属性，在 ES6 的类中依然存在着。

```
console.log(Person.prototype);                           //输出的结果是一个对象
```

实际上类的所有方法都定义在类的 prototype 属性上。当然，也可以通过 prototype 属性对类添加方法。例如：

```
Person.prototype.addFn=function(){
    return "我是通过 prototype 新增加的方法，名字叫 addFn";
}
var obj=new Person("xmj",48);
console.log(obj.addFn());      //我是通过 prototype 新增加的方法，名字叫 addFn
```

还可以通过 Object.assign() 方法来为对象动态增加方法。

```
Object.assign(Person.prototype,{
   getName:function(){
      return this.name;
   },
```

```
    getAge:function(){
        return this.age;
    }
})
var obj=new Person("xmj",48);
console.log(obj.getName());                    //xmj
console.log(obj.getAge());                     //48
```

constructor() 方法是类的构造函数，通过 new 命令生成对象实例时，自动调用该方法。

```
class Box{
    constructor(){
        console.log("今天天气好晴朗");          //当实例化对象时该行代码会执行
    }
}
var obj=new Box();                             //输出今天天气好晴朗
```

constructor() 方法如果没有显式定义，会隐式生成一个 constructor() 方法。所以，即使没有添加构造函数，构造函数也是存在的。constructor 方法默认返回实例对象 this。

constructor() 中定义的属性可以称为实例属性（即定义在 this 对象上），constructor() 外声明的属性都是定义在原型上的，可以称为原型属性（即定义在 class 上）。hasOwnProperty() 函数用于判断属性是否是实例属性。其结果是一个布尔值，true 说明是实例属性，false 说明不是实例属性。in 操作符会在通过对象能够访问给定属性时返回 true，无论该属性存在于实例中还是原型中。

```
class Box{
    constructor(num1,num2){
        this.num1=num1;                        //实例属性
        this.num2=num2;                        //实例属性
    }
    sum(){
        return num1+num2;
    }
}
var box=new Box(12,88);
console.log(box.hasOwnProperty("num1"));       //true
console.log(box.hasOwnProperty("num2"));       //true
console.log(box.hasOwnProperty("sum"));        //false
console.log("num1" in box);                    //true
console.log("num2" in box);                    //true
console.log("sum" in box);                     //true
console.log("say" in box);                     //false
```

类的所有实例共享一个原型对象，它们的原型都是 Person.prototype，所以 proto 属性是相等的。

2.7.5 模块功能

模块功能主要由两个命令构成：export 和 import。export 命令用于规定模块的对外接口；import 命令用于获取其他模块提供的功能。

一个模块就是一个独立的文件。该文件内部的所有变量和函数外部无法获取。如果希望外部能够读取模块内部的某个变量，就必须使用 export 关键字暴露出该变量。

1. export 命令

下面是一个 .js 文件，里面使用 export 命令来暴露出变量、函数或类（class）这些接口。例如：

```
//a.js
export var str="export 的内容";
export var year=2019;
export function message(sth){
    return sth;
}
```

推荐使用下面的方法在脚本尾部暴露出变量、函数或类（class）这些接口。

```
//a.js
var str="export 的内容";
var year=2019;
function message(sth){
    return sth;
}
export{str,year,message};
```

2. import 命令

使用 export 命令定义了模块对外暴露出的变量、函数或类（class）以后，其他 .js 文件就可以通过 import 命令加载这个模块，从而使用这些变量、函数或类（class）。

```
//b.js
import{str,year, message}from './a.js';
```

上面代码的 import 命令，用于加载 a.js 文件，引入后便可以在 b.js 文件中使用 a.js 文件中的变量、函数或类等。import 命令接受一对大括号，里面指定要从其他模块导入的变量、函数或类名。大括号中的名称，必须与被导入模块（a.js）对外接口的名称相同。

3. export default 命令

export default 命令用于指定模块的默认输出。显然，一个模块只能有一个默认输出，因此 export default 命令只能使用一次。所以，import 命令后面才不用加大括号，因为只可能唯一对应 export default 命令。一个文件内不能有多个 export default。

```
//a2.js
const str="export default 的内容";
export default str
```

在另一个文件中的导入方式：

```
//b2.js
import str from './a2.js';    //导入的时候没有大括号
```

> **注意：**
>
> 通过 export 方式导出，在导入时要加 { }，export default 则不需要。

2.7.6 箭头函数

ES6 标准新增了一种新的函数 Arrow Function（箭头函数）。箭头函数的定义用的就是一个箭头。

1. 书写语法

箭头“=>”左边为函数输入参数，右边是进行的操作以及返回的值。例如：

```
x=>x*x
```

上面的箭头函数相当于：

```
function(x){
   return x*x;
}
```

箭头函数相当于匿名函数，并且简化了函数定义。箭头函数有两种格式：一种像上面的，只包含一个表达式，连 { ... } 和 return 都省略掉了；还有一种可以包含多条语句，这时就不能省略 { ... } 和 return。

```
x=>{
  if(x>0){
    return x*x;
  }
  else{
    return-x*x;
  }
}
```

如果参数不是一个，就需要用括号 () 括起来。

```
// 两个参数：
(x, y)=>x*x+y*y
```

如果要返回一个对象，就要注意，如果是单表达式，这么写的会报错：

```
x=>{ foo:x }                // 报错
```

因为和函数体的 { ... } 有语法冲突，所以要改为：

```
x=>({ foo:x })              // 正确
```

2. this 相关

箭头函数看上去是匿名函数的一种简写，但实际上，箭头函数和匿名函数有个明显的区别：箭头函数没有自己的 this，会捕获其所在上下文的 this 值，作为自己的 this。可以解决由于 JavaScript 嵌套函数中 this 指向的问题。

嵌套函数中的 this 并不指向外层函数的 this，如果想访问外层函数的上下文环境，this 需要保存到一个变量中，一般常用的是 that 或者 self。箭头函数可以解决这个问题，this 总是指向外层函数的 this。例如：

```
var obj={
   name:'latency',
```

```
    show_name:function(){
        console.log('name:',this.name);
    }
}
obj.show_name()                                    //name:latency
```

这个例子很好理解，show_name() 函数是 obj 调用的，所以其中的 this 指向 obj。

```
window.name='window';
var obj={
    name:'latency',
    show_name:function(){
        var that=this;                          // 留住 this，其 this 指向 obj
        function fn(){                          // 嵌套内部函数
            console.log(that.name);             // 输出 latency
            // 普通函数的 this 指向它的调用者，如果没有调用者（上下文对象）则默认指向 window
            // 打印出来的 this.name 不是 obj 的 name，而是 window 对象的 name 属性
            console.log(this.name);             // 输出 window，而不是 latency
        }
        fn();
    },
}
obj.show_name();
```

通常来说，箭头函数内部的 this 就是外层代码块的 this。

```
window.name='window';
var obj={
    name:'latency',
    show_name:function(){
        // 箭头函数的 this，指向箭头函数定义时所处的对象，默认使用外层函数的 this
        var fn=()=>{ console.log(this.name); } // 其 this 指向 obj，输出 latency
        fn();
    },
}
obj.show_name(); // 输出 obj 的 name: latency
```

通过以上例子就可以很清楚地看出箭头函数和普通函数中 this 的区别。

习　题

1. 编写程序，求 1!+3!+5!+7!+9!。
2. 求数列 2/3、4/5、6/7……前 30 项的和。
3. 编写一个判断素数的函数。
4. 有一个数列，其前三项分别为 1、2、3，从第四项开始，每项均为其相邻前三项之和的 1/2，问：该数列从第几项开始，其数值超过 1200？

5. 找出 1 与 100 之间的全部“同构数”。“同构数”是这样一种数，它出现在它的平方数的右端。例如，5 的平方是 25，5 是 25 中右端的数，5 就是同构数，25 也是一个同构数，它的平方是 625。

6. 输出斐波那契（Fibonacci）数列的前 20 项。该数列的第 1 项和第 2 项为 1，从第 3 项开始，每一项均为其前面两项之和，即 1、1、2、3、5、8……

7. 猴子吃桃问题。猴子第一天摘下若干个桃子，当即吃了一半，还不过瘾，又多吃了一个，第二天早上将剩下的桃子吃掉一半，又多吃了一个。以后每天早上都吃前一天剩下的一半再加一个，到第 10 天早上想再吃时，发现只剩下一个桃子，求第一天共摘了多少个桃子。

8. 编写程序用于显示人的姓名和年龄。

定义一个人类（Person），该类中应该有两个属性——姓名（name）和年龄（age）。定义构造函数用来初始化数据成员，再定义显示（display）方法，将姓名和年龄打印出来。在程序中创建人类的对象实例，然后将信息显示出来。

第 3 章

微信小程序框架

小程序框架的目标是通过尽可能简单、高效的方式让开发者可以在微信中开发具有原生 App 体验的服务。小程序框架简单地说就是项目的文件结构，本章将介绍小程序框架各个文件的作用，以及逻辑层和视图层之间的关系。

3.1　微信小程序框架文件

3.1.1　小程序的框架结构

小程序包含一个描述整体程序的主体文件、多个页面、工具类文件和项目配置文件。小程序文件结构如图 3-1 所示。

视　频

微信小程序
框架文件

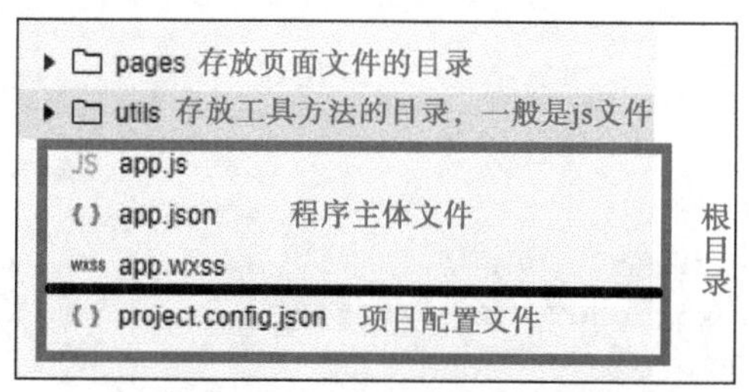

图 3-1　小程序文件结构

1. 主体文件

主体文件由小程序根目录下的 app.js、app.json、app.wxss 这 3 个必不可少的文件组成，小程序启动时会读取这些文件初始化实例。其中：

（1）app.js 是小程序的入口文件，可以在这个文件中监听小程序的生命周期，定义小程序的全局变量和调用 API 等。

```
App({
  // 如下为小程序的生命周期
  onLaunch:function(){  },     // 监听初始化
  onShow:function(){  },       // 监听显示（进入前台）
  onHide:function(){  },       // 监听隐藏（进入后台）
```

```
  onError:function(msg){  },              //监听错误
  //如下为自定义的全局方法和全局变量
  globalFun:function(){  },               //全局方法（函数）
  globalData:'I am global data'           //全局变量
})
```

使用 App() 来注册一个小程序，必须在 app.js 中注册，且不能注册多个。

小程序应用与其内部的页面都有各自的生命周期函数，它们在使用过程中也会互相影响。小程序应用的生命周期如图 3-2 所示。

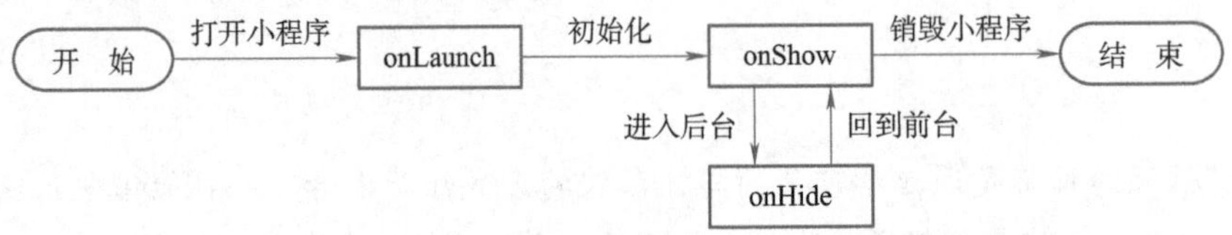

图 3-2　小程序应用的生命周期

小程序在被打开时会首先触发 onLaunch 进行程序启动，完成后调用 onShow 准备展示页面。如果被切换进入后台会调用 onHide，直到下次程序在销毁前重新被唤起，会再次调用 onShow。

（2）app.json 是对小程序的全局配置，其中 pages 属性设置页面路径组成（默认第一条为首页），window 属性设置默认页面的窗口表现（状态栏、导航条、标题、窗口背景色）、设置网络超时时间、设置 tab 等。app.json 文件内容为一个 JSON 对象，有以下属性：

```
{
   "pages":[
      "pages/index/index",
      "pages/logs/logs"
   ],
   "window":{
      "backgroundTextStyle":"light",
      "navigationBarBackgroundColor":"#fff",
      "navigationBarTitleText":"WeChat",
      "navigationBarTextStyle":"black"
   },
   "style":"v2",
   "sitemapLocation":"sitemap.json"
}
```

这里 pages 说明本小程序由 2 个页面组成，index 页面是第一个页面（首页）。Pages 是一个数组，用来指定小程序由哪些页面组成。其中第一项代表小程序的初始页面（首页），小程序中新增 / 减少页面，都需要对 pages 数组进行修改。

window 属性设置 navigationBarBackgroundColor 导航栏背景颜色为 #fff（白色），navigationBarTextStyle 导航栏标题颜色（仅支持 black / white）为黑色，navigationBarTitleText 导航栏标题文字为 WeChat。常用的 window 属性如表 3-1 所示。

表 3-1　常用的 window 属性

属　性	类　型	默 认 值	描　述
navigationBarBackgroundColor	HexColor	#000000	导航栏背景颜色，如 "#000000"
navigationBarTextStyle	String	white	导航栏标题颜色，仅支持 black/white
navigationBarTitleText	String		导航栏标题文字内容
backgroundColor	HexColor	#ffffff	窗口的背景色
backgroundTextStyle	String	dark	下拉背景字体、loading 图的样式，仅支持 dark/light
enablePullDownRefresh	Boolean	false	是否开启下拉刷新
onReachBottomDistance	Number	50	页面上拉触底事件触发时距页面底部距离，单位为 px

如果小程序是一个多 tab 应用（窗口的底部或顶部有 tab 栏可以切换页面），可以通过 tabBar 配置项指定 tab 标签的内容与属性，以及 tab 切换时显示的对应页面。tabBar 属性如表 3-2 所示。

表 3-2　tabBar 属性

属　性	类　型	必　填	默 认 值	描　述
color	HexColor	是		tab 上的文字默认颜色
selectedColor	HexColor	是		tab 上的文字选中时的颜色
backgroundColor	HexColor	是		tab 的背景色
borderStyle	String	否	black	tabbar 上边框的颜色，仅支持 black/white
list	Array	是		tab 的列表，最少 2 个、最多 5 个 tab
position	String	否	bottom	可选值 bottom 或者 top（顶部导航栏或者底部导航栏）

下面示例就是在显示 2 个 tab 标签，一个显示“人人版”的 tab 标签进入 pages/index/index 页面，另一个显示“人机版”的 tab 标签进入 pages/computer/computer 页面，效果如图 3-3 所示。app.json 文件如下：

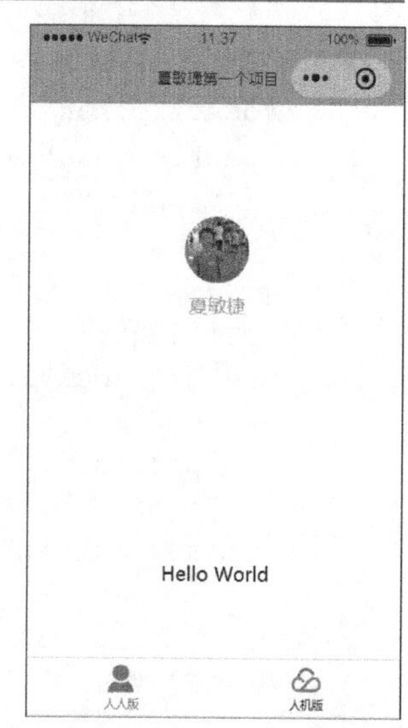

图 3-3　显示 2 个 tab 标签

```
"tabBar":{
    "color":"#000",
    "list":[
    {
        "pagePath":"pages/index/index",
        "text":" 人人版 ",
        "iconPath":"images/one-off.png",
        "selectedIconPath":"images/one-on.png"
    },
    {
        "pagePath":"pages/computer/computer",
        "text":" 人机版 ",
        "iconPath":"images/computer-off.png",
        "selectedIconPath":"images/computer-on.png"
    }
    ]
```

```
    },
    "window":{
        "backgroundTextStyle":"light",
        "navigationBarBackgroundColor":"#00FF00",      /* 导航栏背景色为绿色 */
        "navigationBarTitleText":"夏敏捷第一个项目 ",    /* 导航栏文字 */
        "navigationBarTextStyle":"black"
    },
```

（3）app.wxss 是整个小程序的公共样式表，类似网站开发中的 common.css。

```
/**app.wxss**/
.container{
    height:100%;
    display:flex;
    flex-direction:column;
    align-items:center;
    justify-content:space-between;
    padding:200rpx 0;
    box-sizing:border-box;
}
```

app.wxss 文件用于规定所有页面都可以用的样式效果，语法格式类似 CSS。该文件是可选文件，如果没有公共样式效果规定，可以省略不写。

2. 项目配置文件

（1）project.config 项目配置。小程序根目录下的 project.config.json 文件用于定义小程序项目名称、APPID 等内容。

```
{
   "description":"项目配置文件 ",        // 文件描述
   "packOptions":{        // 用于配置项目在打包上传过程中的选项
      "ignore":[]         // 用于配置打包时对符合规则的文件或文件夹进行忽略，以跳过打
                          // 包的过程，被忽略的文件或文件夹不会出现在预览或上传的结果中
   },
   "setting":{            // 项目设置
      "urlCheck":true,  // 是否检查安全域名和 TLS 版本
      "es6":true,         // 是否启用 es6 转 es5
      "postcss":true,   // 上传代码样式是否自动补全
      "minified":true,  // 上传代码时是否自动压缩
      "newFeature":true,
      "autoAudits":false
   },
   "compileType":"miniprogram",        // miniprogram 为普通小程序项目，plugin 为
                                       // 小程序插件项目
   "libVersion":"2.10.1",              // 基础库版本
   "appid":"wxac0004939fab7b56",       // 项目的 appid，只在新建项目时读取
   "projectname":"miniprogram-1",      // 项目名字，只在新建项目时读取
   "debugOptions":{              // 用于配置在对项目进行调试时的选项
      "hidedInDevtools":[]       // 用于配置调试时调试器 Sources 面板源代码的文件
   },
```

```
        "isGameTourist":false,
        "condition":{
        }
    }
```

（2）sitemap 配置。小程序根目录下的 sitemap.json 文件用于配置小程序及其页面是否允许被微信索引，文件内容为一个 JSON 对象。如果没有 sitemap.json，则默认为所有页面都允许被索引。

3. 页面文件

小程序页面在 pages 目录下，由一个文件夹中的 4 个同名不同类型文件组成。例如，在 index 文件夹中，index.js 是脚本文件，index.json 是配置文件，index.wxss 是样式表文件，index.wxml 是页面结构文件，其中 json 和 wxss 文件为非必需文件（默认会继承 app 的 json 和 wxss 默认设置）。

（1）注册一个页面。小程序在每个页面 .js 文件中通过使用 Page(OBJECT) 函数来进行页面注册。例如，index.js 中使用 Page() 注册一个页面。

```
Page({
   data:{text1:"This is page data."},          //页面数据，用来维护视图，json 格式
   onLoad:function(options){   },               //监听加载
   onReady:function(){   },                     //监听初次渲染完成
   onShow:function(){   },                      //监听显示
   onHide:function(){   },                      //监听隐藏
   onUnload:function(){   },                    //监听卸载
   onPullDownRefresh:function(){   },           //监听下拉
   onReachBottom:function(){   },               //监听上拉触底
   onShareAppMessage:function(){   },           //监听右上角分享
   //如下为自定义的事件处理函数（视图中绑定的）
   bindviewTap:function(){                      //setData 设置 data 值，同时将更新视图
      this.setData({text:'Set some data for updating view.'})
   }
})
```

一个服务仅仅只有界面展示是不够的，还需要和用户进行交互：响应用户的单击、获取用户的位置等。在小程序中，就通过编写 .js 文件来处理用户的操作。

（2）小程序的视图与事件绑定。小程序中使用 WXML（WeiXin Markup Language）来实现页面结构。WXML 是一套标签语言，结合小程序组件和事件系统，可以构建出页面的结构。在每个页面中的 WXML 视图文件中，对页面 .js 中 data 进行数据绑定，以及自定义事件绑定。

```
<!--index.wxml-->
<view class="container">
    <view class="userinfo">
        <button wx:if="{{!hasUserInfo && canIUse}}" open-type="getUserInfo"
bindgetuserinfo="getUserInfo"> 获取头像昵称 </button>
        <block wx:else>
           <image bindtap="bindViewTap" class="userinfo-avatar" src="{{use
rInfo.avatarUrl}}" mode="cover"></image>
           <text class="userinfo-nickname">{{userInfo.nickName}}</text>
```

```
        </block>
    </view>
    <view class="usermotto">
        <text class="user-motto">{{motto}}</text>
    </view>
</view>
```

例如在 Demo 程序中，{{userInfo.nickName}} 和 {{motto}} 都是对 index.js 中的 data 里的变量 motto 和 userInfo 绑定，将绑定 data 中的指定数据并渲染到视图中。

```
data:{
    motto:'Hello World',
    userInfo:{},
    hasUserInfo:false,
    canIUse:wx.canIUse('button.open-type.getUserInfo')
  }
```

（3）页面的样式。在每个页面中的 wxss 文件中，对 WXML 中的视图结构进行样式设置等同于 CSS，而定义在 app.wxss 中的样式为全局样式，作用于微信小程序中的每一个页面。在 pages 的 WXSS 文件中定义的样式为局部样式，只作用在对应的页面，并会覆盖 app.wxss 中相同的选择器。

（4）页面的配置文件。每一个小程序页面也可以使用 .json 文件来对本页面的窗口表现进行配置。页面中配置项在当前页面会覆盖 app.json 的 window 中相同的配置项。例如，在本页面中设置页面导航文字：

```
{
    "navigationBarTitleText":" 井字棋游戏 "
    "backgroundColor":"#eeeeee",
    "backgroundTextStyle":"light"
}
```

页面配置中只能设置 app.json 中 window 对应的配置项，以决定本页面的窗口表现。

4. utils 目录

工具目录，可以用于定义一些所有页面、组件公用的方法，如获取日期字符串、生成随机数等功能函数。

可以在 util.js 中定义功能函数，也可以按照相关性，把同一类别的功能函数单独写进一个 .js 文件。例如，创建 time.js 文件专门用于定义与时间处理的一系列函数。

3.1.2 Page() 注册页面

小程序在每个页面的 JS 文件中通过使用 Page(OBJECT) 函数来进行页面注册，该函数可以用于指定小程序页面的生命周期函数。

注意：

Page() 函数只能写在小程序每个页面对应的 JS 文件中，且每个页面只能注册 1 个。

例如：

```
Page({
    myData:'123',                    // 定义页面变量
```

```
    onLoad:function(options){
        console.log(this.myData)        //使用 this 调用页面变量
    },
})
```

1. 初始数据

Page() 函数中默认生成的第一项就是 data 属性，该属性是页面第一次渲染使用的初始数据。

JS 文件除了函数外，Page() 同样也支持添加自定义的页面变量。这里变量的名称、取值和数量也都可以由开发者自定义，往往与页面渲染视图层相关的变量写在 data 属性中。

页面加载时，data 将会以 JSON 字符串的形式由逻辑层传至渲染视图层，因此 data 中的数据必须是可以转成 JSON 的类型：字符串、数字、布尔值、对象、数组。

例如，在 data 中放置 1 个自定义数据。

```
Page({
    data:{
        text1:'This is page data',
    }
})
```

渲染视图层可以通过 WXML 对数据进行绑定：

```
<view>{{text1}}</view>
```

渲染时 {{ text1}} 不会显示字面内容，而是会查找 data 中的初始数据，然后显示出“This is page data”字样。

在 Page() 函数中 setData() 可以用来同步更新 data 属性中的数据值，也会更新相关数据到 WXML 页面上。

```
this.setData({text1:'大家好'})
```

WXML 中的 {{ text1}} 值将立刻更新成“大家好”。

setData() 方法在使用时不是必须事先在 Page() 函数的 data 中定义初始值，可以在 data 数据空白的情况下直接用该方法设置一些新定义的变量。

如果想读取 data 中的数值，可以使用 this.data 的形式来获取。例如，上述代码如果只是想获得当前的 text1 值，可以用 this.data. text1 来表示。

2. 生命周期回调函数

Page() 函数中默认生成的 onLoad()、onShow()、onReady()、onHide()、onUnload() 均属于页面的生命周期回调函数。具体解释如下：

（1）onLoad：格式为 onLoad(Object query)，只在页面加载时触发一次，可以在 onLoad() 的参数中获取打开当前页面路径附带的参数。

（2）onShow()：页面显示或从小程序后台切入前台时触发。

（3）onReady()：页面初次渲染完成时触发。一个页面只会调用一次，代表页面已经准备妥当，可以和视图层进行交互。

（4）onHide()：页面隐藏 / 切入后台时触发。例如，navigateTo 或底部 tab 切换到其他页面、小程序切入后台等。

（5）onUnload()：页面卸载时触发。例如，redirectTo 或 navigateBack 到其他页面时。

3. 生命周期回调函数调用顺序

当小程序应用生命周期调用完 onShow() 以后就准备触发小程序页面生命周期。页面初次打开会依次触发 onLoad()、onShow()、onReady() 这 3 个函数。同样如果被切换到后台，会调用页面的 onHide() 函数，从后台被唤醒会调用页面的 onShow() 函数。直到页面关闭会调用 onUnload() 函数，下次打开还会照样触发 onLoad()、onShow()、onReady() 这 3 个函数。

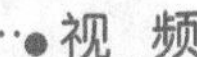
视 频

微信小程序视图层

3.2 微信小程序视图层

微信小程序通过视图层与用户交互，每个页面的 .wxml 视图文件中使用 WXML 语言实现页面结构。WXML 是一套标签语言，例如使用 <view> 标签用于定义视图容器，与 HTML 中 <div> 标签的作用类似。除此之外，小程序还有许多类似的标签，用于创建页面组件。常见的页面组件如表 3-3 所示。

表 3-3 常见的页面组件

标 签	功 能	标 签	功 能
<view>	视图容器	<image>	图片
<button>	按钮	<form>	表单
<checkbox>	复选框	<radio>	单选按钮
<input>	输入框	<progress>	进度条
<text>	文本域	<icon>	图标
<slider>	滑动选择器	<switch >	开关选择器
<textarea>	多行输入框	<audio>	音频
<camera>	照相机	<video>	视频

从表 3-3 可见，小程序提供了丰富的页面组件，可以完成复杂页面的开发。关于小程序页面组件将在第 4 章进行讲解。

3.2.1 绑定数据

在网页的一般开发流程中，通常会通过 JavaScript 操作 DOM（由 HTML 的标签生成的树），以引起界面的一些变化响应用户的行为。例如，用户单击某个按钮时，JavaScript 会记录一些状态变化到 JavaScript 变量中，同时通过 DOM API 操控 DOM 的属性或者行为，进而引起界面的一些变化。

微信小程序开发模式把渲染和逻辑分离，不让 JavaScript 直接操控 DOM，JavaScript 只需要管理状态（数据）变化即可；然后再通过一种模板语法来描述状态和界面结构的关系，将状态（数据）变化实时更新到界面。

在微信小程序开发中通过数据绑定，将状态（数据）在界面上显示。通过 {{ 变量名 }} 的语法把一个变量绑定到界面上，称为数据绑定。仅仅通过数据绑定还不够完整地描述状态和界面的关系，还需要 if/else、for 语句等进行控制。在小程序中，这些控制都用 “wx:” 开头的 wxs 语法来表达。

1. 简单数据绑定

数据绑定使用 Mustache 语法（双大括号）将要绑定的变量包起来。数据在 JS 文件中定义，在 WXML 文件中绑定。实现 JS 文件和 WXML 文件之间的数据交互。

例如：js 文件中定义 message。

```
Page({
  data:{ //定义数据
    message:'Hello world!'
  }
})
```

在 .wxml 文件中绑定 message：

```
<view>{{ message }} </view>                    //数据绑定到页面
```

上述代码会把 'Hello world!' 渲染到 WXML 页面上 {{ message }} 出现的地方。

2. 组件属性绑定

.wxml 文件中组件的属性也可以使用动态数据，如组件的 ID 和 class 等属性值。

```
<view id="{{my}}"> </view>
```

.js 文件中定义 my：

```
Page({
  data:{          //定义数据
    my:'xmj1'
  }
})
```

相当于如下定义：

```
<view id="xmj1"> </view>
```

3. 条件语句值绑定

条件语句中的值也可以通过数据绑定来赋值：

```
<view wx:if="{{condition}}"> </view>
```

js 文件中定义 condition：

```
Page({
   data:{
     condition:true //条件语句的值
   }
})
```

4. 关键字绑定

对于一些关键字、保留字，需要在 {{ 关键字 }} 内才能起作用，如果只有双引号、没有双括号，则只是作为一个字符串而已。

```
<checkbox checked="{{false}}"> </checkbox>
```

不要直接写 checked="false"，"false" 是一个字符串，转成 boolean 类型后反而代表真值。

5. 运算结果绑定

可以在 {{ 表达式 }} 内进行表达式运算，将结果绑定到页面。微信小程序运算支持：

（1）三目运算：conditions ? val1 : val2。

（2）算术运算：+ -*/。

（3）比较运算：> <== 等。

（4）点运算符：对象 . 属性。

（5）索引运算：数组对象 [index]。

（6）组合成数组：{{[值 1，值 2，值 3，值 4，值 ...]}}。

（7）组合成对象：{{ 属性 1 : 值，属性 2 : 值，属性 3 : 值 ...}}。

例如，js 文件中定义如下：

```
Page({
   data:{
     a:1,
     b:2,
     c:3,
     d:4
   }
})
```

.wxml 文件：

```
<view>{{a+b}} </view>                    //a+b 的值绑定到页面
<view>{{a+b}}+{{c}}+d</view>
```

第一个 view 中内容为 3，第二个 view 中内容为 3+3+d。由于 d 没有使用 {{d}} 形式，所以是 d 字符本身。页面显示效果等同于：

```
<view> 3 </view>
<view> 3+3+d</view>
```

如果使用 {{d}} 则第二个 view 中内容为 3+3+4。

再如字符串运算：

```
<view>{{"hello"+name}}</view>
page.js
Page({
   data:{
     name:'xmj'
   }
})
```

则 .wxml 视图文件渲染后 view 中内容为 hello xmj。

3.2.2 条件渲染

使用 wx:if="{{condition}}" 来判断是否需要渲染该代码块。例如：

```
<view wx:if="{{condition}}"> 大家好 </view>
```

上述条件渲染根据 condition 的真假来控制 view 组件是否显示。

另外，在组件上通过用 wx:elif 和 wx:else 来添加一个 else 块，实现 JavaScript 中类似的条件分支语句实现条件判断，根据条件渲染组件。

```
<!--wxml-->
<view wx:if="{{condition=='WEB'}}"> WEB</view>
<view wx:elif="{{condition=='APP'}}"> APP </view>
<view wx:else"> QQ </view>
```

js 文件中定义 condition。

```
Page({
   data:{
      condition:'QQ'
   }
})
```

显示结果是仅仅一个 view 而不是 3 个 view，组件内容是 QQ。

例如，根据 week 的值来判断吃什么：

```
<!-- eat.wxml-->
<view>今天吃什么？ </view>
<view wx:if="{{week==1}}">
   星期{{week}}: 饺子
</view>
<!-- 其他代码类似 -->
<view wx:elif="{{week==5}}">
   星期{{week}}: 稀饭
</view>
<view wx:else>
   星期{{week}}: 西餐
</view>
```

.js 文件中定义：

```
//pages/eat/eat.js
Page({
   data:{
      week:Math.floor(Math.random()*7+1)
   }
})
```

3.2.3 循环渲染

在组件上使用 wx:for 控制属性绑定一个数组，即可使用数组中各项的数据重复渲染该组件。数组的当前项的下标变量默认为 index，数组当前项的变量默认为 item。例如：

```
<view wx:for="{{items}}">
   {{index}}:{{item.message}}
</view>
```

page.js 如下：

```
Page({
    data:{
        items:[{ message:'2020'},
              { message:'2018'},
              { message:'2015'}]
    }
})
```

程序运行结果：

```
0: 2020
1: 2018
2: 2015
```

也可以使用 wx:for-item 指定数组当前元素的变量名，使用 wx:for-index 可以指定数组当前下标的变量名。例如：

```
<view wx:for="{{array}}" wx:for-index="idx" wx:for-item="itemName">
    {{idx}}:{{itemName}}
</view>
```

wx:for 也可以嵌套使用：

```
<view wx:for="{{items}}"  wx:for-item="i">
    <view wx:for="{{items}}"  wx:for-item="j">
        <view wx:if="{{i<=j}}">
            {{i}}*{{j}}={{i*j}}
        </view>
    </view>
</view>
```

这里是双重循环，相当于有两个循环变量 i 和 j，条件渲染时判断是否 i ≤ j。

page.js 如下：

```
Page({
    data:{
        items:[1,2,3,4,5,6,7,8,9]
    }
})
```

结果显示为如图 3-4 所示的九乘九乘法口诀表。

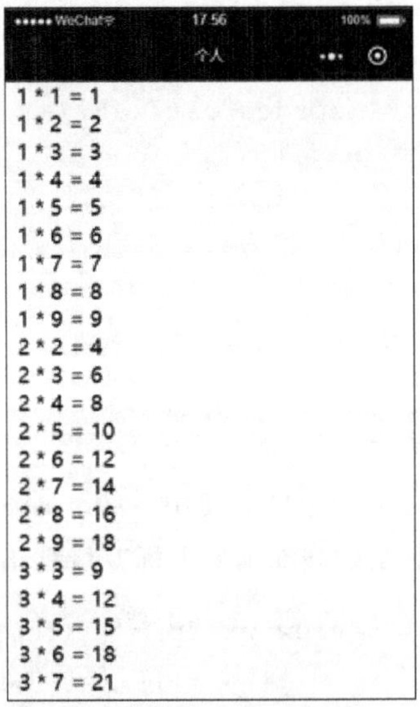

wx:for 也可以实现对象数组渲染。.wxml 文件如下：

```
<!--wx:for 也可以实现对象数组渲染 -->
<view wx:for="{{student}}" wx:for-item="item1">
    <block>
        <view>name:{{item1.name}}</view>
        <view>age:{{item1.age}}</view>
```

1 * 1 = 1
1 * 2 = 2
1 * 3 = 3
1 * 4 = 4
1 * 5 = 5
1 * 6 = 6
1 * 7 = 7
1 * 8 = 8
1 * 9 = 9
2 * 2 = 4
2 * 3 = 6
2 * 4 = 8
2 * 5 = 10
2 * 6 = 12
2 * 7 = 14
2 * 8 = 16
2 * 9 = 18
3 * 3 = 9
3 * 4 = 12
3 * 5 = 15
3 * 6 = 18
3 * 7 = 21

图 3-4　乘法口诀表

```
        <view>gender:{{item1.gender}}</view>
    </block>
</view>
```

.js 文件如下：

```
Page({
    data:{
        stu01:{
            name:'张三',
            age:18,
            gender:'男'
        },
        student:[{
            name:'张三',
            age:18,
            gender:'男'
            },{
            name:'李四',
            age:19,
            gender:'女'
        }]
    }
})
```

程序运行结果如图 3-5 所示。

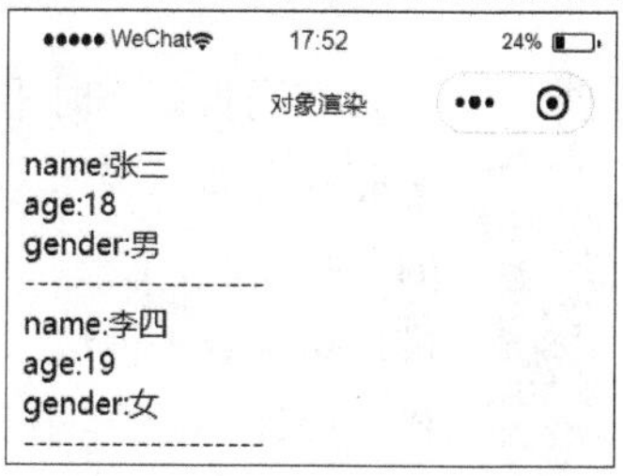

图 3-5　对象数组渲染结果

3.2.4　WXML 模板

对于可以在不同页面出现的相同页面结构，可提取成为一个 WXML 模板，然后在不同页面的 .wxml 文件引入这个模板，从而复用这个页面结构。

1. 模板定义

新建一个 template 文件夹，专门用于存放 .wxml 模板文件。模板文件也是 .wxml 文件，以 .wxml 为扩展名。模板部分界面结构用 <template> 和 </template> 括住。例如：

```
//header.wxml 页面头部模板文件示例
<template name="header">
    <view class="left">
        左边内容
    </view>
    <view class="center">
        中间内容
    </view>
    <view class="right">
        右边内容
    </view>
</template>
```

在模板文件中，也可以使用wxs语法进行组件的条件渲染、列表渲染。

2. 使用模板

使用is属性声明需要的使用的模板，然后将模板所需要的data传入。data的格式需要符合模板中数据绑定的格式（类型、变量名都要对应上）。例如：

```
<import src="模板文件相对路径"/>                        //导入模板
<template is="模板名" data="{{模板需要的数据}}" />  //传递数据
```

例如，引入上面定义的header.wxml页面头部模板文件：

```
<import src="/template/header.wxml"/>                //导入模板
<template is="header"data="{{index}}"/>              //传递数据
```

is属性可以使用Mustache语法，动态决定具体需要渲染哪个模板。

```
<template is="{{条件 ? '模板名1' :'模板名2'}}"/>
```

3.2.5 WXSS

视 频

WXSS

在网页制作时采用层叠样式表（Cascading Style Sheet，CSS）技术可以有效地对页面的布局、字体、颜色、背景和其他效果实现更加精确的控制。CSS3是CSS技术的升级版本，CSS3语言开发是朝着模块化发展的，更多新的模块也被加入进来。这些模块包括盒子模型、列表模块、超链接方式、语言模块、背景和边框、文字特效、多栏布局等。

WXSS（WeiXin Style Sheets）是一套样式语言，用于描述WXML的组件样式（如尺寸、颜色、边框效果等）。WXSS用来决定WXML的组件应该怎么显示。为了适应广大的前端开发者，WXSS具有CSS大部分特性。同时为了更适合开发微信小程序，对CSS进行了扩充及修改。与CSS相比，扩展的特性有全新的尺寸单位和定义样式。

1. 尺寸单位

小程序规定了全新的尺寸单位rpx（Responsive Pixel），可以根据屏幕宽度进行自适应。其原理是无视设备原先的尺寸大小，统一规定屏幕宽度为750 rpx。

rpx不是固定值，屏幕越大，1rpx对应的像素就越大。例如，在iPhone 6上，屏幕宽度为375 px，共有750个物理像素，则750 rpx=375 px=750物理像素，1 rpx=0.5 px=1物理像素。

常见机型的尺寸单位对比如表3-4所示。

表3-4 常见机型的尺寸单位对比

设 备	rpx换算px(屏幕宽度/750)	px换算rpx(750/屏幕宽度)
iPhone 5	1 rpx=0.42 px	1 px=2.34 rpx
iPhone 6	1 rpx=0.5 px	1 px=2 rpx
iPhone 6 Plus	1 rpx=0.552 px	1 px=1.81 rpx

注：由于iPhone 6换算较为方便，建议开发者可以用iPhone 6作为视觉设计稿的标准。

2. 定义样式

在微信小程序中，WXML负责页面结构（类似HTML），WXSS负责页面样式（类似

CSS），而 JavaScript 负责页面交互及逻辑实现。WXSS 在小程序中扮演的角色和 CSS 在前端开发中的角色类似。

WXSS 和 CSS 层叠样式表一样，一般由若干条样式规则组成。一条样式规则的结构如下：

```
选择器 {
    属性名 : 值;
    属性名 : 值;
   ...
}
```

例如：

```
text{
    width:100px;
    font-size:16pt;
    color:red
}
```

width 设置宽度，把 text 组件宽度设置为 100 像素大小。font-size 设置字体大小，把字体设置成 16 点；而 color 设置文字的颜色，颜色是红色。

样式规则都包含一个选择器（Selector），用于指定在页面中哪种组件（如 button、text 或 view）套用花括号内的属性设置。每个属性带一个值，共同描述这个选择器应该如何显示在页面中。

在样式规则中选择器用于选择需要添加样式的组件。目前支持的选择器如表 3-5 所示。

表 3-5　样式规则中的选择器

选 择 器	样　例	样 例 描 述
element	view	选择所有 view 组件
element, element	view、checkbox	选择所有文档的 view 组件和所有的 checkbox 组件
.class	.intro	选择所有拥有 class= "intro" 的组件
#id	#firstname	选择拥有 id= "firstname" 的组件
::after	view::after	在 view 组件后面插入内容
::before	view::before	在 view 组件前面插入内容

（1）组件选择器：一个微信小程序页面由很多不同的组件标记组成，如 button、view 或 canvas 等。而组件选择器，则决定哪些组件采用相应的样式。

例如，在 style.wxss 文件中对 button 组件样式的声明如下：

```
button {
    font-size:12px;
    background:#00ff00;
    color:red;
}
```

则页面中所有 button 组件的背景都是 #00ff00（绿色），文字大小均是 12 px，颜色为 red（红色）。

（2）类别选择器：在定义组件时，可以使用 class 属性指定组件的类别。在 WXSS 中可以使用类别选择器选择指定类别的组件。方法如下：

```
.类名
{
    属性：值；…；属性：值；
}
```

在 WXML 中，给组件定义一个 class 的类名属性。例如：

```
<view class="demoDiv">这个区域字体颜色为红色</view>
<text class="demoDiv">这个段落字体颜色为红色</text>
```

WXSS 的类选择器根据类名来选择组件，前面以“.”来标识。例如：

```
.demoDiv{
  color:#FF0000;
}
```

运行后发现所有 class 属性为 demoDiv 的组件都应用了这个样式，包括页面中的 view 组件和 text 组件。

（3）ID 选择器：使用 ID 选择器可以根据组件的 ID 选取。所谓 ID，相当于页面中组件的“身份证”，以保证其在一个页面中具有唯一性，这给 JavaScript 等脚本语言的应用带来了方便。要将一个 ID 包括在样式定义中，需要“#”号作为 ID 名称的前缀。例如，将 id="highlight" 的组件设置背景为黄色的代码如下：

```
# highlight{background-color:yellow;}
```

WXSS 所支持的样式属性与 CSS 属性类似，为方便理解本节示例代码，表 3-6 列出了部分常用样式属性和参考值。

表 3-6　常用样式属性

样式属性	含　义	参考值
background-color	背景色	颜色名，例如 red 表示红色
color	前景色	同上
font-size	字体大小	例如 16 px 表示 16 像素大小的字体
border	边框	例如 3 px solid blue 表示宽度为 3 像素的蓝色实线
width	宽度	例如 20 px 表示 20 像素的宽度
height	高度	例如 100 px 表示 100 像素的高度

3. 内联样式

WXML 内的组件上支持使用 style、class 属性来控制组件的样式。

（1）style：style 属性又称行内样式，可直接将样式代码写到组件的首标签中。例如：

```
<view style="color:red;background-color:yellow">测试</view>
```

上述代码表示当前这个 <view> 组件中的文本将变为红色、背景将变为黄色。

style 也支持动态样式效果。例如：

```
<view style="color:{{color}} ">测试</view>
```

上述代码表示组件中的文本颜色将由页面 .js 文件的 data.color 属性规定。

官方建议开发者尽量避免将静态的样式写进 style 中，以免影响渲染速度。如果是静态的样式可以统一写到 class 中。

（2）class：小程序 WXML 文件中使用 class 属性指定样式规则，其属性值由一个或多个自定义样式类名组成，多个样式类名之间用空格分隔。

例如 WXSS 文件中：

```
.style01{
   color:red;                        //文字为红色
}
.style02{
   font-size:20px;                   //字体大小为 20 像素
   font-weight:bold;                 //字体加粗
}
```

页面 WXML 文件中：

```
<view class="style01 style02">测试</view>
```

表示组件同时接受 .style01 和 .style02 的样式规则。

注意：

在 class 属性值的引号内部不需要加上类名前面的点。

4. 样式导入

小程序在 WXSS 样式表中使用 @import 语句导入外联样式表，@import 后跟需要导入的外联样式表的相对路径，用“;”表示语句结束。

例如，有个公共样式表 common.wxss 代码如下：

```
.red{
   color:red;
}
```

然后，可以在其他任意 WXSS 样式表中使用 @import 语句对其进行引用。例如，a.wxss 代码如下：

```
@import "common.wxss";
.blue{
  color:blue;
}
```

5. 全局样式和局部样式

小程序 WXSS 样式表中规定的样式根据其作用范围分为两类：

（1）全局样式：在 app.wxss 中的样式，作用于每一个页面；

（2）局部样式：在页面的 .wxss 文件中定义的样式，只作用在对应的页面，并会覆盖 app.wxss 中相同的选择器。

视 频

Flex 布局

3.2.6 Flex 布局

微信小程序常用布局为 Flex（Flexible Box）布局，意为”弹性布局”。小程序使用 Flex 模型来提高页面布局效率，当页面需要适应不同屏幕大小及设备类型时，该模型可以确保元素在恰当的位置。它为盒状模型提供最大的灵活性。

1. 容器和项目

采用 Flex 布局的元素，称为容器（Container）。容器内部的组件（子元素）自动成为容器成员，称为项目（Item）。例如：

```
<view id="A">
    <view id="B">
        <view id="C"></view>
    </view>
</view>
```

代码中共有 3 个 <view> 组件，对于 A、B 来说，A 是容器，B 是项目；对于 B、C 来说，B 是容器，C 是项目。

2. 坐标轴

Flex 布局的坐标系是以容器左上角的点为原点，自原点往右、往下两条坐标轴。默认情况下是水平布局，即水平方向从左往右为主轴（Main Axis），垂直方向自上而下为交叉轴（Cross Axis）。主轴的开始位置（与边框的交叉点）叫作 main start，结束位置叫作 main end；交叉轴的开始位置叫作 cross start，结束位置叫作 cross end，如图 3-6 所示。

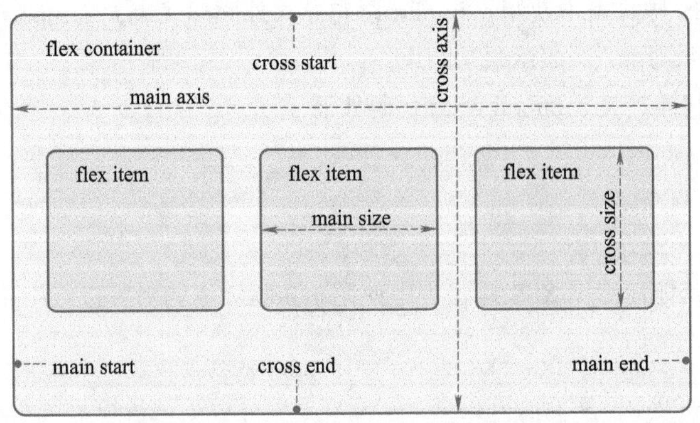

图 3-6 Flex 布局坐标轴

也可以使用样式属性 flex-direction:column 将主轴与交叉轴位置互换，成为垂直布局。

3. Flex 属性

在小程序中，与 Flex 布局模型相关的样式属性根据其属性标签的类型可以分为容器属性和项目属性。

容器属性用于规定容器布局方式从而控制内部项目的排列和对齐方式。表 3-7 列出了 Flex 布局中的容器属性。

表 3-7　Flex 布局中的容器属性

属　性	解　释	默认值	其他有效值
flex-direction	设置项目排列方向	row	row-reverse|column|column-reverse，其中 row（默认值）：主轴为水平方向，起点在左端。row-reverse：主轴为水平方向，起点在右端。column：主轴为垂直方向，起点在上沿。column-reverse：主轴为垂直方向，起点在下沿
flex-wrap	设置项目是否换行	nowrap	wrap|wrap-reverse，其中 nowrap：默认值，表示不换行。如果单行内容过多，项目宽度可能会被压缩。wrap：容器单行容不下所有项目时允许换行排列。wrap-reverse：容器单行容不下所有项目时允许换行排列。换行方向为 wrap 的反方向
justify-content	设置项目在主轴方向的对齐方式	flex-start	flex-end|center|space-between|space-around|space-evenly，具体对齐方式与轴的方向有关。下面假设主轴为从左到右。flex-start(默认值)：左对齐。flex-end：右对齐。center：居中。space-between：两端对齐，项目之间的间隔都相等。space-around：每个项目两侧的间隔相等，项目之间的间隔比项目与边框的间隔大一倍。space-evenly 的作用是使每个项目的间隔相等
align-items	设置水平方向的对齐方式	stretch	center |flex-end|baseline|flex-start，flex-start：交叉轴的起点对齐。flex-end：交叉轴的终点对齐。center：交叉轴的中点对齐。baseline: 项目的第一行文字的基线对齐。stretch（默认值）：如果项目未设置高度或设为 auto，将占满整个容器的高度
align-content	多行排列时，设置行在交叉轴方向的对齐方式	stretch	flex-start|center|flex-end|space-between |space-around|space-evenly

项目属性用于设置容器内部项目的尺寸、位置及对齐方式。表 3-8 列出了 Flex 布局中的项目属性。

表 3-8　Flex 布局中的项目属性

属　性	解　释	默认值	其他有效值
order	设置项目在主轴上排列顺序。数值越小，排列越靠前，默认为 0	0	<integer>
flex-shrink	收缩在主轴上溢出的项目。此属性定义项目的缩小比例，默认为 1 即如果空间不足，该项目将缩小	1	<number>
flex-grow	扩张在主轴方向上还有空间的项目。此属性定义项目的放大比例，默认为 0，即如果存在剩余空间，也不放大	0	<number>
flex-basis	代替项目的原来宽 / 高属性。定义了在分配多余空间之前，项目占据的主轴空间。浏览器根据这个属性，计算主轴是否有多余空间。它的默认值为 auto，即项目的本来大小	auto	<length>
flex	flex-shrink、flex-grow 和 flex-basis 三种属性的综合简写，默认值为 0 1 auto。后两个属性可选	无	none|auto|@flex-grow @flex-shrink @flex-basis
align-self	设置项目在行中交叉轴上的对齐方式，允许单个项目有与其他项目不一样的对齐方式	auto	flex-start|flex-end|center|baseline| stretch

下面举例说明。例如，实现如图 3-7 所示效果，WXML 代码如下：

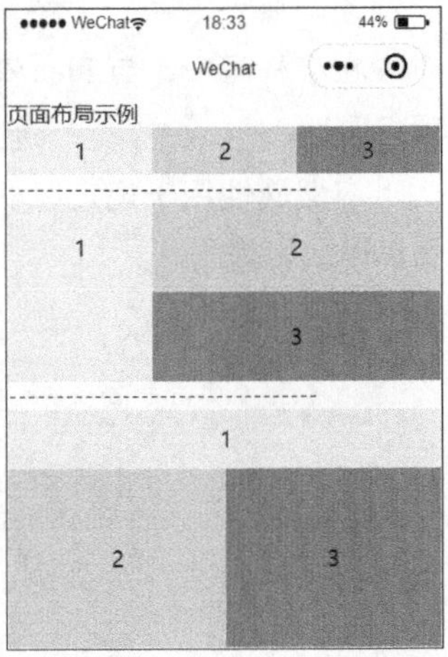

```
<view class='box'>
   <view> 页面布局示例 </view>
   <!-- 实现三栏水平均匀布局 -->
   <view style='display:flex;text-align:center;line-height:80rpx;'>
     <view style='background-color:red;flex-grow:1;'>1</view>
     <view style='background-color:green;flex-grow:1;'>2</view>
     <view style='background-color:blue;flex-grow:1;'>3</view>
   </view>
   --------------------------------
   <!-- 实现左右混合布局 -->
   <view style='display:flex;height:300rpx;text-align:center;'>
     <view style='background-color:red;width:250rpx;line-height:300rpx;'>1</view>
     <view style='display:flex;flex-direction:column;flex-grow:1;line-height:150rpx;'>
        <view style='background-color:green;flex-grow:1;'>2</view>
        <view style='background-color:blue;flex-grow:1;'>3</view>
     </view>
   </view>
   --------------------------------
   <!-- 实现上下混合布局 -->
   <view style='display:flex;flex-direction:column;line-height:300rpx;text-align:center;'>
     <view style='background-color:red;height:100rpx;line-height:100rpx;'>1</view>
     <view style='flex-grow:1;display:flex;flex-direction:row;'>
        <view style='background-color:green;flex-grow:1;'>2</view>
        <view style='background-color:blue;flex-grow:1;'>3</view>
     </view>
   </view>
</view>
```

图 3-7　Flex 布局示例

代码利用 view 组件中嵌套 3 个 view 嵌套组件，通过设置 view 嵌套组件的 style 属性来实现需要的图 3-7 所示的布局。

（1）实现三栏水平均匀布局。在外层 view 组件中嵌套 3 个等分的 view 组件即可，外层的 view 组件采用水平方向的 Flex 布局（默认的 Flex 布局为水平方向）。嵌套的 view 组件要实现等分，通过设置 flex-grow 属性即可；如果不等分，则可以设置 flex-grow 属性的值不同。

（2）实现左右混合布局。先在 1 个 view 中嵌套 2 个水平方向 Flex 布局的 view（通过在外层 view 中设置 display:flex 来实现，主轴方向默认为水平方向），按需要设置宽度，然后在右侧 view 中再嵌套 2 个垂直布局的 view 组件（通过在外层 view 中设置 flex-direction:column 来实现）。

（3）实现上下混合布局 . 先在 1 个 view 中嵌套 2 个垂直方向 Flex 布局的 view（通过在外层 view 中设置 flex-direction:column 来实现），按需要设置高度，然后住下方的 view 中再嵌套 2 个水平布局的 view 组件（通过在外居 view 中设置 display:flex; flex-direction:row 来实现）。

（4）文字的水平居中对齐采用 text-align:center 属性设置来实现，文字的垂直居中对齐通过设置 line-height 的值（与 height 相同）来实现。line-height 可以理解为每行文字所占的高度。

假如微信小程序中无法确定容器组件的宽高但却需要内部项目垂直居中，WXSS 代码如下：

```
.container{
  display:flex; /* 使用 flex 布局（必写语句）*/
  flex-direction:column; /* 排列方向：垂直 */
  justify-content:center; /* 内容调整：居中 */
}
```

图 3-8　九宫格布局

例 3-1　九宫格布局的实现。效果如图 3-8 所示。

由于每个方格的内容都是统一的，可以通过循环渲染形式 wx:-for=”{{iconStyle}} 实现方格列表项，以减少 WXML 页面代码量。

九宫格容器布局视图文件 index.wxml 代码如下：

```
<!--index.wxml-->
<view class='title'>九宫格布局的实现 </view>
<view class='grid-item-container'>
  <block wx:for="{{iconStyle}}" wx:key="index">
    <view class='grid-item-child'>
      <view>
        <icon class='grid-item-icon' type='{{item.type}}' size='{{item.
size}}' color='{{item.color}}'/>
        <text class='grid-item-label'>{{item.type}}</text>
      </view>
    </view>
  </block>
</view>
```

九宫格容器布局脚本文件 index.js 代码如下：

```
Page({
  /* 页面数据源 */
  data:{
    iconColor:[
      'red', 'orange', 'yellow', 'green', 'rgb(0,255,255)', 'blue', 'purple'
    ],
    iconStyle:[
      {
        "type":"success",
        "size":30,
        "color":"#32CD32"
      },
      {
        "type":"success_no_circle",
```

```
            "size":30,
            "color":"orange"
        },
        {
            "type":"info",
            "size":30,
            "color":"yellow"
        },
        {
            "type":"warn",
            "size":30,
            "color":"green"
        },
        {
            "type":"waiting",
            "size":30,
            "color":"rgb(0,255,255)"
        },
        {
            "type":"cancel",
            "size":30,
            "color":"blue"
        },
        {
            "type":"download",
            "size":30,
            "color":"purple"
        },
        {
            "type":"search",
            "size":30,
            "color":"#C4C4C4"
        },
        {
            "type":"clear",
            "size":30,
            "color":"red"
        }
      ]
   }
})
```

index.js 文件中提供每个方格所需的图标、图标大小、图标颜色信息。

九宫格容器布局样式文件 index.wxss 代码如下：

```
.title{                          /*标题文本样式设计*/
   text-align:center;            /*居中*/
   color:#666;                   /*文字颜色*/
   font-size:24px;               /*字体大小*/
```

```
}
.grid-item-container{            /* 整个容器样式设计 */
   display:flex;
   align-items:center;
   justify-content:space-between;
   flex-wrap:wrap;
   border-top:1rpx solid #D9D9D9;
}
.grid-item-child{                /* 方格样式设计 */
   display:flex;
   justify-content:center;
   flex-direction:column;
   flex-wrap:wrap;
   float:left;
   width:33.3%;                  /* 每个子元素的宽度 */
   height:200rpx;
   box-sizing:border-box;
   background-color:#FFFFFF;
   border-right:2rpx solid #D9D9D9;
   border-bottom:2rpx solid #D9D9D9;
}
/*  icon 样式 */
.grid-item-icon{
   display:flex;
   justify-content:center;
}
/* 方格内文本样式 */
.grid-item-label{
   display:flex;
   justify-content:center;     /* 居中 */
   color:#666;
   font-size:14px;             /* 字体大小 */
}
```

父元素必须设置 flex-wrap:wrap; 属性进行换行（这样达到 3 行显示效果），否则元素会在一行展示，如图 3-9 所示。

为保证每行 3 个图标两两对齐，采用 justify-content:space-between; 属性。每个方格的宽度 width:33.3%; 按照其占位大小分配。使用 justify-content:center; 属性设置元素居中。

使用 flex-direction:column; 和 flex-wrap:wrap; 属性设置 icon 和 text 组件元素竖直排列。

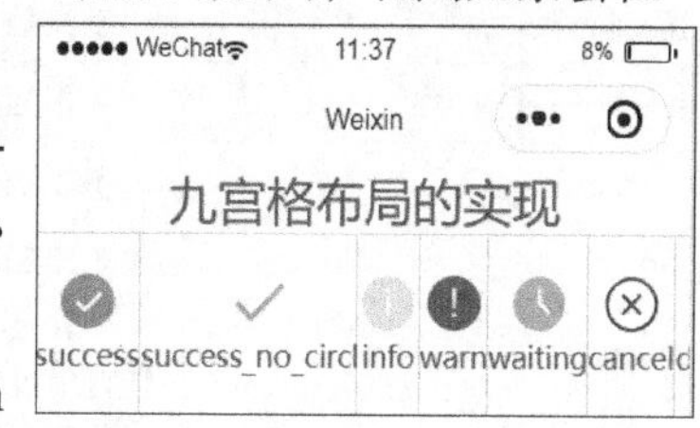

图 3-9　九宫格布局（未换行）

由于 Flex 属性较多，需要读者仔细体会其使用方法。

3.3　微信小程序逻辑层

微信小程序整个系统分为两部分：视图层（WXML 文件）和逻辑层（JS 文件），并在视图层和逻辑层之间提供数据传输和事件系统，让开发者聚焦于数据与逻辑上，如图 3-10 所示。

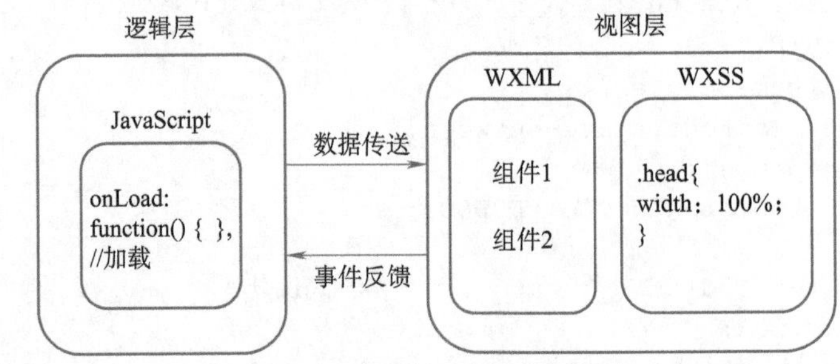

图 3-10 微信小程序整个系统

逻辑层是处理事务逻辑的地方。对于小程序而言，逻辑层就是 JS 脚本文件。逻辑层对数据处理后发送给视图层展示给用户，同时接收视图层用户的反馈。

3.3.1 事件

事件是视图层和逻辑层的通信方式，将用户的行为反映到逻辑层，进而对数据进行处理、发起请求、更新数据等，而后再更新视图。

事件可以绑定到组件上，当满足触发条件后，就会调用逻辑层定义的事件处理函数进行数据交互。事件对象可以携带额外的数据，在逻辑层的事件回调函数中会接收视图层传递的数据，如 id、dataset、touches。

1. 事件分类

事件分为冒泡事件和非冒泡事件。冒泡事件是当一个组件上的事件被触发后，该事件会向父节点传递。非冒泡事件是当一个组件上的事件被触发后，该事件不会向父节点传递。WXML 视图中的冒泡事件如表 3-9 所示。

表 3-9 WXML 视图中的冒泡事件

类　型	触发条件
touchstart	手指触摸动作开始
touchmove	手指触摸后移动
touchcancel	手指触摸动作被打断，如来电提醒、弹窗
touchend	手指触摸动作结束
tap	手指触摸后马上离开
longpress	手指触摸后，超过 350 ms 再离开，如果指定了事件回调函数并触发了这个事件，tap 事件将不被触发
longtap	手指触摸后，超过 350 ms 再离开（推荐使用 longpress 事件代替）
transitionend	会在 WXSS transition 或 wx.createAnimation 动画结束后触发
animationstart	会在一个 WXSS animation 动画开始时触发
animationiteration	会在一个 WXSS animation 一次迭代结束时触发
animationend	会在一个 WXSS animation 动画完成时触发
touchforcechange	在支持 3D Touch 的 iPhone 设备，重按时会触发

注意：

除表 3-9 之外的其他组件自定义事件如无特殊声明都是非冒泡事件，如 form 表单的 submit 事件、input 输入组件的 input 事件、scroll-view 的 scroll 事件等。

其中，bind 事件绑定不会阻止冒泡事件向上冒泡，catch 事件绑定可以阻止冒泡事件向上冒泡。例如：

```
<view id="tapTest" data-hi="WeChat" catchtap="tapName"> Click me! </view>
```

就是在视图层 <view> 组件上采用 catch 绑定 tap 事件，从而阻止 tap 事件向父控件传递。

2. 事件绑定

事件绑定的写法同组件的属性，为 key 和 value 的形式。key 以 bind 或 catch 开头，然后接事件名，例如 bindtap、bindtouchstart。value 是一个字符串，是 Page 中定义的函数名。

```
<view id="tapTest"  bindtap="tapName"> Click me! </view>
<view id="tapTest"  catchtap="tapName"> Click me! </view>
```

例如：

```
<view id="tapTest" data-hi="WeChat" bindtap="tapName"> Click me! </view>
```

就是在视图层 <view> 组件上绑定 tap 事件，当用户单击该组件时会在该页面对应的 Page 中找到相应的事件处理函数。

在相应的 Page 定义中写上相应的事件处理函数，参数是 event。

```
Page({
   tapName:function(event){
      console.log(event)      // 事件的相关处理，这里是打印出事件相关信息
   }
})
```

tapName 与在 Page 中定义的函数名相同，否则触发事件时会报错。bind 绑定的事件不会阻止事件冒泡，catch 绑定的事件会阻止事件冒泡。

关于事件冒泡过程举例如下：

```
<view id="outer" bindtap="handleTap1">
   outer view
   <view id="middle" catchtap="handleTap2">
      middle view
      <view id="inner" bindtap="handleTap3">
          inner view
     </view>
   </view>
</view>
```

这是父子三层嵌套 view。最外层父容器 outer view，中间子容器 middle view 和最内部子容器 inner view。单击 inner view 会先后调用 handleTap3 和 handleTap2，而不会再向上冒泡到 outer（因为 tap 事件会冒泡到 middle view，而 middle view 阻止了 tap 事件冒泡，不再向父节点传递）。单击 middle view 会触发 handleTap2；单击 outer view 会触发 handleTap1。

3.3.2 事件对象

当组件触发事件时，逻辑层绑定该事件的处理函数会收到一个事件对象，事件对象可以携带额外信息，如 id、dataset、touches。

根据事件类型的不同，事件对象携带的信息也不同。BaseEvent（基础事件对象）属性列表如表 3-10 所示。

表 3-10 BaseEvent 属性

属 性	类 型	说 明
type	String	事件类型
timeStamp	Integer	事件生成时的时间戳
target	Object	触发事件的组件的一些属性值集合，其中 id 是事件源组件的 id，tagName 是当前组件的类型，dataset 是事件源组件上由 data- 开头的自定义属性组成的集合
currentTarget	Object	当前组件的一些属性值集合，其中 id 是当前组件的 id，tagName 是当前组件的类型，dataset 是当前组件上由 data- 开头的自定义属性组成的集合

CustomEvent 自定义事件对象属性列表（继承 BaseEvent）如表 3-11 所示。

表 3-11 CustomEvent 属性

属 性	类 型	说 明
detail	Object	额外的信息

TouchEvent 触摸事件对象属性列表（继承 BaseEvent）如表 3-12 所示。

表 3-12 TouchEvent 属性

属 性	类 型	说 明
touches	Array	触摸事件，当前停留在屏幕中的触摸点信息的数组，每个元素是一个 Touch 对象
changedTouches	Array	触摸事件，当前变化的触摸点信息的数组

Touch 对象属性列表如表 3-13 所示。

表 3-13 Touch 属性

属 性	类 型	说 明
identifier	Number	触摸点的标识符
pageX, pageY	Number	距离文档左上角的距离，文档的左上角为原点，横向为 x 轴，纵向为 y 轴
clientX, clientY	Number	距离页面可显示区域（屏幕除去导航条）左上角距离，横向为 x 轴，纵向为 y 轴

3.3.3 事件对象数据参数的传递

当视图层发生事件时，某些情况需要事件携带一些参数到执行的函数中，这时就可以通过 data- 属性来完成。

视图层格式：

```
data-属性的名称
```

在逻辑层中用“e.currentTarget.dataset. 属性的名称”的形式来获取数据。例如：

.wxml 文件中：

```
<!-- 不需要传参的事件写法  bind 事件名 ='函数名' -->
```

```
<button bindtap="fuck">点我</button>
<!-- 传参    data- 传过去的 key=' 变量值 ' -->
<button bindtap="fuck_1" data-name="xmj">传参</button>
<!-- 传参  data- 传过去的 key='{{ 变量名 }}' -->
<button bindtap="fuck_2" data-number='{{a}}'>传参 2</button>
```

.js 文件中：

```
/**
* 页面的初始数据
 */
data:{
   a:200
},
fuck:function(){
   console.log(' 单击我了 ')
},
fuck_1:function(data){
   console.log(data)                              // 输出 data 事件对象
   console.log(data. target.dataset.name)         // 输出 xmj
},
fuck_2:function(e){
   console.log(e)                                 // 输出 e 事件对象
   console.log(e.target.dataset.number);          // 输出 200
},
```

注意：

currentTarget 和 target 的区别在于存在父组件时。一旦某组件的父组件有一个事件时，currentTarget 指向的是当前组件，而 target 是触发事件的组件。

例如，在猜拳游戏在 3 个图像组件（石头、剪刀和布）中可以定义数据，这些数据将会通过事件传递给事件处理函数。这些数据书写方式以 data- 开头，不能有大写（大写会自动转成小写）。

```
 <image type="primary" class="btn" bindtap="btnclick" data-choose="0" src=
"/images/shitou.png" class="image"></image>
 <image type="primary" class="btn" bindtap="btnclick" data-choose="1" src=
"/images/jiandao.png" class="image"></image>
 <image type="primary" class="btn" bindtap="btnclick" data-choose="2" src=
"/images/bu.png" class="image"></image>
```

最终在事件处理函数通过 event.target.dataset 可以获取这些组件中可以定义数据。例如：

```
Page({
   btnclick:function(event){
      console.log(event.target.dataset.choose)    // 获取控件传递过来的值从而
                                                   // 识别那个 image 组件
   }
})
```

这里给 3 个图像组件（image）写了一个 data-choose 并让它对应石头剪刀布的值（0 对应石头，1 对应剪刀、2 对应布），当单击这个 image 时，就能通过事件处理方法中的 event.target.dataset.choose 获取控件传递过来的值从而识别出那个 image 图像组件，从而得知玩家用户的出拳。

3.3.4 页面事件处理函数

Page() 函数中默认生成的 onPullDownRefresh、onReachBottom、onShareAppMessage，以及未自动生成的 onPageScroll、onTabItemTap 均属于页面的事件处理函数。具体解释如下：

（1）onPullDownRefresh()：监听用户下拉刷新事件。

（2）onReachBottom()：监听用户上拉触底事件。

（3）onPageScroll(Object)：监听用户滑动页面事件。

（4）onShareAppMessage(Object)：监听用户单击页面内转发按钮（button 组件，其属性值 open-type="share"）或右上角菜单“转发”按钮的行为，并自定义转发内容。

（5）onTabItemTap(OBJECT)：单击 tab 时触发，从基础库 1.9.0 开始支持，低版本需要做兼容处理。

Page() 函数中还可以定义组件事件处理函数，在 WXML 页面的组件上添加事件绑定，当事件被触发时就会主动执行 Page() 中对应的事件处理函数。

onShareAppMessage(Object) 的转发事件示例如下。

```
Page({
   onShareAppMessage:function(res){
      if(res.from==='button'){                    // 来自页面内转发按钮
        console.log(res.target)
      }
      return {
        title:'自定义转发标题',
        path:'/page/user?id=123'                  //自定义转发页面路径
      }
   }
})
```

onTabItemTap(OBJECT) 的单击 tab 事件示例如下：

```
/** tab单击 */
onTabItemTap(item){
   console.log(item)
   wx.showToast(
      {
          title:'tab点击',
      })
},
```

开发者可根据自己需要选择使用页面的事件处理函数。

习　题

1. 简述什么是微信小程序事件，事件的作用是什么。
2. 创建有 3 个页面的微信小程序，通过 3 个 tab 标签来互相切换。
3. 页面上输出一个班的个人信息（学号，姓名，年龄，家庭地址），每人的信息在一个框内。
4. 设计一个计算器的页面布局。

第 4 章 微信小程序常用组件

微信小程序提供了丰富的组件，开发者可以通过组合这些页面组件进行快速界面开发。本章学习和理解什么是小程序页面组件，以及常用组件的用法。

4.1 微信小程序组件概述

一个微信小程序组件通常包括开始标签 <tagname> 和结束标签 </tagname>，属性用来修饰这个组件，内容在两个标签之内。注意，所有页面组件标签与属性都是小写。

```
<tagname 属性 =" 值 ">
    内容 ...
</tagename>
```

例如：

```
<button id="button1"  bindtap="setLoading"> 设置 </button>
```

上述定义一个按钮组件，组件有一个 id 属性，id 属性是一个通用属性，所有组件都具有此属性。bindtap 属性是绑定 tap 事件，用来定义单击事件处理函数。

微信小程序组件都有的属性如表 4-1 所示。

表 4-1　微信小程序组件都有的属性

属 性 名	类　型	描　述
id	String	组件的唯一标示，保持整个页面的唯一性
class	String	组件的样式类，在对应的 wxss 中定义的样式类
style	String	组件的内联样式
hidden	Boolean	组件是否显示，默认显示
data-*	Any	自定义属性，组件上触发的事件时，会发送给事件处理函数
bind* / catch*	EventHandler	组件的事件

微信小程序组件分为以下七大类：

（1）视图容器组件：主要用于规划布局页面内容。

（2）基础内容组件：用于显示图标、文字等常用基础内容，主要包含 icon 图标、text 文字、

rich-text 富文本和 progress 进度条组件。

（3）表单组件：用于制作表单。微信小程序的表单组件与 HTML 类似。

（4）导航组件：用于跳转到指定页面，仅有 navigator 导航组件。

（5）多媒体组件：用于显示图片、音频、视频等多媒体信息，主要包含 audio 音频、image 图片、video 视频组件。

（6）地图 map 组件：用于显示地图效果。

（7）canvas 画布组件：用于绘制图画内容，游戏开发主要使用此组件实现游戏画面。

4.2 视图容器组件

视图容器组件主要包含 view 视图容器、scroll-view 可滚动视图容器、swiper 可滑动的视图容器、movable-view 可移动的视图容器和 cover-view 覆盖视图容器这些组件。

1. view 视图容器

view 是静态视图容器，通常用 <view> 和 </view> 标签标识一个容器区域。需要注意的是，view 视图容器本身没有大小和颜色，需要在 WXSS 样式文件中设置。

view 对应的属性如表 4-2 所示。

表 4-2 view 组件的属性

属性名	类型	默认值	说明
hover-class	String	none	指定按下去的样式类。当 hover-class="none" 时，没有单击态效果
hover-start-time	Number	50	按住后多久出现单击态，单位毫秒
hover-stay-time	Number	400	手指松开后单击态保留时间，单位毫秒

例 4-1 视图容器组件 view 的简单应用。

WXML 文件代码如下：

```
<!--ex1.wxml-->
<view class="flex-wrp" >
    <view class="flex-item bc_green"  hover-class="hover">子 View1</view>
    <view class="flex-item bc_red">子 View2</view>
    <view class="flex-item bc_blue">子 View3</view>
</view>
```

WXSS 文件代码如下：

```
/**ex1.wxss**/
.flex-wrp{
   height:100px;
   display:flex;
   background-color:#FFFFFF;
   justify-content:center;
}
.flex-item{
```

```
    width:100px;                  /* 宽度和高度 */
    height:100px;
}
.hover{
    background-color:black;     /* 单击时显示黑色 */
}
.bc_green{
    background-color:green;
}
.bc_red{
    background-color:red;
}
.bc_blue{
    background-color:blue;
}
```

程序运行结果如图 4-1 所示。

本例中 ex1.wxml 中定义一个父视图容器和 3 个子视图容器（分别显示绿色、红色和蓝色）。单击子 View1 时背景色显示成黑色。

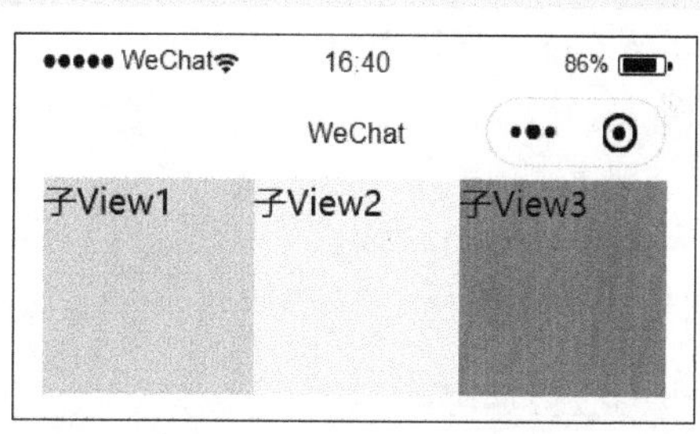

图 4-1　视图容器组件 view 的简单应用

2. scroll-view 可滚动视图

可滚动视图是指当拥有内容过多，屏幕显示不完全时，需要通过滚动显示视图。scroll-view 组件可以横向滚动和纵向滚动。

scroll-view 对应的属性如表 4-3 所示。

表 4-3　scroll-view 组件的属性

属 性 名	类　型	默 认 值	说　明
scroll-x	Boolean	false	允许横向滚动
scroll-y	Boolean	false	允许纵向滚动
upper-threshold	Number	50	距顶部 / 左边多远时（单位 px），触发 scrolltoupper 事件
lower-threshold	Number	50	距底部 / 右边多远时（单位 px），触发 scrolltolower 事件
scroll-top	Number		设置竖向滚动条位置
scroll-left	Number		设置横向滚动条位置
scroll-into-view	String		值应为某子元素 id（id 不能以数字开头）。设置哪个方向可滚动，则在哪个方向滚动到该元素
scroll-with-animation	Boolean	false	在设置滚动条位置时使用动画过渡
enable-back-to-top	Boolean	false	iOS 单击顶部状态栏、安卓双击标题栏时，滚动条返回顶部，只支持竖向
bindscrolltoupper	EventHandle		滚动到顶部 / 左边，会触发 scrolltoupper 事件
bindscrolltolower	EventHandle		滚动到底部 / 右边，会触发 scrolltolower 事件
bindscroll	EventHandle		滚动时触发，event.detail={scrollLeft, scrollTop, scrollHeight, scrollWidth, deltaX, deltaY}

使用纵向滚动时，需要给 <scroll-view> 一个固定高度，通过 WXSS 设置 height。

例 4-2 可滚动视图组件 scroll-view 的简单应用。

WXML 文件代码如下：

```
<!—ex2.wxml-->
<text>横向滚动</text>
<scroll-view  scroll-x="true"  style="width:100%">
   <view class="scroll-view_H">
      <view class="scroll-view-item_H bc_green">1</view>
      <view class="scroll-view-item_H bc_red">2</view>
      <view class="scroll-view-item_H bc_yellow">3</view>
      <view class="scroll-view-item_H bc_blue">4</view>
   </view>
</scroll-view>
```

WXSS 文件代码如下：

```
/**ex2.wxss**/
.scroll-view-item{
   height:80px;
   width:400px;
}
.scroll-view_H{
   display:flex;
   height:80px;
   width:500px;
   flex-direction:row;
}
.scroll-view-item_H{
   width:200px;
   height:100px;
}
.bc_green{
   background:green;
}
.bc_red{
   background:red;
}
.bc_yellow{
   background:yellow;
}
.bc_blue{
   background:blue;
}
```

程序运行结果如图 4-2 所示。使用属性 scroll-x 使得可以横向滚动 4 个子 View。

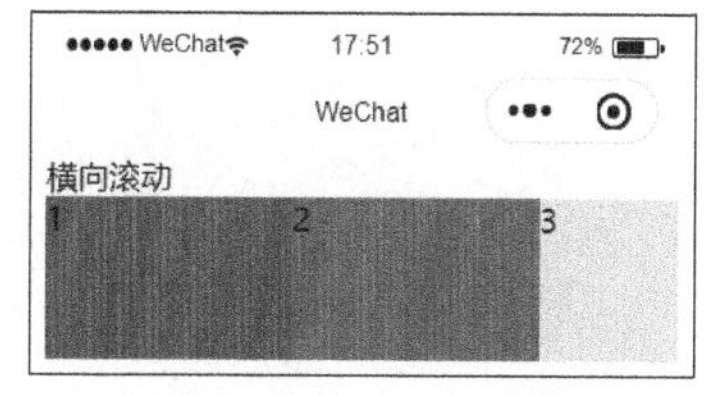

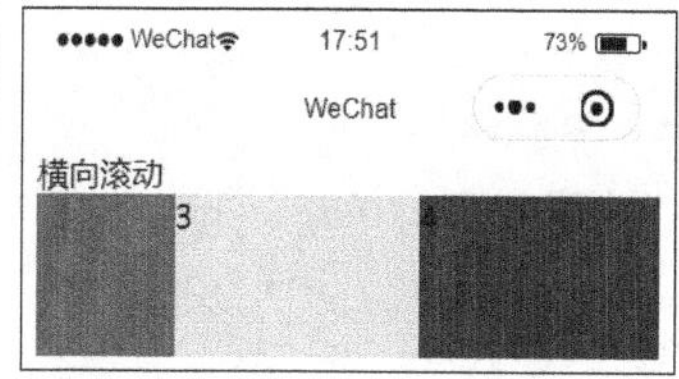

图 4-2　可滚动视图 scroll- view 的简单应用

3. swiper 滑块视图容器

swiper 通常用于实现制作幻灯片切换的效果，结合 image 组件也可以制作轮播图。swiper 对应的属性如表 4-4 所示。

表 4-4　scroll-view 组件的属性

属 性 名	类　型	默 认 值	说　明
indicator-dots	Boolean	false	是否显示面板指示点
indicator-color	Color	rgba(0, 0, 0, .3)	指示点颜色
indicator-active-color	Color	#000000	当前选中的指示点颜色
autoplay	Boolean	false	是否自动切换
current	Number	0	当前所在页面的 index
interval	Number	5000	自动切换时间间隔
duration	Number	500	滑动动画时长
circular	Boolean	false	是否采用衔接滑动
vertical	Boolean	false	滑动方向是否为纵向
bindchange	EventHandle		current 改变时会触发 change 事件，event.detail={current:current, source:source}

例 4-3 swiper 滑块视图容器实现轮播图。程序提供 3 张图片，通过 swiper 滑块视图容器对 3 张图片不停地切换达到轮播效果。

WXML 文件代码如下：

```
<!—ex3.wxml-->
<swiper class="swiper" indicator-dots="{{indcatorDots}}" autoplay="
{{autoPlay}}" interval="{{interval}}" duration="{{duration}}">
    <block wx:for="{{imgUrls}}" wx:for-index="index" wx:key="index">
       <swiper-item>
           <image src="{{item}}" class="side-img"></image>
       </swiper-item>
    </block>
</swiper>
```

JS 文件代码如下：

```
Page({
   data:{
      imgUrls:[
         '/images/bu.png',
         '/images/jiandao.png',
```

```
            '/images/shitou.png'],
        indcatorDots:true,
        autoPlay:true,
        interval:5000,
        duration:500
    },
})
```

程序运行结果如图 4-3 所示。

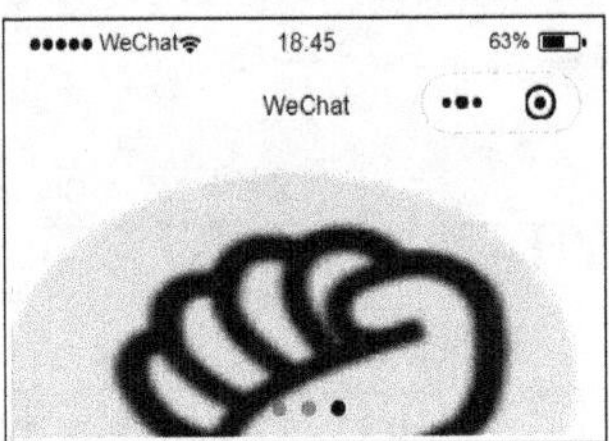

图 4-3　swiper 滑块视图容器制作轮播图

4. movable-view 可移动的视图容器

可移动的视图容器在页面中可以被拖曳滑动。

注意：

movable-view 必须在 <movable-area> 组件中，并且必须是直接子节点，否则不能移动。

movable-view 对应的属性如表 4-5 所示。

表 4-5　movable-view 组件的属性

属 性 名	类 型	默 认 值	说 明
direction	String	none	movable-view 的移动方向，属性值有 all、vertical、horizontal、none
inertia	Boolean	false	movable-view 是否带有惯性
out-of-bounds	Boolean	false	超过可移动区域后，movable-view 是否还可以移动
x	Number		定义 x 轴方向的偏移，如果 x 的值不在可移动范围内，会自动移动到可移动范围；改变 x 的值会触发动画
y	Number		定义 y 轴方向的偏移，如果 y 的值不在可移动范围内，会自动移动到可移动范围；改变 y 的值会触发动画
damping	Number	20	阻尼系数，用于控制 x 或 y 改变时的动画和过界回弹的动画，值越大移动越快
friction	Number	2	摩擦因数，用于控制惯性滑动的动画，值越大摩擦力越大，滑动越快停止；必须大于 0，否则会被设置成默认值

movable-view 必须设置 width 和 height 属性，不设置默认为 10 px。movable-view 默认为绝对定位，top 和 left 属性为 0px。

当 movable-view 小于 movable-area 时，movable-view 的移动范围是在 movable-area 内；movable-view 大于 movable-area 时，movable-view 的移动范围必须包含 movable-area（x 轴方向和 y 轴方向分开考虑）。

例 4-4 movable-view 可移动的视图容器的简单应用。

WXML 文件代码如下：

```
<!--pages/ex1-4/ex1-4.wxml-->
<view class="section">
    <view class="section__title">movable-view 区域小于 movable-area</view>
    <movable-area style="height:200px;width:200px;background:red;">
        <movable-view style="height:50px; width:50px; background:blue;"
x="{{x}}" y="{{y}}" direction="all">
        </movable-view>
    </movable-area>
    <view class="btn-area">
        <button size="mini" bindtap="tap"> 单击我 </button>
    </view>
</view>
```

JS 文件代码如下：

```
Page({
   data:{
      x:0,
      y:0
   },
   tap:function(e){
      this.setData({
         x:30,
         y:30
      });
   }
})
```

程序运行结果如图 4-4 所示。单击“单击我”按钮后，this.setData() 更新 data 属性中的 x、y 数据值，也会更新到 WXML 页面上。从而使内部蓝色滑块向右下移动（30，30）。

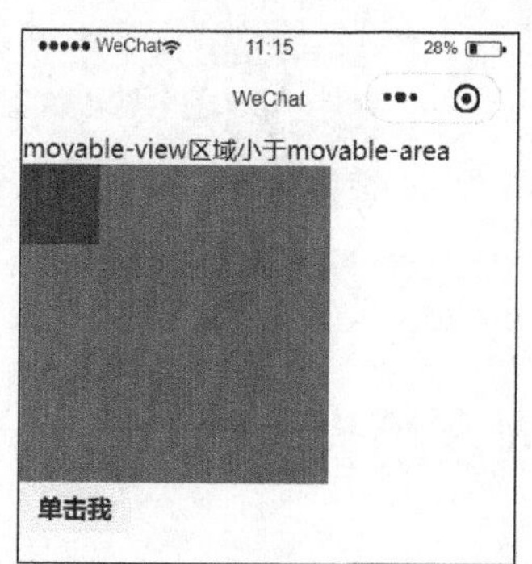

图 4-4　movable-view 可移动的视图容器

5. cover-view 覆盖视图容器

cover-view 是覆盖在原生组件之上的文本视图容器，可覆盖的原生组件包括 map、video、canvas 等，支持内嵌 cover-image、cover-view 和 button 组件。cover-image 是指覆盖在原生组件之上的图片视图容器，可覆盖的原生组件同 cover-view 一样，该组件可以直接使用或者被嵌套在 cover-view 中。cover-image 组件与 image 类似，但仅有一个 src 属性。

例 4-5 cover-view 覆盖视图容器的简单应用。在地图上放置一个 cover-view 覆盖视图，内部有一个图片和一个按钮。

WXML 文件代码如下：

```
<!--pages/cover-view/cover-view.wxml-->
<view >
   <view>在地图上放置 cover-view</view>
   <map>
      <cover-view>
         <cover-view>hello</cover-view>
         <cover-image  src='house.png'></cover-image>
         <button type='primary' size='mini'>这是按钮</button>
      </cover-view>
   </map>
</view>
```

WXSS 文件代码如下：

```
/* pages/cover-view/cover-view.wxss */
map{
   width:100%;
   height:600rpx;
}
cover-view{
   width:200rpx;
   background-color:lightcyan;
   margin:0 auto;
}
cover-image{
   width:100rpx;
   height:100rpx;
   margin:0 auto;
}
```

图 4-5　cover-view 覆盖视图容器

程序运行结果如图 4-5 所示。

4.3　基础内容组件

基础内容组件包括 icon 图标、text 文本、rich-text 富文本和 process 进度条组件。

1. icon 图标组件

微信小程序提供了丰富的图标组件，应用于不同场景，有成功、警告、取消、下载等不同含义的图标，如图 4-6 所示。

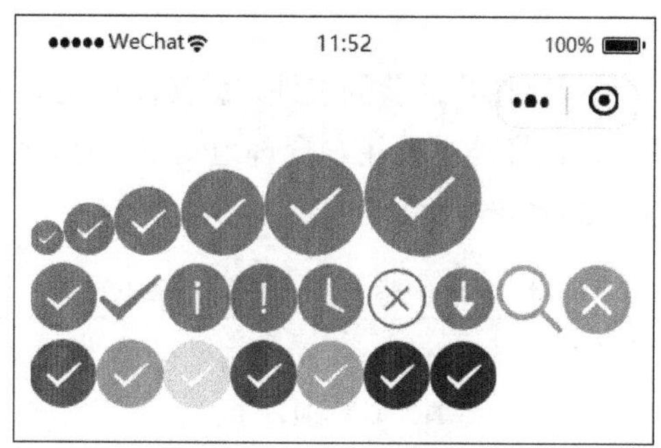

图 4-6　不同含义的图标

icon 图标组件对应的属性如表 4-6 所示。

表 4-6　icon 组件的属性

属性名	类　型	默认值	说　明
type	String		icon 的类型，有效值：success, success_no_circle, info, warn, waiting, cancel, download, search, clear
size	Number	23	icon 的大小，单位 px
color	Color		icon 的颜色，同 css 的 color

例如声明一个蓝色、50 大小的成功的图标 WXML 代码如下：

```
<icon type="success" size="50" color="blue"></icon>
或者 <icon type="success" size="50" color="blue"/>
```

2. text 文本组件

text 文本组件显示文字，它支持转义符 "\"，如换行 "\n"、制表符 "\t"，text 组件内只支持 <text/> 嵌套。除了文本节点以外的其他节点都无法长按选中。该组件对应的属性如表 4-7 所示。

表 4-7　text 组件的属性

属性名	类　型	默认值	说　明
selectable	Boolean	FALSE	文本是否可选
space	String	FALSE	显示连续空格
decode	Boolean	FALSE	是否解码

例如：

```
<text> 你好世界 </text>
<text> 武汉加油 </text>
<text> 武汉好 \n 好 </text>
```

程序运行结果如下：

```
你好世界 武汉加油 武汉好
武汉好
```

由上可知，text 文本组件显示时放置在一行里，不同于 view 组件显示时，每个 view 组件占据一行。

3. progress 进度条组件

progress 进度条组件是一种提高用户体验的组件，就像播放视频一样，可以通过进度条看到完整的视频长度、当前的进度，这样能够让用户合理地安排自己的时间，提高用户的体验度。progress 进度条组件对应的属性如表 4-8 所示。

表 4-8　progress 进度条组件对应的属性

属 性 名	类　型	默 认 值	说　明
percent	Float	无	百分比 0~100
show-info	Boolean	false	在进度条右侧显示百分比
stroke-width	Number	6	进度条线的宽度，单位 px
color	Color	#09BB07	进度条颜色（请使用 activeColor）
activeColor	Color		已选择的进度条的颜色
backgroundColor	Color		未选择的进度条的颜色
active	Boolean	false	进度条从左往右的动画
active-mode	String	backwards	backwards: 动画从头播；forwards：动画从上次结束点接着播

例如：

```
<progress percent="20" stroke-width="20" show-info/>
<progress percent="40" stroke-width="20" show-info/>
<progress percent="60" stroke-width="30" color="pink"/>
<progress percent="80" stroke-width="20"  active true/>
```

程序运行结果如图 4-7 所示。

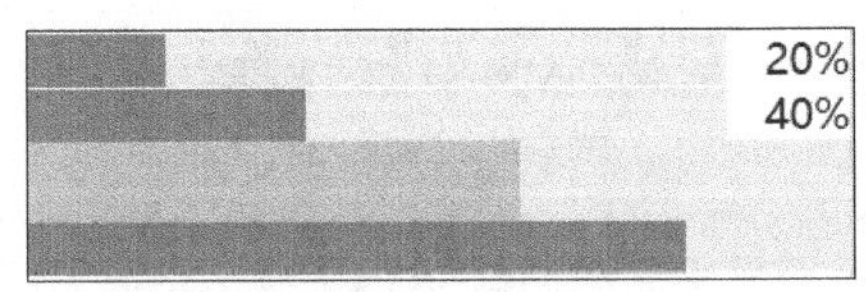

图 4-7　进度条

4. rich-text 富文本

rich-text 富文本组件可以渲染部分 HTML 标签，全局支持 class 和 style 属性，但不支持 id 属性。rich-text 弥补 text 组件在文本渲染上的不足。对应的属性如表 4-9 所示。

表 4-9　rich-text 组件的属性

属　性	类　型	默 认 值	必　填	说　明
nodes	array/string	[]	否	节点列表 /HTML String
space	string		否	显示连续空格

注意：

nodes 属性的使用。可以是 Array 和 String 两种类型。

（1）String 字符串类型，例如在 WXML 中声明一个 rich-text 富文本组件。

```
<rich-text nodes="{{nodes1}}"></rich-text>
```

其中，{{nodes1}} 为自定义变量，用于定义 HTML 的内容。

如果是用纯字符串（String 类型）描述 HTML 代码，在 JS 中表示如下：

```
Page({
   data:{
      nodes1:'<div style="line-height:60px; color:red;">Hello World!</div>'
   }
})
```

程序运行结果如图 4-8 所示。

Hello World!

图 4-8　rich-text 富文本组件

（2）Array 数组类型。需要注意的是，官方声明 nodes 属性推荐使用 Array 类型。这是由于 rich-text 组件会将 String 类型转换为 Array 类型，因而在内容比较多时 String 类型性能会有所下降。

Array 数组类型目前支持两种元素，分别是：节点元素（node）和文本元素（text）。支持默认事件，包括 tap、touchstart、touchmove、touchcancel、touchend 和 longtap。

- 节点元素。type:'node' 表明是节点元素，由于节点元素为默认效果，可以省略 type 类型不写。每一个 node 元素都有如表 4-10 所示的属性。

表 4-10　node 元素的属性

属　性	类　型	默 认 值	必　填	说　明
name	标签名	String	是	支持部分受信任的 HTML 节点
attrs	属性	Object	否	支持部分受信任的属性，遵循 Pascal 命名法
children	子节点列表	Array	否	结构和 nodes 一致

- 文本元素。type:'text' 表明是文本元素。文本元素有一个 text 属性表示其文字。

例如，在 WXML 中声明一个 rich-text 富文本组件。

```
<rich-text nodes="{{nodes1}}"></rich-text>
```

在 JS 中使用 Array 数组类型描述 HTML 内容，使用节点元素和文本元素子节点的代码如下：

```
Page({
  data:{
    nodes1:[{
      name:'div',
      type:'node',
      attrs:{ style:'line-height:60px; color:red;'},
      children:[{type:'text',text:'Hello World!'}]
    }]
  }
}
```

在 JS 文件 data 中定义 nodes1 是 Array 数组，其中仅有一个 node 节点类型元素。节点类型可以有子节点，此时有一个 children 属性。此例中子节点是文本元素。这里将节点元素和文本元素配合使用，使用节点元素的 attrs 属性声明样式，使用文本元素声明文字内容。运行结果与前面例子相同。

4.4 表单组件

视 频

表单组件（上）

表单组件包含 button 按钮、form 表单、input 输入框、checkbox 复选框、radio 单选按钮、picker 列表选择器、picker-view 内嵌列表选择器、slider 滑动选择器、switch 开关选择器、label 标签组件。

1. button 按钮组件

button 按钮是最常见的组件之一，用于事件的触发及表单的提交，小程序中按钮的样式有 3 种，如图 4-9 所示。

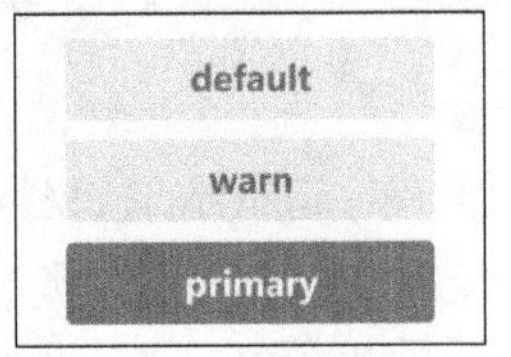

图 4-9 按钮的样式

button 按钮常用属性有 type、size 和 form-type，分别用于修改样式、尺寸和设置不同的触发事件。button 按钮对应的属性如表 4-11 所示。

表 4-11 button 按钮对应的属性

属性名	类型	默认值	说明
size	String	default	按钮的大小，有效值：default，mini
type	String	default	按钮的样式类型，有 primary（绿色）、default（普通灰白）、warn（红色）3 种样式效果
plain	Boolean	false	按钮是否镂空，背景色透明
disabled	Boolean	false	是否禁用
loading	Boolean	false	名称前是否带 loading 图标
form-type	String		其有效值 "submit" 和 "reset"，用于 <form> 组件，单击分别会触发 <form> 组件的 submit/reset 事件
open-type	String		微信开放能力
hover-class	String	button-hover	指定按钮按下去的样式类。当 hover-class="none" 时，没有单击效果
hover-stop-propagation	Boolean	false	指定是否阻止本节点的祖先节点出现单击态
hover-start-time	Number	20	按住后多久出现单击态，单位毫秒
hover-stay-time	Number	70	手指松开后单击态保留时间，单位毫秒

例如，能触发 tap 单击事件和样式是 default 的按钮：

```
<button type="default" size="default" bindtap="but" class="btn1">确定</button>
<button type="default" size="mini" bindtap="but">确定</button>
```

bindtap 属性就是添加 tap 单击事件触发的函数，函数名是 but。

```
// index.js
Page({
  but:function(){       // 单击事件触发的函数
    console.log("你好");
    wx.navigateTo({url:'/pages/logs/logs'})      // 导航到 logs 页面
```

```
    }
})
```

单击“确定”按钮会在控制台上显示出“你好”，并导航到 logs 页面。

如果修改按钮显示效果，可以在 WXSS 文件中设置 CSS，其中背景颜色为 background-color，文字颜色为 color，如果设置 type 为 primary，背景色为绿色，则无法再设置别的背景颜色。border-radius 用于添加圆角的边框。例如：

```
.btn1{
   width:80%;
   background-color:beige;
   border-radius:98rpx;
   margin:15px;}
```

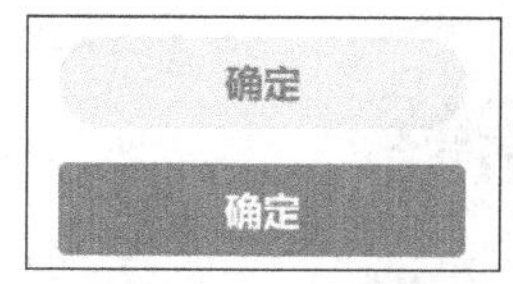

图 4-10　按钮的效果

按钮效果如图 4-10 所示。

2. input 单行文本输入框组件

input 单行文本输入框组件对应的属性如表 4-12 所示。

表 4-12　input 组件的属性

属 性 名	类　型	默 认 值	说　明
value	String		输入框的初始内容
type	String	"text"	input 的类型，text 文本输入键盘，number 数字输入键盘，idcard 身份证输入键盘，digit 带小数点的数字键盘
password	Boolean	false	是否是密码类型
placeholder	String		输入框为空时占位符
placeholder-style	String		指定 placeholder 的样式
placeholder-class	String	"input-placeholder"	指定 placeholder 的样式类
disabled	Boolean	false	是否禁用
maxlength	Number	140	最大输入长度，设置为 -1 的时候不限制最大长度
cursor-spacing	Number	0	指定光标与键盘的距离，单位 px。取 input 距离底部的距离和 cursor-spacing 指定的距离的最小值作为光标与键盘的距离
auto-focus	Boolean	false	（即将废弃，请直接使用 focus）自动聚焦，拉起键盘
focus	Boolean	false	获取焦点
confirm-type	String	"done"	设置键盘右下角按钮的文字
confirm-hold	Boolean	false	单击键盘右下角按钮时是否保持键盘不收起
bindinput	EventHandle		当键盘输入时，触发 input 事件，event.detail={value:value}，处理函数可以直接 return 一个字符串，将替换输入框的内容
bindfocus	EventHandle		输入框聚焦时触发，event.detail={value:value}
bindblur	EventHandle		输入框失去焦点时触发，event.detail={value:value}
bindconfirm	EventHandle		单击完成按钮时触发，event.detail={value:value}

例如，输入数字的单行文本框：

```
<text> 请输入第 1 个数字: </text>
<input id="num1" type="number" bindinput="inputnum1" />
```

获取 input 值的常用方式如下：

```
inputnum1:function(e){
  this.num1=Number(e.detail.value)
  console.log('第 1 个数字为 '+this.num1)
},
```

视 频

猜数字小游戏

例 4-6 猜数字小游戏。

创建一个可以猜数字的游戏，它会在 1~100 以内随机选择一个数，然后让玩家挑战在 10 轮以内猜出这个数字，每一轮都要告诉玩家正确或者错误，如果出错了，则告诉玩家数字是低还是高了，并且还要告诉玩家之前猜的数字是什么。一旦玩家猜测正确，或者玩家用完了回合游戏将会结束。游戏结束后，可以让玩家选择重新开始。

guess.wxml 文件：

```
<!--pages/guess/guess.wxml-->
<button bindtap="newgame"> 重新开始 </button>
<view>
  <text> 请输入你猜的数字: </text>
  <input id="num3" placeholder-style="color:#ff0000" placeholder-class= "place
holderStyle" placeholder='输入数字'  type="number"  bindconfirm="numcompare" />
</view>
<view>
  <text> 比较结果: {{result}}</text>
  <view><text> 已猜过数字: {{allresult}}</text></view>
</view>
```

guess.wxss 样式文件：

```
/* pages/guess/guess.wxss */
input{
  width:600rpx;
  margin-top:20rpx;
  border-bottom:2rpx solid #ccc;
}
button{
  color:#fff;
  background:#369;
  letter-spacing:12rpx;
  margin:50rpx;
}
```

JS 文件代码如下：

```
// pages/guess/guess.js
var guessnum="";          //保存已经猜过的数字
var n=0;                  //次数
```

定义 data 中页面的初始数据，data 中数据可以渲染到页面上：

```
Page({
  /* 页面的初始数据 */
  data:{
     result:'',          //比较结果
     allresult:'',       //保存已经猜过的数字
     num:0               //保存随机数数字
  },
```

页面加载初始化时产生随机数字：

```
onLoad:function(options){
   this.num=Math.floor(Math.random()*100);
   console.log('生成随机数字为'+this.num)
},
```

输入数字确认后出发的事件代码：

```
numcompare:function(e){
   var x=Number(e.detail.value);
   guessnum=guessnum+" "+e.detail.value;
   n++;                     //次数加 1
   if(n>10){
      wx.showToast({  title:"游戏结束，重新开始！" })  //微信小程序的消息提示框
      return;
   }
   console.log(x);
   var str='两数相等';
   if(x>this.num){
      str='数猜大了';
   } else if(x<this.num){
      str='数猜小了';
   } else
      str='你猜对了';
   console.log(str)
   // this.data.result=str; 这种方式无法改变页面中的{{result}}的值
   this.setData({
      result:str,
      allresult:guessnum ,
  })
 },
 //newgame:function(e) 是开始新游戏按钮触发事件代码
 newgame:function(e){
     n=0;
     guessnum="";    //清空已经猜过的数字
     this.num=Math.floor(Math.random()*100);
     console.log(' 生成随机数数字为'+this.num)
     this.setData({
```

```
            result:'',
            allresult:'',
        })
    },
})
```

程序运行结果如图 4-11 所示。

图 4-11　猜数字小游戏

视　频

表单组件（下）

3. picker 列表选择器

picker 列表选择器是从底部弹起的滚动选择器，现支持 5 种选择器，通过 mode 来区分，分别是普通选择器、多列选择器、时间选择器、日期选择器、省市区选择器，默认是普通选择器。这里仅仅介绍普通选择器和日期选择器的属性，分别如表 4-13 和 4-14 所示。

表 4-13　普通选择器（mode=selector）的属性

属 性 名	类　型	默 认 值	说　明
range	Array/Object Array	[]	mode 为 selector 或 multiSelector 时，range 有效
range-key	String		当 range 是一个 Object Array 时，通过 range-key 来指定 Object 中 key 的值作为选择器显示内容
value	Number	0	value 的值表示选择了 range 中的第几个（下标从 0 开始）
bindchange	EventHandle		value 改变时触发 change 事件，event.detail={value:value}
disabled	Boolean	false	是否禁用

表 4-14　日期选择器（mode= date ）的属性

属 性 名	类　型	默 认 值	说　明
value	String	0	表示选中的日期，格式为 "YYYY-MM-DD"
start	String		表示有效日期范围的开始，字符串格式为 "YYYY-MM-DD"
end	String		表示有效日期范围的结束，字符串格式为 "YYYY-MM-DD"
fields	String	day	有效值 year、month、day，表示选择器的粒度
bindchange	EventHandle		value 改变时触发 change 事件，event.detail={value:value}
disabled	Boolean	false	是否禁用

例 4-7 picker 列表选择器组件的简单应用。

picker.wxml 文件：

```
<view class="section">
    <view class="section__title">普通选择器</view>
    <picker bindchange="bindPickerChange" value="{{index}}" range="{{array}}">
        <view class="picker">
            当前选择：{{array[index]}}
        </view>
    </picker>
</view>
<view class="section">
    <view class="section__title">日期选择器</view>
    <picker mode="date" value="{{date}}" start="2015-09-01" end="2020-02-01"
bindchange="bindDateChange">
        <view class="picker">
            当前选择：{{date}}
        </view>
    </picker>
</view>
```

picker.js 文件：

```
// pages/picker/picker.js
Page({
    data:{
        array:['美国','中国','巴西','日本'],
        objectArray:[
            {id:0, name:'美国'},
            {id:1, name:'中国'},
            {id:2, name:'巴西'},
            {id:3, name:'日本'}],
        index:0,
        date:'2019-09-01',
    },
    bindPickerChange:function(e){
        console.log('picker发送选择改变，携带值为', e.detail.value)
        this.setData({
            index:e.detail.value
        })
    },

    bindDateChange:function(e){
        console.log('picker发送选择改变，携带值为', e.detail.value)
        this.setData({
            date:e.detail.value
        })
    },
})
```

程序运行结果如图 4-12 所示。

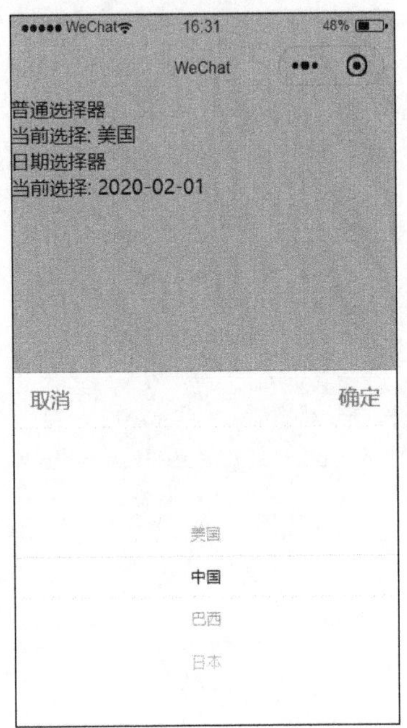

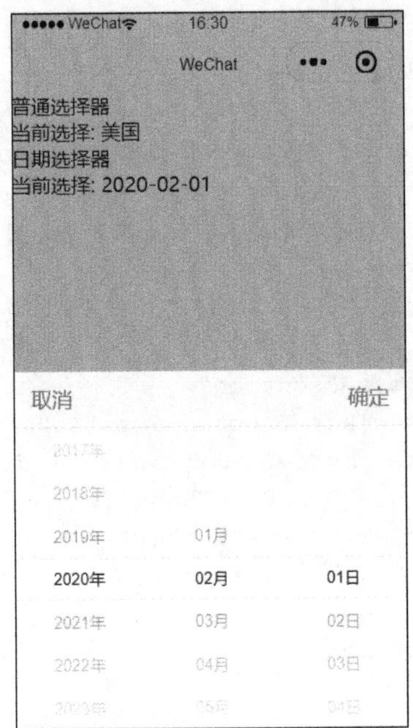

图 4-12　picker 列表选择器

4. slide 滑动选择器

slider 组件为滑动选择器。该组件对应的属性如表 4-15 所示。

表 4-15　slider 组件的属性

属 性 名	类 型	默 认 值	说 明
min	Number	0	最小值，允许是负数
max	Number	100	最大值
step	Number	1	步长，取值必须大于 0，并且可被 (max - min) 整除
disabled	Boolean	false	是否禁用
value	Number	0	当前取值
color	Color	#e9e9e9	背景条的颜色（请使用 backgroundColor）
selected-color	Color	#1aad19	已选择的颜色（请使用 activeColor）
activeColor	Color	#1aad19	已选择的颜色
backgroundColor	Color	#e9e9e9	背景条的颜色
block-size	Number	28	滑块的大小，取值范围为 12 ～ 28
block-color	Color	#ffffff	滑块的颜色
show-value	Boolean	false	是否显示当前 value
bindchange	EventHandle		完成一次拖动后触发的事件，event.detail={value:value}
bindchanging	EventHandle		拖动过程中触发的事件，event.detail={value:value}

例如，制作一个自定义滑动条，最小值为 50、最大值为 200，并且在右侧显示当前数值：

```
<slider min="50"  max="200"  show-value  bindchange='sliderChange'/>
```

如图 4-13 所示，滑动条主要是由滑动线条与滑块组成的，滑块左侧的彩色线条为选中的数值范围。滑块越往右移动，所显示的数值就越大。

图 4-13　滑动选择器

```
/* 自定义函数——监听 slider 改变 */
sliderChange:function(e){
   console.log('slider 发生变化，当前值是 :'+e.detail.value)
},
```

滑动会触发 change 事件，所以控制台会输出滑块当前取值。

5. switch 开关选择器

switch 组件为开关选择器，该组件对应的属性如表 4-16 所示。

表 4-16　switch 组件的属性

属 性 名	类　型	默 认 值	说　明
checked	Boolean	false	是否选中
type	String	switch	样式，有效值：switch、checkbox
bindchange	EventHandle		checked 改变时触发 change 事件，event.detail={value:checked}
color	Color		switch 的颜色，同 css 的 color

例如：

```
<switch checked bindchange="switchChange">选中</switch>
<switch bindchange="switchChange">没选中</switch >
```

图 4-14　开关选择器

开关选择器运行结果如果 4-14 所示。

```
/* 自定义函数——监听 switch 改变 */
switchChange:function(e){
   console.log('switch 发生变化，当前值是 :'+e.detail.value)
},
```

开关状态改变会触发 change 事件，所以控制台会输出开关选择器当前取值 FALSE 或 TRUE。

6. form 表单组件

微信小程序的表单组件与 HTML 的表单标签是一样的，但微信小程序的 form 组件具有一些特殊的性质。将用户输入在 <switch><input><checkbox><slider><radio><picker> 中的内容进行提交。

当单击 <form> 表单中的 button（此时 formType 为 submit）组件时，会将表单组件中的 value 值进行提交，需要在表单组件中加上 name 来作为 ID 识别。form 组件的属性如表 4-17 所示。

表 4-17　form 组件的属性

属 性 名	类 型	说 明
report-submit	Boolean	是否返回 formId 用于发送模板消息
bindsubmit	EventHandle	携带 form 中的数据触发 submit 事件，event.detail={ value :{"name":"value"} , formId:"" }
bindreset	EventHandle	表单重置时会触发 reset 事件

注意：

表单中携带数据的组件（如输入框）必须带有 name 属性值，否则无法识别提交的内容。

例 4-8 form 组件的简单应用。

form.wxml 文件：

```
<!--pages/form/form.wxml-->
<view class='title'>表单组件 form 的简单应用 </view>
<view class='demo-box'>
   <view class='title'>模拟用户登录效果 </view>
   <form bindsubmit='onSubmit' bindreset='onReset'>
      <input name='username' type='text' placeholder='请输入用户名'></input>
      <input name='password' password placeholder='请输入密码'></input>
      <button type="primary" size='mini' form-type='submit'>提交 </button>
      <button type="primary" size='mini' form-type='reset'>重置 </button>
   </form>
</view>
```

form.js 文件：

```
Page({
   formSubmit:function(e){
      console.log('form 发生了 submit 事件，携带数据为：',e.detail.value)
   },
   formReset:function(){
      console.log('form 发生了 reset 事件')
   }
})
```

输入用户名 xmj，密码 123 后，单击“提交”按钮后的结果：

```
form 发生了 submit 事件携带数据为
{username:"xmj", password:"123"}
```

视 频

导航组件

单击“重置”按钮后输入的用户名和密码被清空。

其余表单组件如 checkbox 组件、radio 组件等在使用到时详细介绍。

4.5 导航组件

导航组件 navigator 用于单击跳转页面链接，其对应的属性如表 4-18 所示。

表 4-18　navigator 组件的属性

属性名	类型	默认值	说明
target	String		在哪个目标上发生跳转，默认当前小程序
url	String		当前小程序内的跳转链接地址
open-type	String	navigate	跳转方式，共有 5 种方式

其中 open-type 属性对应 5 种取值：

（1）navigate：默认值，表示跳转新页面打开新地址内容（等同于 wx.navigateTo 或 wx.navigateTpMiniProgram 的功能）。

（2）redirect：重定向，表示在当前页面重新打开新地址内容（等同于 wx.redirectTo 功能）。

（3）switchTab：切换 Tab 面板，表示跳转指定 Tab 页面重新打开新地址内容（等同于 wx.switchTab 的功能）。

（4）reLaunch：关闭所有页面，重新打开应用内的某个页面（等同于 wx.reLaunch 的功能）。

（5）navigateBack：返回上一页（等同于 wx.navigateBack 的功能）。

例如：

```
<navigator url="/pages/page2/ page2">
    <button type="primary">跳转到新页面打开新内容</button>
</navigator>
```

上述代码表示在导航组件 <navigator> 中内嵌按钮组件 <button> 来实现跳转功能。当前 <navigator> 组件并未声明 open-type 属性，因此表示默认情况，即跳转新页面打开 page2.wxml。

实际上实现单击按钮跳转，也可以在 WXML 文件中绑定 tap 单击事件：

```
<button type="primary"  bindtap='Tap1'>跳转到新页面打开新内容</button>
```

在 JS 文件中添加事件处理函数 Tap1：

```
Tap1:function(){
   wx.navigateTo({
     url:'../Three/Three'                //跳转到 Three 游戏页面
   })
},
```

如果需要传递数据给新页面，<navigator> 组件的 url 属性值可以使用如下格式：

```
<navigator url="跳转的新页面地址？参数1=值1&参数2=值2&…&参数N=值N">
```

其中，参数名称可以由开发者自定义，参数个数为一个至若干个均可，多个参数之间使用 & 符号隔开。

在 WXML 文件代码：

```
<navigator url="/page2/page2?date=20201207">
    <button type="primary">跳转到新页面打开新内容</button>
</navigator>
```

上述代码表示打开新页面的同时也传递了 date=20201207 这条数据给新页面使用。

在 page2 的 JS 文件的 onLoad 函数中可以获取到该参数，代码如下：

```
Page({
    onLoad:function(options){
        console.log(options.date);      //将在控制台打印输出 20201207
    }
})
```

视频

媒体组件和地图组件

4.6 媒体组件和地图组件

4.6.1 媒体组件

1. 音频组件 audio

audio 是音频组件，可用于播放本地或网络音频。该组件对应的属性如表 4-19 所示。

表 4-19 audio 组件的属性

属性名	类型	默认值	说明
id	String		audio 组件的唯一标识符
src	String		要播放音频的资源地址，可以是网络地址
loop	Boolean	false	是否循环播放
controls	Boolean	false	是否显示默认控件
poster	String		默认控件上的音频封面的图片资源地址，如果 controls 属性值为 false 则设置 poster 无效
name	String	未知音频	默认控件上的音频名字，如果 controls 属性值为 false 则设置 name 无效
author	String	未知作者	默认控件上的作者名字，如果 controls 属性值为 false 则设置 author 无效
binderror	EventHandle		当发生错误时触发 error 事件，detail={errMsg:MediaError.code}
bindplay	EventHandle		当开始 / 继续播放时触发 play 事件
bindpause	EventHandle		当暂停播放时触发 pause 事件
bindtimeupdate	EventHandle		当播放进度改变时触发 timeupdate 事件，detail={currentTime, duration}
bindended	EventHandle		当播放到末尾时触发 ended 事件

例 4-9 音频组件 audio 的简单应用。

在 WXML 文件代码：

```
<view class='title'>音频组件 audio 的简单应用 </view>
<view class='demo-box'>
    <view class='title'>播放网络音频 </view>
    <audio id="myAudio" poster="http://y.gtimg.cn/music/photo_new/
```

```
T002R300x300M000003rsKF44GyaSk.jpg" name="月亮代表我的心" author="邓丽君"
src="/audios/邓丽君-月亮代表我的心.mp3"  controls  loop ></audio>
    <button size='mini' bindtap='audioPlay'>播放</button>
    <button size='mini' bindtap='audioPause'>暂停</button>
    <button size='mini' bindtap='audioSeek0'>回到开头</button>
</view>
```

JS 文件代码：

```
Page({
    /**
     * 生命周期函数——监听页面初次渲染完成
     */
    onReady:function(){
        //使用wx.createAudioContext获取audio上下文对象，控制音频的播放暂停与跳转
        this.audioCtx=wx.createAudioContext('myAudio')
    },
        //以下是事件代码
    audioPlay:function(options){        //播放按钮事件代码
        this.audioCtx.play()
    },
    audioPause:function(options){       //暂停按钮事件代码
        this.audioCtx.pause()
    },
    audioSeek0:function(options){       //回到开头按钮事件代码
        this.audioCtx.seek(0)
    }
})
```

程序运行结果如图 4-15 所示。通过单击 3 个按钮实现播放音乐，暂停播放和音乐播放点回到开头。如果回到指定秒数可以使用seek(n),例如this.audioCtx.seek(14)回到第14秒处。

图 4-15　音频组件 audio 的简单应用

2. 图片组件 image

image是图片组件，可用于显示本地或网络图片，其默认宽度为300 px、高度为225 px。该组件对应的属性如表4-20所示。

表 4-20　image 组件对应的属性

属 性 名	类 型	默 认 值	说 明
src	String		图片资源地址
mode	String	'scaleToFill'	图片裁剪、缩放的模式
lazy-load	Boolean	false	图片懒加载，在即将进入当前屏幕可视区域时才加载。只针对page与scroll-view下的image有效
binderror	HandleEvent		当错误发生时，发布到AppService的事件名，事件对象event.detail ={errMsg:'something wrong'}
bindload	HandleEvent		当图片载入完毕时，发布到AppService的事件名，事件对象event.detail={height:'图片高度px', width:'图片宽度px'}

image 组件的 mode 属性用于控制图片的裁剪、缩放。其中有 4 种缩放模式：

（1）scaleToFill：不保持纵横比缩放图片，使图片的宽高完全拉伸至填满 image 组件。

（2）aspectFit：保持纵横比缩放图片，使图片的长边能完全显示出来。也就是说，可以完整地将图片显示出来。

（3）aspectFill：保持纵横比缩放图片，只保证图片的短边能完全显示出来。也就是说，图片通常只在水平或垂直方向是完整的，另一个方向将会发生截取。

（4）widthFix：宽度不变，高度自动变化，保持原图宽高比不变。

有 9 种裁剪模式：

（1）top：不缩放图片，只显示图片的顶部区域。

（2）bottom：不缩放图片，只显示图片的底部区域。

（3）center：不缩放图片，只显示图片的中间区域。

（4）left：不缩放图片，只显示图片的左边区域。

（5）right：不缩放图片，只显示图片的右边区域。

（6）top left：不缩放图片，只显示图片的左上边区域。

（7）top right：不缩放图片，只显示图片的右上边区域。

（8）bottom left：不缩放图片，只显示图片的左下边区域。

（9）bottom right：不缩放图片，只显示图片的右下边区域。

例 4-10 图片组件 image 的简单应用。

WXML 文件：

```
<view style='text-align:center;'>
    <view class='title'>图片和声音</view>
    <image style='width:200px; height:200px;' src='{{imgSrc}}'  bindtap=
'tapCat' mode="{{imgMode}}"> </image>
</view>
```

JS 文件代码：

```
//index.js
Page({
   data:{
      imgSrc:'/images/kitty.png',              //图片源文件
      imgMode:'center'                         // imgMode 变量赋值 'center'
   },
   tapCat:function(){                          //单击事件函数
      let audio=wx.createInnerAudioContext()   //创建音频上下文
      audio.src='/audios/meow.mp3'             //声音源文件，需要放在根目录下
      audio.play()                             //播放音频
      this.setData({
         imgMode:'scaleToFill'                 //修改 imgMode 变量值，会更新 WXML
      })
   }
})
```

程序运行结果如图 4-16 所示。最初仅仅显示猫图片的中间区域，单击图片后更新 mode 属性为 'scaleToFill' 值，从而缩放图片，使图片的宽高拉伸完全适应 image 组件大小，整个猫图片都被显示出来同时播放猫叫的声音文件。

注意：

这里未使用音频组件 audio，而是直接使用微信小程序 API 音频播放控制 wx.createInnerAudioContext() 创建音频。

图 4-16　图片组件 image 的简单应用

在游戏开发中播放背景音乐，微信小程序提供的 API 如下：

```
wx.playBackgroundAudio(OBJECT)
```

使用后台播放器播放音乐，对于微信客户端来说，只能同时有一个后台音乐在播放。当用户离开小程序后，音乐将暂停播放；当用户在其他小程序中占用了音乐播放器时，原有小程序内的音乐将停止播放。

例如：

```
wx.playBackgroundAudio({
    dataUrl:'http://ws.stream.qqmusic.qq.com/M500001VfvsJ21xFqb.mp3',
    title:' 此时此刻 ',
    coverImgUrl:''
})
```

3. 视频组件 video

视频组件，可用于播放本地或网络视频资源，其默认宽度为 300 px、高度为 225 px。该组件常用属性 src 要播放视频的资源地址，danmu-list 属性是弹幕列表。

例 4-11　视频组件 video 的简单应用。

WXML 文件：

```
<view>
   <view class='title'> 播放网络视频 </view>
   <video id="myVideo" src="{{src}}" danmu-list="{{danmuList}}" enable-danmu danmu-btn controls></video>
</view>
```

JS 文件代码：

```
Page({
```

```
    /* 页面的初始数据  */
    data:{
        src:' http://wxsnsdy.tc.qq.com/105/20210/snsdyvideodownload?filekey=
30280201010421301f0201690402534804102ca905ce620b1241b726bc41dcff44e002040
12882540400&bizid=1023&hy=SH&fileparam=302c020101042530230204136ffd93020457
e3c4ff02024ef202031e8d7f02030f42400204045a320a0201000400',',
        danmuList:[
        {
            text:'第 1s 出现的弹幕',
            color:'yellow',
            time:1
        },
        {
            text:'第 3s 出现的弹幕',
            color:'red',
            time:3
        }]
    },
    /**
    * 生命周期函数 -- 监听页面初次渲染完成
     */
    onReady:function(){
        this.videoContext=wx.createVideoContext('myVideo')
    },
})
```

程序运行结果如图 4-17 所示。播放时在第 1 秒出现黄色字幕，第 3 秒出现红色字幕。

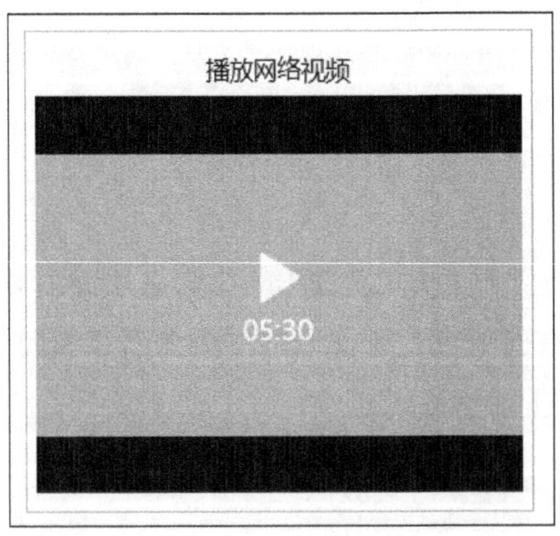

图 4-17　视频组件 video 的简单应用

4.6.2　地图组件

地图组件即 map 组件，这里根据指定的中心经纬度使用腾讯地图显示对应的地段。map 组件默认大小为 300*150 像素，该尺寸可以重新自定义。该组件对应的常用属性如表 4-21 所示。

表 4-21　map 组件的属性

属 性 名	类　型	说　明
longitude	Number	中心经度
latitude	Number	中心纬度
scale	Number	缩放级别，取值范围为 5 ~ 18，默认值为 16
markers	Array	标记点
show-location	Boolean	显示带有方向的当前定位点
bindmarkertap	EventHandle	单击标记点时触发，会返回 marker 的 id
bindcallouttap	EventHandle	单击标记点对应的气泡时触发，会返回 marker 的 id
bindcontroltap	EventHandle	单击控件时触发，会返回 control 的 id
bindregionchange	EventHandle	视野发生变化时触发
bindtap	EventHandle	单击地图时触发
bindupdated	EventHandle	在地图渲染更新完成时触发

例如，生成一个博物院的地图，WXML 代码如下：

```
<map latitude='49.917940' longitude='126.397140'></map>
```

注意：

若不知道经纬度，可以使用腾讯坐标拾取器（http://lbs.qq.com/tool/getpoint/index.html）进行查询。

如果想定位到当前位置，需要用到位置 API，即 wx.getLocation()。

视　频

翻牌游戏

4.7　拓展案例——翻牌游戏

翻牌游戏主要考查玩家记忆力。游戏桌面有 16 张牌，游戏开始前先让玩家记忆几秒钟，玩家翻到两张相同扑克牌，则固定显示这两张牌面，否则又恢复到背面图案。游戏时统计玩家单击次数及总用时，翻牌游戏运行效果如图 4-18（a）所示。游戏成功后出现图 4-18（b）所示排行榜。

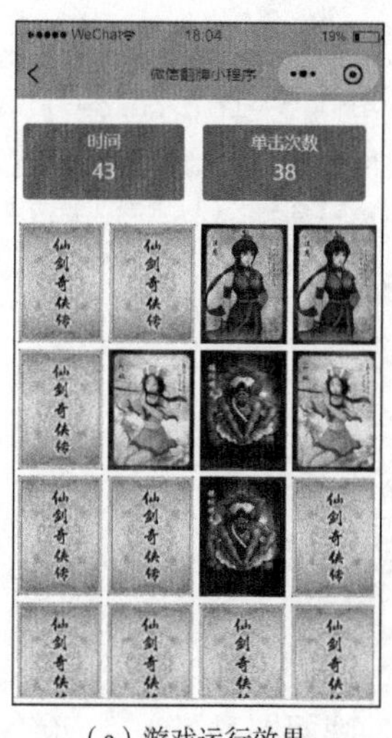

（a）游戏运行效果

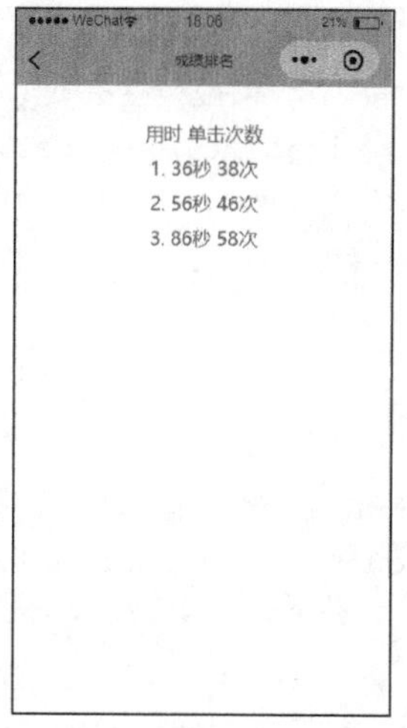

（b）排行榜

图 4-18　翻牌游戏

设计翻牌游戏时，游戏桌面的每张牌采用2个image组件，其中一个显示牌面，另外一个显示背面。通过控制image组件的样式display属性值决定显示哪个image组件，从而达到显示牌面或背面。

每张牌是一个对象，由2个属性src（牌图片）和state（状态信息，为1时显示牌面图片，为0时显示牌背面，为2时已完成配对）组成。通过每张牌的state属性控制image组件的样式display属性值。

游戏排行榜采用微信缓存数据方法，将排行信息数组存入缓存数据maxscore中。

4.7.1 游戏页面

game.wxml视图文件。设计时每张牌采用2个<image>组件（分别显示牌面和背面图片）。其样式display属性值取'none'，则此image组件不显示；取'block'，则此image组件显示。

```
<view class="score">
    <view class="scoredetail">
        <view class="scoredesc">时间</view>
        <view class="scorenumber">{{useTime}}</view>
    </view>
    <view class="scoredetail">
        <view class="scoredesc">单击次数</view>
        <view class="scorenumber">{{clickNum}}</view>
    </view>
</view>
<view class="">
  <view class="board" >
    <view class="rows" wx:for="{{cards}}" wx:for-index="idx" wx:for-item="row">
        <view wx:for="{{row}}" class="cols" wx:for-index="idy"  wx:for-item="card">
            <view  class="" data-ix="{{idx}}" data-iy="{{idy}}"  bindtap="onTap">
                <image class="card" style="display:{{card.state==0 ? 'none':'block'}}" mode="scaleToFill" src= "{{card.src}}" data-card="{{card}}"></image>
                <image class="card back" style="display:{{card.state!=0 ? 'none':'block'}}" mode="scaleToFill" src= "{{backImage}}" ></image>
            </view>
        </view>
    </view>
    </view>
</view>
<modal class="modal" hidden="{{modalHidden}}" bindconfirm="modalComfirm" bindcancel="modalCancle" cancelText="查看排名">
  <view>游戏结束，重新开始吗？ </view>
</modal>
```

game.js逻辑文件。allCard存储所有牌（实际是牌面图片名），backCardImage存储牌背面图片名。

```
//获取应用实例
var app=getApp()
var allCard=['card1', 'card2', 'card3', 'card4', 'card5', 'card6',
'card7', 'card8', 'card9', 'card10', 'card11', 'card12', 'card13',
'card14', 'card15', 'card16', 'card17', 'card18', 'card19', 'card20',
'card21', 'card22', 'card23', 'card24', 'card25', 'card26', 'card27',
'card28', 'card29', 'card30', 'card31', 'card32', 'card33', 'card34',
'card35', 'card36', 'card37', 'card38', 'card39', 'card40', 'card41',
'card42'];
var backCardImage="../images/cardbg.jpg"  //牌背面图片
Page({
   data:{
      clickNum:0,                              // 单击次数
      useTime:0,                               // 游戏时间
      checked:0,                               // 已匹配牌数
      allCard:allCard,                         // 全部卡牌数组
      backImage:backCardImage,                 // 牌背面图片
      modalHidden:true,                        // 游戏完成提示是否显示
      firstX:-1,                               // 单击的第一张卡牌的坐标
      firstY:-1,
      cards:[],                                // 随机挑选出来的牌
      size:8,                                  // 界面显示的牌数 =size*2
      clickable:false,                         // 当前是否可单击
      timer:''                                 // 游戏计时的定时器
   },
```

startGame() 是游戏开始时完成从整个牌里抽取 size*2 张(16 张)牌。抽取时先打乱牌的顺序，抽取前 size 张牌。然后，将 size 张牌复制一份后合并，得到 size*2 张牌，再打乱顺序。最后将牌放入 cards 二维数组中。

每张牌对象有 2 个属性 src（牌图片）和 state（状态信息，state 为 1 时显示牌面图片 , 为 0 时显示牌背面，为 2 时已完成配对）组成。由于每张牌对象 state 属性初始值为 1，所以游戏开始所有牌显示牌面。

```
startGame:function(){                          // 开始游戏
   var data=this.data;
   var that=this;
   var tmp=this.data.allCard.sort(
     function(a, b){ return Math.random()>.5?-1:1;})      // 打乱牌顺序
   tmp=tmp.splice(0, Math.floor(data.size));             //挑出前 size 张牌
   tmp=tmp.concat(tmp).sort(
     //挑出 size 张牌复制一份后合并，得到 size*2 张牌，再打乱顺序
     function(a,b){return Math.random()>.5?-1:1;});
   // 生成二维数组展示
   var cards=[];
   var ix=-1,iy=0;
```

```
for(var i in tmp){
  if(i%4==0){
     cards.push([]);                    // 增加一行元素
     ix++; iy=0;
  }
  cards[ix].push({
     src:'../images/'+tmp[i]+'.jpg',// 牌面图片
     state:1                            // 为1时显示图片，为0时显示牌背面
  });
}
// 初始化游戏数据
this.setData({
   cards:cards,                         // 存储每张牌图片和显示状态的二维数组
   clickNum:0,                          // 单击次数
   useTime:0,                           // 游戏时间
   checked:0,                           // 已匹配牌数
   modalHidden:true,                    // 游戏完成提示是否显示
   firstX:-1,                           // 单击的第一张卡牌的坐标，-1表示没有
   clickable:false                      // 当前是否可单击
});
```

将牌放入 cards 二维数组后，采用 setTimeout() 实现 1 s 后，所有的牌翻到背面，并开始游戏时间计时。

```
  var that=this;
  setTimeout(function(){
     that.turnAllBack();                // 所有的牌翻到背面
     console.log('turn all back');
     data.clickable=true;               // 开始计时了才让单击牌
     if(data.timer===''){
        data.timer=setInterval(function(){
           data.useTime++;
           that.setData({ useTime:data.useTime });
        }, 1000);                       // 游戏开始计时
     } else{
        that.setData({ useTime:0 });
     }
  }, 1000);                             // 游戏开始前先让玩家记忆1000 ms
},
```

onTap(event) 是用户单击牌事件处理代码。牌所在 view 容器 <view class="" data-ix="{{idx}}" data-iy="{{idy}}" bindtap="onTap" > 绑定的附加数据 idx、idy 可以识别是那个位置（ix，iy）牌被单击，从而从二维数组 cards[ix][iy] 获取对应牌信息。

data.firstX 和 data.firstY 存储被单击第一张牌位置信息，ix 和 iy 存储当前被单击牌位置信息。判断这两个位置牌的 src 属性是否相同，相同则修改两张牌的 state 为 2，完成配对操作。不相同则修改两张牌的 state 为 0，恢复到牌背面状态，这里采用 setTimeout() 达到半秒后恢复

到牌背面状态。

```
onTap:function(event){
   var that=this;
   var data=this.data;
   var ix=event.currentTarget.dataset.ix;               // 获取单击对象的坐标
   var iy=event.currentTarget.dataset.iy;
   console.log('onTap'+ix+' '+iy);
   // 单击的是已翻过来的牌或者现在不让单击直接跳过
   if(data.cards[ix][iy].state!=0 || !data.clickable)
      return;
   that.setData({
      clickNum:++data.clickNum                           //单击数加 1
   });
   // 1. 检测是翻过来的第几张牌
   if(data.firstX==-1){
      // 1.1 第一张修改状态为 1
      data.cards[ix][iy].state=1;
      data.firstX=ix;data.firstY=iy;                     // 记下坐标
      that.setData({cards:data.cards});                  // 通过 setData 让界面变化
   }else{
      // 1.2 前面已经有张牌翻过来了
      data.cards[ix][iy].state=1;                        //当前被单击牌翻过来
      that.setData({cards:data.cards});
      if(data.cards[data.firstX][data.firstY].src===data.cards[ix][iy].src){
        // 1.2.1.1 两张牌相同，修改两张牌的 state 为 2 完成配对
        data.cards[data.firstX][data.firstY].state=2;
        data.cards[ix][iy].state=2;
        data.checked+=1;                                 // 完成配对数 ++
        data.firstX=-1;                                  // 准备下一轮匹配
        // 1.2.1.2 检查是否所有牌都已经翻过来，都已翻过来提示游戏结束
        if(data.checked==data.size){                     // 所有牌都配对成功了
          this.setData({modalHidden:false});
          clearInterval(this.data.timer);                // 暂停计时
          this.data.timer='';
          this.saveScore({'time':data.useTime,'click':data.clickNum})
          // 保存成绩
        }
     }else{// 1.2.2 两张牌不同，修改两张牌的 state 为 0，恢复到牌背面状态
       data.cards[data.firstX][data.firstY].state=0;
       data.cards[ix][iy].state=0;
       data.firstX=-1;
       data.clickable=false;
       setTimeout(function(){
         that.setData({cards:data.cards, clickable:true});
       }, 500);    //过半秒再翻回去
    }
```

```
    }
    console.log(this.data.cards);
},
```

turnAllBack() 函数将所有牌翻到背面状态。就是修改 state=0 为零，图片组件渲染时，style="display:{{card.state==0 ? 'none' :'block'}}" 根据 card.state 是否为零从而决定是否显示牌面。display:'none' 意味着上层的牌面不显示，从而下层牌背面图片显示出来。

```
turnAllBack:function(){
    for(var ix in this.data.cards)
        for(var iy in this.data.cards[ix])
            this.data.cards[ix][iy].state=0;
    this.setData({cards:this.data.cards});
},
```

saveScore() 函数将保存分数。wx.getStorageSync('maxscore') 获取缓存数据 maxscore，将本次成绩 score 对象加入 maxscore 数组中。每次成绩 score 对象包含用时和单击次数，根据用时对 maxscore 数组排序，最终把排序后的 maxscore 数组再次存入缓存里。

```
saveScore:function(score){ // 保存分数
    var maxscore=wx.getStorageSync('maxscore');
    if(maxscore==undefined || maxscore=='')
        maxscore=[];
    maxscore.push(score);
    maxscore=maxscore.sort(function(a, b){
      if(a.time<b.time)
        return -1;
      else if(a.time==b.time && a.click<b.click)
        return -1;
      else return 1;
    });
    wx.setStorageSync('maxscore', maxscore);    //存入缓存里
  }
  onLoad:function(){
    this.startGame();
    console.log(this.data.cards);
  },
  modalComfirm:function(){
    this.startGame();
  },
  modalCancle:function(){
      this.setData({
        modalHidden:true,
      })
      wx.navigateTo({      //导航到成绩排行榜页面
        url:'../logs/logs'
      })
```

```
  },
  onReady:function(){
    console.log("onReady")
  },
  onShow:function(){
    console.log("onShow");
    if(this.data.checked==this.data.size)
      this.startGame()
  },
  onHide:function(){
    console.log("onHide")
  },
})
```

4.7.2　查看排行榜页面

游戏页面视图使用循环渲染将 logs 数组（每次完成秒数和单击次数）显示在 text 组件中。

```
<!--logs.wxml-->
<view class="container log-list">
   <text class="log-item">    用时    单击</text>
     <block wx:for="{{logs}}" wx:for-item="log" wx:key="*this">
         <text class="log-item">{{index+1}}.{{log.time}}秒{{log.click}}次</text>
     </block>
</view>
```

逻辑文件 logs.js 调用 wx.getStorageSync('maxscore') API 获取本地缓存成绩数据 maxscore，赋予 logs 数组。wx.getStorageSync 使用详见 6.4.3 节。

```
//logs.js
var util=require('../../utils/util.js')
Page({
   data:{
      logs:[]
   },
   onLoad:function(){
      this.setData({
         logs:(wx.getStorageSync('maxscore') || [])
      })
   }
})
```

至此完成翻牌游戏设计。

视　频

智力测试程序

4.8　拓展案例——智力测试程序

本案例开发智力测试程序，当用户进入游戏后自动出现题目和选项，如图 4-19 所示。用户选择答案后如果正确自动进入下一题，也可以单击“上一题”“下一题”按钮进入上一题目或下一题目。如果本题目用户不会解答，可以单击“显示答案”按钮。本测试提供 5 道试题，答对一题得 20 分。

游戏中题目的显示使用 View 组件，4 个选项使用 radio 组件（单选按钮组件），当用户单击某个单选按钮后，触发其 bindchange 事件，在其事件处理函数中判断对错，统计积分。用户选择答案正确或者用户单击“下一题”按钮后，则从数组 local_database 中读取下一题目数据，更新 View 组件和 4 个 radio 组件上显示的选项信息，从而开始新的题目测试。

图 4-19　游戏界面

4.8.1　单选按钮（radio）

微信小程序 radio 组件为单选组件，往往需要与 radio-group 组合使用。单选群组 radio-group 内部由多个 radio 组成。单选群组 radio-group 只有一个属性，如表 4-22 所示。

表 4-22　单选群组 radio-group 属性

属性名	类型	默认值	说明
bindchange	EventHandle		radio-group 中的选中项发生变化时触发 change 事件，event.detail={value：选中项 radio 组件的 value}

单选按钮 radio 属性如表 4-23 所示。

表 4-23　单选组件 radio 属性

属性名	类型	默认值	说明
value	String		当该 radio 组件选中时，<radio-group> 的 change 事件会携带 radio 组件的 value
checked	Boolean	false	当前是否选中
disabled	Boolean	false	是否禁用
color	Color		radio 的颜色，与 CSS 中 color 效果相同

例 4-12 选择居住国家。

视图文件 WXML（radio.wxml）。注意 value 属性绑定的值是一个国家的简写。代码如下：

```
<!-- 设置监听器，当单击 radio 时调用 radioChange -->
<radio-group class="radio-group" bindchange="radioChange">
    <view> <radio value="USA" /> 美国 </view>
    <view> <radio value="CHN" checked="{{true}}"/> 中国 </view>
    <view> <radio value=" BRA "/> 巴西 </view>
    <view> <radio value=" JPN "/> 日本 </view>
    <view> <radio value=" ENG "/> 英国 </view>
    <view> <radio value=" TUR "/> 法国 </view>
</radio-group>
```

页面文件（radio.js）：

```
Page({
    // 监听 radio 的 change 事件
```

```
    radioChange:function(e){
      console.log('radio 发生 change 事件，携带 value 值为 :', e.detail.value)
    }
})
```

程序运行结果如图 4-20 所示。单击巴西时，控制台输出：

```
radio 发生 change 事件，携带 value 值为: BRA
```

读者分析为什么不是“携带 value 值为：巴西”。

可见“中国”选项默认被选中状态，其他选项为未选中状态。

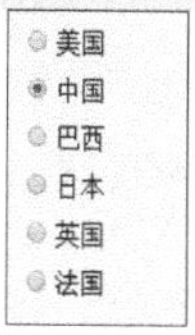

美国
中国
巴西
日本
英国
法国

图 4-20　单选按钮效果

注意：

单选群组 radio-group 内部不允许多选，一旦选择其他选项，原来被选中的选项将变回未选中状态。

4.8.2　列表渲染

1. wx:for

在组件上使用 wx:for 控制属性绑定一个数组，即可使用数组中各项的数据重复渲染该组件。数组当前项的下标变量名默认为 index，数组当前项的变量名默认为 item。

```
<view wx:for="{{array}}">
    {{index}}:{{item.message}}
</view>
```

其绑定的数组 array 如下：

```
Page({
  data:{
    array:[{message:"food"},
      message:"bar" }]
  }
})
```

运行效果等同于：

```
<view>0:food</view>
</view>1:bar</view>
```

用户可使用 wx:for-item 指定数组当前元素的变量名，使用 wx:for-index 可以指定数组当前下标的变量名。

```
<view wx:for="{{array}}" wx:for-index="idx" wx:for-item="itemName">
    {{idx}}:{{itemName.message}}
</view>
```

wx:for 也可以嵌套，下面是一个九九乘法表例子。

```
<view wx:for="{{[1, 2, 3, 4, 5, 6, 7, 8, 9]}}" wx:for-item="i">
    <view wx:for="{{[1, 2, 3, 4, 5, 6, 7, 8, 9]}}" wx:for-item="j">
        <view wx:if="{{i<=j}}">
```

```
                {{i}}*{{j}}={{i*j}}
            </view>
        </view>
</view>
```

例 4-13 使用列表渲染单选按钮来选择居住国家。

```
<!-- 设置监听器，当单击 radio 时调用 radioChange -->
<radio-group class="radio-group" bindchange="radioChange">
    <view class="radio" wx:for="{{items}}">
        <radio value="{{item.name}}" checked="{{item.checked}}"/>{{item.value}}
    </view>
</radio-group>
```

页面文件（radio.js）：

```
Page({
    data:{
        items:[
            {name:'USA', value:'美国'},
            {name:'CHN', value:'中国', checked:'true'},
            {name:'BRA', value:'巴西'},
            {name:'JPN', value:'日本'},
            {name:'ENG', value:'英国'},
            {name:'TUR', value:'法国'},
        ]
    },
    //监听 radio 的 change 事件
    radioChange:function(e){
        console.log('radio 发生 change 事件，携带 value 值为: ', e.detail.value)
    }
})
```

程序运行结果参见图 4-20。单击巴西时，控制台输出：

```
radio 发生 change 事件，携带 value 值为: BRA
```

2. block wx:for

类似 block wx:if，也可以将 wx:for 用在 <block> 标签上，以渲染一个包含多节点的结构块。例如：

```
<block wx:for="{{[中国，美国，日本]}}">
    <view>{{index}}:</view>
    <view>{{item}} </view>
</block>
```

运行结果等同于：

```
<block>
    <view> 0:</view>
    <view>中国</view>
    <view> 1:</view>
    <view>美国</view>
```

```
    <view> 2:</view>
    <view> 日本 </view>
</block>
```

3. wx:key

如果列表中项目的位置会动态改变或者有新的项目添加到列表中，可能导致列表乱序。若希望列表中的项目保持自己状态避免乱序，需要使用 wx:key 来指定列表中项目的唯一的标识符。wx:key 的值以两种形式提供：

（1）字符串，代表 wx:for 循环数组中的一个项目 item 的某个属性（Property），该属性的值需要是列表中唯一的字符串或数字，且不能动态改变。

（2）保留关键字 *this，代表在 wx:for 循环中的一个项目 item 本身，这种表示需要 item 本身是一个唯一的字符串或者数字。

当数据改变导致页面被重新渲染时，会自动校正带有 key 的组件，以确保项目被重新排序，而不是重新创建，并且提高列表渲染时的效率。

如果不提供 wx:key，会报一个 warning；如果明确知道该列表是静态，或者不必关注其顺序，可以选择忽略。

例如：

```
<view  wx:for="{{[ '题目 1','题目 2','题目 3']}}"  wx:key="timu{{index}}" >
   <view>{{index}}:{{item}}</view>
</view>
```

运行结果等同于：

```
<view>0:题目 1</view>   <!--wx:key=timu0>
<view>1:题目 2</view>   <!--wx:key=timu1>
<view>2:题目 3</view>   <!--wx:key=timu2>
```

4. 列表渲染多个单选按钮

例 4-14 实现显示体育比赛选项：

视图文件 WXML（radio.wxml）。

```
<radio-group class="radio" bindchange="updataRadio">
   <view>
      <radio value="1" checked="true">跑步 </radio>
      <radio value="2">篮球 </radio>
      <radio value="3">足球 </radio>
      <radio value="4">排球 </radio>
   </view>
</radio-group>
```

可以采用列表渲染方式来实现显示体育比赛的选项。视图文件 radio.wxml 修改如下：

```
<radio-group class="radio" bindchange="updataRadio">
   <view wx:for="{{loves}}">
      <radio value="{{item.id}}"checked="{{item.checked}}">{{item.name}}</radio>
   </view>
```

```
</radio-group>
```

页面文件（radio.js）如下：

```
Page({
   data:{
      radioId:"",
      loves:[
          {id:1, name:"跑步", checked:'true'},
          {id:2, name:"篮球"},
          {id:3, name:"足球"},
          {id:4, name:"排球"},
      ]
   },
   updataRadio:function(e){
      console.log('radio 发生 change 事件，携带 value 值为: ', e.detail.value)
   },
})
```

只要 data 中 loves 数组改变，则屏幕上的选项发生改变。对此例修改后适合应用在智力测试系统里题目选项动态改变。

4.8.3 checkbox 组件

与单选按钮一样，小程序中复选也是由 checkbox-group（多项选择器）和 checkbox（复选框）两个组件组合而成。

1. checkbox

checkbox 为多选项目组件，checkbox 组件的属性如表 4-24 所示。

表 4-24 checkbox 组件的属性

属性名称	类 型	解 释	备 注
value	String	组件所携带的标识值	当 <checkbox-group> 的 change 事件被触发时，会携带该值
checked	Boolean	是否选中该组件	其默认值为 false
disabled	Boolean	是否禁用该组件	其默认值为 false
color	Color	组件的颜色	与 CSS 中的 color 效果相同

2. checkbox-group

用于包裹 checkbox，而且仅有一个属性 bindchange。checkbox-group 中选中项发生改变时会触发 change 事件，其 detail={value:[选中的 checkbox 的 value 的数组]}。例如：

WXML 文件：

```
<view>使用列表渲染复选按钮</view>
<checkbox-group bindchange="checkboxChange">
   <label class="checkbox" wx:for="{{items}}">
      <checkbox value="{{item.name}}"checked="{{item.checked}}"/>{{item.value}}
   </label>
</checkbox-group>
```

JS 文件：

```
Page({
    data:{
        items:[
            { name:'USA', value:' 美国 ' },
            { name:'CHN', value:' 中国 ', checked:'true' },
            { name:'BRA', value:' 巴西 ' },
            { name:'JPN', value:' 日本 ' },
            { name:'ENG', value:' 英国 ' },
            { name:'TUR', value:' 法国 ' },
        ]
    },
    checkboxChange:function(e){
        console.log('checkbox 发生 change 事件，携带 value 值为 :',e.detail.value)
    }
})
```

程序运行结果如图 4-21 所示。单击中国、巴西和日本后，控制台输出：

```
checkbox 发生 change 事件，携带 value 值为: ["CHN", "BRA", "JPN"]
```

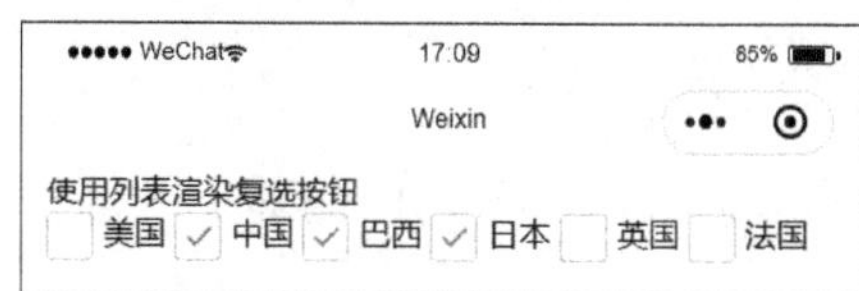

图 4-21　复选框效果

4.8.4　程序设计的步骤

1. radio wxml 视图文件

视图文件中 <view class="timu"> 组件显示题目，循环渲染出 4 个 radio 单选按钮显示 4 个选项，单选群组并绑定 change 事件处理函数 radioChange，处理用户选择的答案。

```
<!--pages/radio2/radio.wxml-->
<scroll-view>
    <view class="timu">{{postList[index].name}}</view>
    <view class="timu" hidden="{{ny}}">{{postList[index].daan}}</view>
</scroll-view>
<view class='container'>
    <view class='page-body'>
        <view class='demo-box'>
            <radio-group bindchange='radioChange'>
                <view class='test' wx:for='{{radioItems}}' wx:key='item{{index}}'>
                <radio value='{{index}}' checked='{{item.checked}}'>{{item.
value}}</radio>
                </view>
            </radio-group>
        </view>
    </view>
```

```
</view>
<view class="huanti">
   <button bindtap="lastQuestion" class="next">上一题</button>
   <button bindtap="nextQuestion" class="next">下一题</button>
   <button bindtap="xianshi" class="next">显示答案</button>
</view>
<text class="jifen">积分：每答对一题积 20 分，目前得分 {{defen}}</text>
```

2. 设计脚本（radio.js）

```
// pages/radio2/radio.js
var local_database=[{
      "name":"哈雷慧星的平均周期为？",
      "daan":"C",
      "content":["54 年", "56 年", "73 年", "83 年"]
  },
  {
      "name":"夜郎自大中“夜郎”指的是现在哪个地方？",
      "daan":"A",
      "content":["贵州", "云南", "广西", "福建"]
  },
  {
      "name":"感时花溅泪下句是什么？",
      "daan":"C",
      "content":["也无风雨也无晴", "明月几时有", "恨别鸟惊心", "老夫聊发少年狂"]
  },
  {
      "name":"在中国历史上是谁发明了麻药",
      "daan":"B",
      "content":["孙思邈", "华佗", "张仲景", "扁鹊"]
  },
  {
      "name":"京剧中花旦是指？",
      "daan":"B",
      "content":["年轻男子", "年轻女子", "年长男子", "年长女子"]
  }
]
```

定义 userAnswer 数组保存用户的选择答案。代码如下：

```
var userAnswer=[];   // ["A", " ", "C", " ", " "];// 用户的答案
Page({
   /**
   * 页面的初始数据
    */
   data:{
      postList:local_database,          // 试题
      index:0,                          // 题号
      ny:true,                          // 是否显示正确答案，true 是隐藏答案
      defen:0,
      xx:false,
      radioItems:[{value:'A.54 年'},
```

```
            {value:'B.56 年 ', checked:'true'},
            {value:'C.73 年 '},
            {value:'D.86 年 '}],
    },
```

自定义事件函数 radioChange(e) 监听单选按钮的改变，如果 radio 发生变化，参数 e.detail.value 获取选中 radio 的 value 属性值。由于 value 属性值是索引号 0、1、2、3，所以需要转换成 A、B、C、D。这里使用 ASCII 转字符 String.fromCharCode(n+65) 函数实现此功能，同时保存用户本题的选择答案到 userAnswer 数组中。如果用户选择正确，直接进入显示下一题并计算得分。

```
/**
* 自定义函数 -- 监听单选框改变
 */
radioChange:function(e){
   var n=Number(e.detail.value);
   //console.log('radio 发生变化，被选中的值是 :'+n)
   var select=String.fromCharCode(n+65);    //ASCII 转字符
   userAnswer[this.data.index]=select;      //保存用户选择
   console.log('radio 发生变化，被选中的值是: ' +select)
   var jieg=local_database[this.data.index].daan;
   if(select==jieg){                        //答案选择正确
      this.nextQuestion();                  //进入下一题
      this.setData({
         defen:this.data.defen+20           //加 20 分
      })
   }
},
```

nextQuestion() 实现显示下一题信息。如果是最后一题则跳转测试结束页面。代码如下：

```
//下一题
nextQuestion:function(){
   console.log(this.data.index);
   if(this.data.index<local_database.length-1){
      this.initdata(this.data.index+1);     //改变题目
      this.setData({
         radioItems:this.data.radioItems,
         index:this.data.index+1,
         ny:true                            //是否显示正确答案，true 是隐藏答案
      });
   }
   else
   {
      console.log('测试结束！！！');
      this.gotoOver();                      //跳转测试结束页面
   }
},
```

lastQuestino() 实现显示上一题信息。代码如下：

```
lastQuestion:function(){                    //上一题
```

```
    if(this.data.index>0){
      this.initdata(this.data.index-1);         //改变题目
      this.setData({
         radioItems:this.data.radioItems,
         index:this.data.index-1,
         ny:true,                               //是否显示正确答案，true是隐藏答案
      });
    }
  },
```

gotoOver() 跳转测试结束页面。代码如下：

```
gotoOver:function(){
   wx.navigateTo({
      url:'../exam/over',                        //跳转测试结束页面
   })
},
```

xianshi() 显示本题的正确答案：

```
xianshi:function(){
   this.setData({
      ny:false
   })
},
```

页面加载时显示第一题（索引号 0）题目信息。注意题目索引号从零开始。代码如下：

```
/**
* 生命周期函数--监听页面加载
 */
onLoad:function(options){
   this.initdata(0);              //获取第一题题目的4个选项信息和用户选择
   this.setData({
      radioItems:this.data.radioItems,
   })
},
```

initdata(n) 获取第 n 题题目的 4 个选项信息和用户选择。代码如下：

```
initdata:function(n){
   for(var i=0; i<4;i++){
      this.data.radioItems[i].value=String.fromCharCode(i+65)+"."+
local_ database[n].content[i];
      this.data.radioItems[i].checked=false;
   }
   if(userAnswer[n]=="A")
      this.data.radioItems[0].checked=true;
   if(userAnswer[n]=="B")
      this.data.radioItems[1].checked=true;
   if(userAnswer[n]=="C")
      this.data.radioItems[2].checked=true;
```

```
    if(userAnswer[n]=="D")
      this.data.radioItems[3].checked=true;
    }
  })
```

至此完成 radio 版智力测试游戏。

智力测试游戏需要存储大量的题目数据，这些数据可以直接存储到数组中处理，但是想改变题目数据则不太方便，所以这些题目数据最好存储到外部文件中，在游戏中能动态地导入进来。

微信小程序可以读取本地 TXT 文本、XML 文件的数据。对于智力测试游戏最好的方法是将数据存入本地 TXT 文本、XML 文件，在游戏开始时读取本地 TXT 文本、XML 文件的数据，从而获取题目和答案信息。也可以将题目数据文本存储到云端，这样更新云端题目数据文本，达到更新题库的目的。

4.8.5　拓展知识——读取本地 TXT 文本

小程序对用户文件的读取做了比较严格的限制，提供一套相应的管理接口。通过 wx.getFileSystemManager() 获取全局的文件系统管理器，其中包含文件读取、写入和删除等各种操作。所有文件的管理操作都通过文件系统管理器 FileSystemManager 来调用。下面主要介绍如何读取由用户写好的 TXT 文件。

（1）创建一个 TXT 文件 mydata.txt，然后手动复制、粘贴到小程序项目文件夹中，例如 pages/test/。

注意：

这里 TXT 文件的内容是 JSON 对象格式。智力测试游戏中对象数组 local_database 存储题目信息就是 JSON 对象格式。

（2）调用接口 wx.getFileSystemManager().copyFile() 复制 txt 文件到开发者可读 / 写的文件夹。代码如下：

```
onReady:function(){
    wx.getFileSystemManager().copyFile({      //先把文件复制到可操作的文件夹
      srcPath:'/pages/test/mydata.txt',              //源文件
      destPath:wx.env.USER_DATA_PATH+'/mydata.json', //可操作的文件夹路径
      success:res =>{
        console.log(res)                      //复制成功返回 res 信息
      },
      fail:console.error                      //复制失败返回 error
    }),
```

（3）调用接口 wx.getFileSystemManager().readFile() 读取可操作文件夹下的文件。代码如下：

```
    wx.getFileSystemManager().readFile({      //读取文件
      filePath:wx.env.USER_DATA_PATH+'/mydata.json',
      encoding:'utf-8',
      success:res =>{
        var dataJSON=JSON.parse(res.data); //将 JSON 字符串转换为 JSON 对象
        this.setData({
```

```
            list:dataJSON
          })
          console.log(this.data.list)
        },
        fail:console.error
      })
    },
```

> **注意：**
>
> destPath 只能是 wx.env.USER_DATA_PATH 下的文件目录，这个目录名称是微信官方特定的，此目录下的文件允许用户通过某些方法读取。

在控制台上可以看到 this.data.list 内的信息就是所有的题目，如图 4-22 所示。

```
▼(5) [{…}, {…}, {…}, {…}, {…}]
  ▶0: {name: "哈雷慧星的平均周期为？", daan: "C", content: Array(4)}
  ▶1: {name: "夜郎自大中“夜郎”指的是现在哪个地方？", daan: "A", content: Array(4)}
  ▶2: {name: "感时花溅泪下句是什么？", daan: "C", content: Array(4)}
  ▶3: {name: "在中国历史上是谁发明了麻药", daan: "B", content: Array(4)}
  ▶4: {name: "京剧中花旦是指?", daan: "B", content: Array(4)}
   length: 5
   nv_length: (...)
  ▶__proto__: Array(0)
```

图 4-22　this.data.list 内的信息

习　　题

1. 请使用表单组件编写一个“调查问卷”程序收集用户信息，如图 4-23 所示。当用户单击“提交”按钮后，会将表单中填写的值在控制台打印出来（以后学习云开发后可以提交给服务器）。

2. 编写一个“待办事项”小程序，效果如图 4-24 所示。使用 input 组件输入新的任务，单击“添加”按钮加入到任务列表。每项任务后都有“删除”按钮，单击“删除”按钮删除此项任务。

图 4-23　“调查问卷”小程序

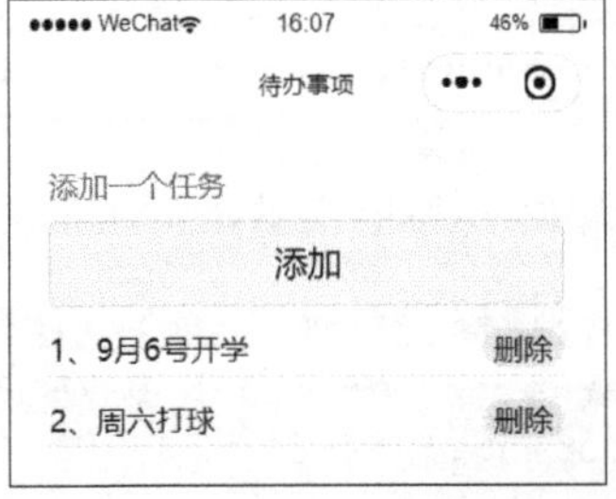

图 4-24　“待办事项”小程序

第 5 章 微信小程序 canvas 画布组件应用

微信小程序提供了 canvas 画布组件，可以在页面中定义一个画布，然后使用 canvas 绘图方法在画布中进行线、图形、填充等一系列的绘图操作。在游戏开发中会大量使用 canvas 绘图方法。本章介绍在微信小程序中如何使用 canvas 进行画图操作，以及实现游戏动画。

5.1 canvas 画布组件

5.1.1 画布 canvas

canvas 为画布组件，其默认尺寸是宽度 300 px、高度 225 px。该组件对应的常用属性如表 5-1 所示。

表 5-1 canvas 组件对应的常用属性

属性名	类型	默认值	说明
canvas-id	String		canvas 组件的唯一标识符
disable-scroll	Boolean	false	当在 canvas 中移动且有绑定手势事件时，禁止屏幕滚动以及下拉刷新
bindtouchstart	EventHandle		手指触摸动作开始
bindtouchmove	EventHandle		手指触摸后移动
bindtouchend	EventHandle		手指触摸动作结束
bindtouchcancel	EventHandle		手指触摸动作被打断，如来电提醒、弹窗
bindlongtap	EventHandle		手指长按 500 ms 之后触发，触发了长按事件后进行移动不会触发屏幕的滚动

例如，定义一个画布，WXML 代码如下：

```
<canvas canvas-id="myCanvas" style="width:300px; height:300px;" ></canvas>
```

注意：

在同一页面中的 canvas-id 不可重复，如果使用一个已经出现过的 canvas-id，该 canvas 标签对应的画布将被隐藏并不再正常工作。

示例代码：

```
<!-- canvas.wxml -->
<canvas style="width:300px; height:200px;" canvas-id="firstCanvas"></canvas>
<!-- 当使用绝对定位时，文档流后面的 canvas 的显示层级高于前面的 canvas-->
<canvas style="width:400px; height:500px;" canvas-id="secondCanvas"></canvas>
// canvas.js
Page({
  canvasIdErrorCallback:function(e){
    console.error(e.detail.errMsg)
  },
  onReady:function(e){
    //使用 wx.createContext 获取绘图上下文 context
    var context=wx.createCanvasContext('firstCanvas')
    context.setStrokeStyle("#00ff00")
    context.setLineWidth(5)
    context.rect(0,0,200,200)
    context.stroke()
    context.setStrokeStyle("#ff0000")
    context.setLineWidth(2)
    context.moveTo(160,100)
    context.arc(100,100,60,0,2*Math.PI,true)
    context.moveTo(140,100)
    context.arc(100,100,40,0,Math.PI,false)
    context.moveTo(85,80)
    context.arc(80,80,5,0,2*Math.PI,true)
    context.moveTo(125,80)
    context.arc(120,80,5,0,2*Math.PI,true)
    context.stroke()
    context.draw()
  }
})
```

5.1.2 响应 canvas 组件事件

canvas 组件可以响应手指触摸动作。可以在 <canvas> 中加上一些事件来观测手指的坐标。canvas 组件事件如表 5-1 所示。

例 5-1 观测手指触摸的坐标。

WXML 代码如下：

```
//index.wxml
<canvas canvas-id="myCanvas" style="margin:5px; border:1px solid #d3d3d3;"
  bindtouchstart="start" bindtouchmove="move" bindtouchend="end"/>
<view hidden="{{hidden}}">
  Coordinates:({{x}}, {{y}})
</view>
```

其中，canvas-id 为当前画布的名称；bindtouchstart 是单击后才会触发的；bindtouchend 是手指触摸动作结束触发；bindtouchmove 是手指触摸后移动时触发并且可以传过来目前移动的参数坐标。例如：

```
move:function(event){
    var xx=event.touches[0].x;
    var yy=event.touches[0].y;
    console.log(xx+", "+yy)
},
```

这里代码实现手指触摸后移动时打印坐标。

Index.js 文件完整代码如下：

```
Page({
   data:{
      x:0, y:0,
      hidden:true
   },
   start:function(e){
      this.setData({
         hidden:false,
         x:e.touches[0].x,
         y:e.touches[0].y
      })
   },
   move:function(e){
      this.setData({
         x:e.touches[0].x,
         y:e.touches[0].y
      })
   },
   end:function(e){
      this.setData({
         hidden:true
      })
   }
})
```

当把手指放到 canvas 中移动，就会在下面显示出触碰点的坐标，如图 5-1 所示。

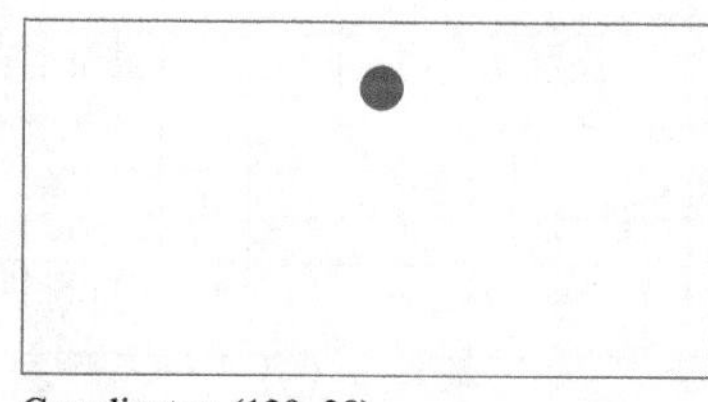

图 5-1　显示出手指触碰点的坐标

在游戏开发中往往需要根据手指触摸单击动作下棋、移动物体等，都是利用这些 bindtouchstart、bindtouchmove 和 bindtouchend 事件实现。

5.2 使用 canvas 画图

本节介绍在微信小程序中如何使用 canvas 画图，为游戏开发打下基础。

5.2.1 canvas 组件定义语法

canvas 组件的定义语法如下：

```
<canvas canvas-id="xxx"  bindtouchstart="xxxx" >…</canvas>
```

canvas-id 是 canvas 组件的标识 id；bindtouchstart 是手指触摸动作开始事件。同一页面中的 canvas-id 不可重复，如果使用一个已经出现过的 canvas-id，该 canvas 标签对应的画布将被隐藏并不再正常工作。

例如，在小程序中定义一个 canvas 画布，id 为 myCanvas，高和宽各为 300 px，WXML 代码如下：

```
<canvas canvas-id="myCanvas" style="width:300px; height:300px;" ></canvas>
```

要在 canvas 组件中绘图还需要获得 canvas 组件的上下文对象，可以在 JS 页面的 onLoad 函数中使用 API 绘图接口 wx.createCanvasContext() 创建画布上下文对象，代码如下：

```
//使用 wx.createContext 创建绘图上下文 context
var context=wx.createCanvasContext('myCanvas')
```

canvas 绘制图形都是依靠 canvas 组件的上下文对象。上下文对象用于定义如何在画布上绘图，上下文对象支持在画布上绘制 2D 图形、图像和文本。

5.2.2 坐标系统

在实际绘图中，人们所关注的一般都是设备坐标系，此坐标系以像素为单位，像素指的是屏幕上的亮点。每个像素都有一个坐标点与之对应，左上角的坐标设为（0，0），向右为 x 正轴，向下为 y 正轴。一般情况下以（x,y）代表屏幕上某个像素的坐标点，其中水平以 x 坐标值表示，垂直以 y 坐标值表示。例如，在图 5-2 所示的坐标系统中画一个点，该点的坐标（x, y）是（4, 3）。

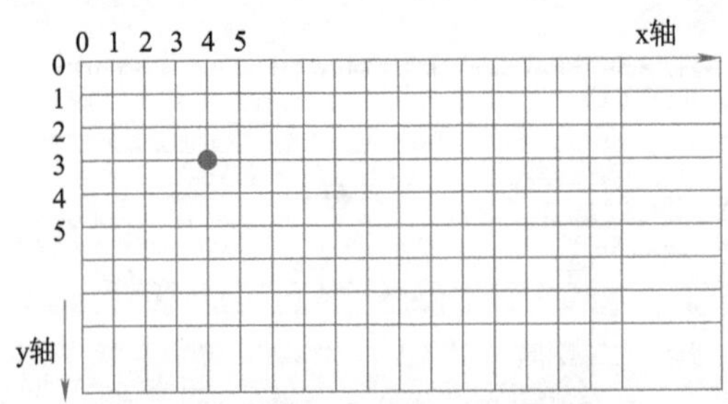

图 5-2　canvas 坐标的示意图

小程序作图是在一个事先定义好的坐标系统中进行的，这与日常生活中的绘图方式有着很大的区别。图形的大小、位置等都与绘图区或容器的坐标有关。

5.2.3　颜色的表示方法

1. 颜色关键字

支持 148 种颜色名，常用的有 aqua、black、blue、fuchsia、gray、green、lime、maroon、navy、olive、purple、red、silver、teal、white、yellow 等。如果需要使用其他的颜色，需要使用十六进制的颜色值。

例如：

```
context.setStrokeStyle('green')    #设置线条样式为绿色
```

2. 十六进制颜色值

可以使用一个十六进制字符串表示颜色，格式为 #RGB。其中，R 表示红色分量，G 表示绿色分量，B 表示蓝色分量。每种颜色的最小值是 0（十六进制：#00）。最大值是 255（十六进制：#FF）。例如 #FF0000 表示红色，#00FF00 表示绿色，#0000FF 表示蓝色，#A020F0 表示紫色，#FFFFFF 表示白色，#000000 表示黑色。

例如：

```
context.setStrokeStyle('#00FF00')    #设置线条样式为绿色
```

3. RGB 颜色值

RGB 颜色值可以使用如 rgb(红色分量 , 绿色分量 , 蓝色分量) 形式表示，分量范围为 0 ~ 255 之间的整数。表 5-2 所示为十六进制字符串表示颜色与 RGB 颜色值对照表。

表 5-2　十六进制颜色值与 RGB 颜色值对照表

Color HEX	Color RGB	颜色	Color HEX	Color RGB	颜色
#000000	rgb(0,0,0)	黑色	#00FFFF	rgb(0,255,255)	青色
#FF0000	rgb(255,0,0)	红色	#FF00FF	rgb(255,0,255)	深红
#00FF00	rgb(0,255,0)	绿色	#C0C0C0	rgb(192,192,192)	灰色
#0000FF	rgb(0,0,255)	蓝色	#FFFFFF	rgb(255,255,255)	白色
#FFFF00	rgb(255,255,0)	黄色	#FF8000	rgb(255,128,0)	橘黄

例如：

```
context.setStrokeStyle('rgb(0, 255, 0)')  #设置线条样式为绿色
```

4. RGBA 颜色

与 RGB 颜色值类似，前 3 个值是红绿蓝分量，第四个是 alpha 值，指定色彩的透明度，它的范围为 0.0 ~ 1.0，0.5 为半透明。例如：

（1）rgba(255,255,255,0) 表示完全透明的白色。

（2）rgba(0,0,0,1) 表示完全不透明的黑色。

（3）rgba(144,238,144,0.5) 表示半透明的青苹果绿。

5.2.4 绘制直线

在小程序中绘制直线，具体过程如下：

（1）获取 Canvas 组件的上下文对象 context。

```
const context=wx.createCanvasContext('myCanvas') //获取 canvas 的上下文
```

（2）调用 beginPath() 方法，指示开始绘图路径，即开始绘图。语法如下：

```
context.beginPath();
```

（3）调用 moveTo() 方法将坐标移至直线起点。moveTo() 方法的语法如下：

```
context.moveTo(x, y);
```

其中，x 和 y 为要移动至的坐标。

（4）调用 lineTo() 方法绘制直线。lineTo() 方法的语法如下：

```
context.lineTo(x, y);
```

其中，x 和 y 为直线的终点坐标。

（5）调用 stroke() 方法，绘制图形的边界轮廓。语法如下：

```
context.stroke();
```

（6）调用 draw() 方法把全部路径绘制到画布上。语法如下：

```
context.draw();                       //清空画布原来绘画再继续绘制
```

draw() 方法将之前在绘图上下文中的描述（路径、变形、样式）画到 canvas 中。其中，参数是 Boolean 型，未写参数时默认是 false，表示清空画布原来绘画再继续绘制。参数是 true 时，则保留当前画布上的内容，本次调用 drawCanvas 绘制的内容覆盖在原有内容上。

```
context.draw(true);                 //保留画布原来绘画继续绘制
```

例 5-2 使用连续画线的方法绘制一个三角形。

WXML 代码如下：

```
<canvas canvas-id="myCanvas" style="width:300px; height:300px;" ></canvas>
```

JS 代码如下：

```
Page({
   onLoad:function(options){
      this.drawtriangle();
   },
   drawtriangle:function()
   {
      const ctx=wx.createCanvasContext('myCanvas')      //创建画布上下文
      ctx.beginPath();           //开始绘图路径
      ctx.moveTo(100, 0);        // 将坐标移至直线起点
      ctx.lineTo(50, 100);       // 绘制直线
      ctx.lineTo(150, 100);      // 绘制直线
```

```
        ctx.lineTo(100, 0);        // 绘制直线
        ctx.closePath();           // 闭合路径，不是必需的。如果线的终点跟起点一样会自动闭合
        ctx.stroke();              // 通过线条绘制轮廓（边框）
        ctx.draw(true);            // 全部绘制到画布上
    },
})
```

程序运行结果如图 5-3 所示。

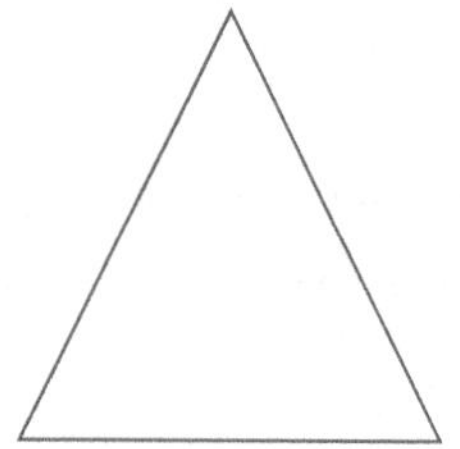

图 5-3　使用 canvas 绘制一个三角形

例 5-3 通过画线绘制复杂菊花图形。

WXML 代码如下：

```
<canvas canvas-id="myCanvas" style="width:300px; height:300px;" ></canvas>
```

JS 代码如下：

```
Page({
    onLoad:function(options){
        const ctx=wx.createCanvasContext('myCanvas') //创建画布上下文
        var dx=150;
        var dy=150;
        var s=100;
        ctx.beginPath();     //开始绘图路径
        var x=Math.sin(0);
        var y=Math.cos(0);
        var dig=Math.PI/15*11;
        for(var i=0; i<30; i++){
            var x=Math.sin(i*dig);
            var y=Math.cos(i*dig);
            //用三角函数计算顶点
            ctx.lineTo(dx+x*s, dy+y*s);
        }
        ctx.closePath();
        ctx.stroke();
        ctx.draw(true);
    },
})
```

程序运行结果如图 5-4 所示。

图 5-4　使用 canvas 绘制复杂图形

5.2.5　绘制矩形

可以通过调用 rect()、strokeRect()、fillRect() 和 clearRect() 等 4 个方法在 Canvas 画布中绘制矩形。其中，前 2 个方法用于绘制矩形边框，调用 fillRect() 可以填充指定的矩形区域，调用 clearRect() 可以擦除指定的矩形区域。

1. 创建矩形

小程序使用画布对象的 rect() 方法创建矩形，然后使用 fill() 或 stroke() 方法在画布上填充实心矩形或描边空心矩形。其语法格式如下：

```
context.rect(x, y, width, height)
```

参数解释如下：

（1）x：Number 类型，矩形左上角点的 x 坐标。

（2）y：Number 类型，矩形左上角点的 y 坐标。

（3）width：Number 类型，矩形的宽度。

（4）height：Number 类型，矩形的高度。

例 5-4 绘制宽高均为 200 像素的矩形。

WXML 代码如下：

```
<canvas canvas-id="myCanvas" style="width:300px; height:300px;" ></canvas>
```

JS 代码如下：

```
Page({
  onLoad:function(options){
    //创建画布上下文
    const context=wx.createCanvasContext('myCanvas')
    //描述一个左上角坐标 (50,50)，宽高均为 200 像素的矩形
    context.rect(50, 50, 200, 200)
    context.setFillStyle('orange')          //描述填充颜色为橙色
    context.fill()                          //描述填充矩形动作
    context.draw()                          //在画布上执行全部描述
  }
})
```

注意：

画笔默认是黑色效果（无论是填充还是描边）。setFillStyle 用于设置画笔填充颜色，这里仅为临时使用。

上下文 context 对象提供如表 5-3 所示的方法来设置样式（颜色）、阴影和线条宽度。

表 5-3　context 对象提供方法

方　法	说　明
setFillStyle	设置填充样式（颜色），如果没有设置 fillStyle，默认颜色为 black
setStrokeStyle	设置线条样式（颜色），如果没有设置 StrokeStyle，默认颜色为 black
setShadow	设置阴影
setLineWidth	设置线条边线线宽

2. 填充矩形

小程序使用画布对象的 fillRect() 方法直接在画布上填充实心矩形。其语法格式如下：

```
context.fillRect(x, y, width, height)
```

参数与创建矩形的 rect() 方法参数完全相同。

3. 描边矩形

小程序使用画布对象的 strokeRect() 方法直接在画布上描边空心矩形。其语法格式如下：

```
context.strokeRect(x, y, width, height)        //矩形画有线条
```

参数与创建矩形的 rect() 方法参数完全相同。

4. 清空矩形区域

小程序使用画布对象的 clearRect() 方法清空矩形区域。其语法格式如下：

```
context.clearRect(x, y, width, height)       //清空矩形区域
```

参数与创建矩形的 rect() 方法参数完全相同。

5.2.6　绘制圆弧

可以调用 arc() 方法绘制圆弧。语法如下：

```
arc(centerX, centerY, radius, startingAngle, endingAngle, antiClockwise);
```

参数说明：

centerX，圆弧圆心的 x 坐标；centerY，圆弧圆心的 y 坐标；radius，圆弧的半径；startingAngle，圆弧的起始角度；endingAngle，圆弧的结束角度；antiClockwise，是否按逆时针方向绘图。

例如，使用 arc() 方法绘制圆心（50，50）、半径 100 的圆弧。圆弧的起始角度 60°，圆弧的结束角度 180°。

```
context.beginPath();  // 开始绘图路径
context.arc(50, 50, 100, 1/3*Math.PI, 1*Math.PI, false);
context.stroke();
```

例 5-5 使用 arc() 方法画 10 个圆的例子。

WXML 代码如下：

```
<canvas canvas-id="myCanvas" style="width:400px; height:400px;" ></canvas>
```

JS 代码如下：

```
Page({
    onLoad:function(options){
        this.drawArc();
    },
    drawArc :function()
    {
        //创建画布上下文
        const context=wx.createCanvasContext('myCanvas')
         //用循环绘制 10 个圆形
         var n=0;
         for(var i=0;i<10;i++){
            //开始创建路径，因为圆本质上也是一个路径，这里向 canvas 说明要开始画了，这是起点
            context.beginPath();
            context.arc(i*25,i*25,i*10,0,Math.PI*2,true);
            context.fillStyle=" rgba(255,0,0,0.25)" ;
            context.fill();                    //填充刚才所画的圆形
          }
        context.draw()                         //在画布上执行全部描述
    },
})
```

运行结果如图 5-5 所示。

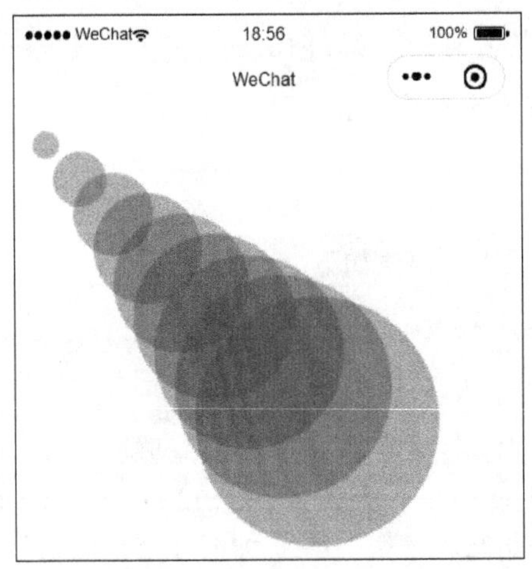

图 5-5　使用 canvas 绘制绘制圆弧

5.2.7　绘制图像

在画布上绘制图像的方法是 drawImage()。语法如下：

```
drawImage(image, x, y)
drawImage(image, x, y, width, height)
drawImage(image, sourceX, sourceY, sourceWidth, sourceHeight,destX, destY,
destWidth, destHeight)
```

参数说明：

image，所要绘制的图像；x 和 y，要绘制的图像的左上角位置；width 和 height，绘制图像的宽度和高度；sourceX 和 sourceY，图像将要被绘制的区域的左上角；destX 和 destY，所要绘制的图像区域的左上角的画布坐标；sourceWidth、sourceHeight 被绘制的原图像区域；destWidth 和 destHeight，图像区域在画布上要绘制成的大小。

例 5-6 不同形式显示图书封面 cover.png，其宽度是 240 像素，高度是 320 像素。

WXML 代码如下：

```
<canvas canvas-id="myCanvas" style="width:400px; height:600px;" ></canvas>
```

JS 代码如下：

```
Page({
    onLoad:function(options){
        //创建画布上下文
        const ctx=wx.createCanvasContext('myCanvas')
        var imageObj="/images/cover.png"                //图片本地路径
        ctx.drawImage(imageObj, 0, 0);                  //原图大小显示
        ctx.drawImage(imageObj, 250, 0, 120, 160);      //原图一半大小显示
        //从原图(0,100)位置开始截取中间一块宽240、高160的区域，原大小显示在屏幕(50,350)处
        ctx.drawImage(imageObj, 0, 100, 240, 160, 50, 350, 240, 160);
        ctx.draw();
    },
})
```

程序运行结果如图 5-6 所示。

图 5-6　不同形式显示图书封面

5.2.8 输出文字

可以使用 strokeText() 方法在画布的指定位置输出文字。语法如下：

```
strokeText(string text, x, y, maxWidth)
```

参数说明：

string，所要输出的字符串；x 和 y，要输出的字符串位置坐标；maxWidth，绘制文本的最大宽度，可选项。

例如：

```
context.strokeText("中原工学院", 100, 100);  //在(100, 100)处显示"中原工学院"
```

1. 设置字体

小程序提供 setFontSize() 方法用于设置字体大小。语法如下：

```
context.setFontSize(fontSize)
```

例如：

```
context.setFontSize(40);        //表示字体的字号为 40 号
context.strokeText("中原工学院", 100, 100);
```

小程序提供 font 属性自定义字体风格。语法如下：

```
context.font=value
```

其中，参数 value 的默认值为 10 px sans-serif，表示字体大小为 10 px、字体家族为 sans-serif。value 支持的属性如下：

（1）style：字体样式，仅支持 italic、oblique、normal。

（2）weight：字体粗细，仅支持 normal、bold。

（3）size：字体大小。

（4）family：字体族名。注意确认各平台所支持的字体。

例如：

```
context.font="bold 40px 隶书"
context.strokeText("中原工学院", 100, 100);
```

上述代码表示字体设置为加粗、字大小为 40 像素、隶书字体样式。

2. 设置对齐方式

可以通过 setTextAlign() 来设置输出字符串的对齐方式。可选值为 left（左对齐）、center（居中对齐）和 right（右对齐）。文本对齐参照效果图 5-7 所示。

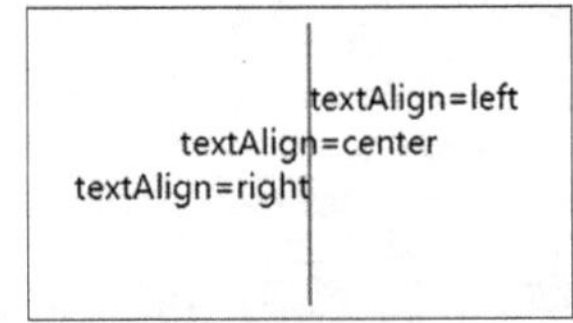

图 5-7 文本对齐参照效果

例如：

```
context.setTextAlign("center")
```

或

```
context.textAlign="center"   //基础库 1.9.90 开始支持
```

3. 设置文字颜色

可以通过设置 canvas 的上下文对象的 strokeStyle 属性指定输出文字的颜色。例如：

```
context.strokeStyle="blue";
context.strokeText(" 中原工学院 ", 100, 100);
```

4. 填充字体内部

使用 strokeText() 方法输出的文字是中空的，只绘制了边框。如果要填充文字内部，可以使用 fillText() 方法。语法如下：

```
fillText(string text, x, y)
```

可以使用 context.fillStyle 属性指定填充的颜色。例如：

```
context.fillStyle="blue";
```

例 5-7 渐变填充文字。

WXML 代码如下：

```
<canvas canvas-id="myCanvas" style="width:400px; height:400px;" ></canvas>
```

JS 代码如下：

```
Page({
    onLoad:function(options){
    //创建画布上下文
    const ctx=wx.createCanvasContext('myCanvas')
    var Colordiagonal=ctx.createLinearGradient(100,100,300,100);
    Colordiagonal.addColorStop(0,"yellow");
    Colordiagonal.addColorStop(0.5,"green");
    Colordiagonal.addColorStop(1,"red");
    ctx.fillStyle=Colordiagonal;
    ctx.font="30px 隶书";
    ctx.fillText(" 中原工学院 ", 100, 100);
    ctx.draw();
    },
})
```

程序运行结果如图 5-8 所示。

中原工学院

图 5-8 渐变填充文字

5.2.9 保存和恢复绘图状态

在绘制复杂图形时有可能临时需要进行多个属性的设置更改（例如画笔的粗细、填充颜色等效果），在绘制完成后又要重新恢复初始设置进行后续的操作。调用 context.save() 方法可以保存当前的绘图状态。绘图状态包括：

（1）当前应用的操作（如移动、旋转、缩放或变形，具体方法将在本节稍后介绍）。

（2）strokeStyle、fillStyle、globalAlpha、lineWidth、lineCap、lineJoin、miterLimit、shadowOffsetX、shadowOffsetY、shadowBlur、shadowColor、globalCompositeOperation 等属性的值。

调用 context.restore() 方法可以从堆中弹出之前保存的绘图状态。context.save() 方法和 context.restore() 方法都没有参数。

例 5-8 保存和恢复绘图状态。

WXML 代码如下：

```
<canvas canvas-id="myCanvas" style="width:300px; height:300px;" ></canvas>
```

JS 代码如下：

```
Page({
  onLoad:function(options){
    //创建画布上下文
    const ctx=wx.createCanvasContext('myCanvas')
    ctx.fillStyle='red'
    ctx.fillRect(0, 0, 150, 150);          //使用红色填充矩形
    ctx.save();                            //保存当前的绘图状态
    ctx.fillStyle='green'
    ctx.fillRect(45, 45, 60, 60);          //使用绿色填充矩形
    ctx.restore();   //恢复再之前保存的绘图状态，即 ctx.fillStyle='red'
    ctx.fillRect(60, 60, 30, 30);          //使用红色填充矩形
    ctx.draw();
  },
})
```

程序运行结果如图 5-9 所示。

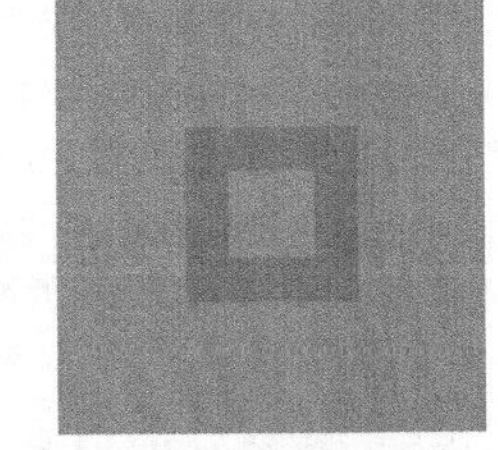
图 5-9　保存和恢复绘图状态

5.2.10　图形的变换

1. 平移 translate(x,y)

移动图形到新的位置，图形的大小形状不变。参数 x 是向 x 轴方向平移位移，参数 y 是向 y 轴方向平移位移。

2. 缩放 scale(x,y)

对图形进行指定比例的放大或缩小，图形的位置不变。参数 x 是 x 坐标轴缩放比例，参数 y 是 y 坐标轴缩放比例。

3. 旋转 rotate(angle)

以画布的原点 (0,0) 坐标为参照点进行图形旋转，图形的大小形状不变。参数 angle 是坐标轴旋转的角度（角度变化模型和画圆的模型一样）。

4. 变形 transform()

使用数学矩阵多次叠加形成更复杂的变化。可以调用 transform() 方法对绘制的 canvas 图形进行变形。语法如下：

```
context.transform(m11, m12, m21, m22, dx, dy);
```

假定点 (x, y) 经过变形后变成了 (X, Y)，则变形的转换公式如下：

X=m11 × x+m21 × y+ dx

Y=m12 × x+m22 × y+ dy

例 5-9 图形的变换例子。

WXML 代码如下：

```
<canvas canvas-id="myCanvas" style="width:300px; height:300px;" ></canvas>
```

JS 代码如下：

```
Page({
    onLoad:function(options){
        //创建画布上下文
        var context=wx.createCanvasContext('myCanvas')
        context.save();                                    //保存了当前 context 的状态
        context.fillStyle="#EEEEFF";
        context.fillRect(0, 0, 400, 300);
        context.fillStyle="rgba(255,0,0,0.1)";
        context.fillRect(0, 0, 100, 100);                  //正方形
        //平移 1 缩放 2 旋转 3
        context.translate(100, 100);                       //坐标原点平移 (100, 100)
        context.scale(0.5, 0.5);                           //x,y 轴是原来一半
        context.rotate(Math.PI/4);                         //旋转 45°
        context.fillRect(0, 0, 100, 100);                  //平移、缩放、旋转后的正方形
        context.restore();                                 //恢复之前保存的绘图状态
        context.beginPath();                               //开始绘图路径
        context.arc(200, 50, 50, 0, 2*Math.PI, false); //绘制圆
        context.stroke();
        context.fill();
        context.draw();
    },
})
```

程序运行结果如图 5-10 所示。

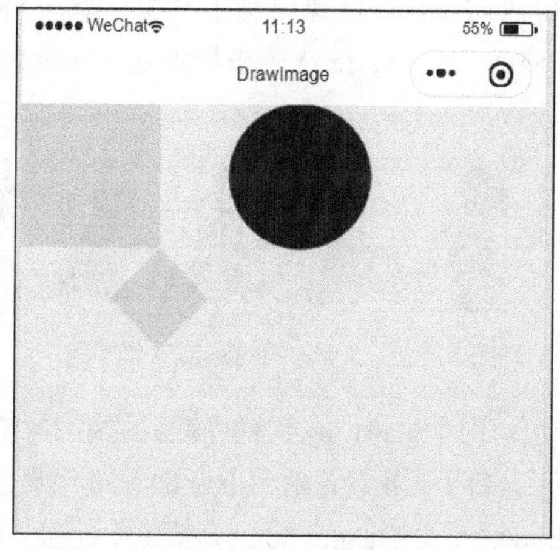

图 5-10　图形的变换

5.3 canvas 动画实例

在开发在线游戏时，绘制动画是非常重要的。本节介绍一个使用 canvas 实现的动画实例——游戏人物的跑步动画。

5.3.1 动画的概念及原理

1. 动画

动画是通过一幅幅静止的、内容不同的画面（即帧）快速播放，使人们在视觉上产生运动的感觉。这是利用了人类眼睛的视觉暂留原理。利用人的这种生理特性可制作出具有高度想象力和表现力的动画影片。

2. 原理

人们在看画面时，画面会在大脑视觉神经中停留时间大约是 1/24 s，如果每秒更替 24 个画面或更多，那么前一个画面还没在人脑中消失之前，下一个画面就进入人脑，人们就会觉得画面动起来了，它的基本原理与电影、电视一样，都是视觉暂留原理。

在计算机上要实现动画效果，除了绘图外，还需要解决下面两个问题：

（1）定期绘图，也就是每隔一段时间就调用绘图函数进行绘图。动画是通过多次绘图实现的，一次绘图只能实现静态图像。

可以使用 setInterval() 方法设置一个定时器，语法如下：

```
setInterval(函数名，时间间隔)
```

时间间隔的单位是毫秒（ms），每经过指定的时间间隔系统就会自动调用指定的函数完成绘画。

（2）清除先前绘制的所有图形。物体已经移动开，但原来的位置上还保留先前绘制的图形，这样当然不行。解决这个问题最简单的方法是使用 clearRect(x, y, width, height) 方法清除画布中指定区域的内容。

图 5-11 所示为一个方向（一般都是 4 个方向）的跑步动作序列图。假如想获取一个姿态的位图，可利用 Canvas 的上下文对象的 drawImage(image, sourceX, sourceY, sourceWidth, sourceHeight,destX, destY, destWidth, destHeight) 将源位图上某个区域（sourceX, sourceY, sourceWidth, sourceHeight）复制到目标区域的（destX, destY）坐标点处，显示大小为（宽 destWidth, 高 destHeight)。

图 5-11 一个方向的跑步动作序列

例 5-10 实现从跑步动作序列 Snap1.jpg 文件中截取的第 3 个动作（帧）。

分析：在 Snap1.jpg 文件中，每个人物动作的大小为 60 × 80 像素，所以截取源位图的 sourceX=120，sourceY=0，sourceWidth=60, sourceHeight=80 就是第三个动作（帧）。

WXML 代码如下：

```
<canvas canvas-id="myCanvas" style="width:300px; height:300px;" ></canvas>
```

JS 代码如下：

```
Page({
  onLoad:function(){
    //创建画布上下文
    var ctx=wx.createCanvasContext('myCanvas')
    //从原图 (120,0) 位置开始截取中间一块宽 60、高 80 的区域，原大小显示在屏幕 (0,0) 处
    ctx.drawImage("people.jpg", 120, 0, 60, 80, 0, 0, 60, 80);
    ctx.draw();
  }
})
```

程序运行结果如图 5-12 所示，在页面上仅仅显示第三个动作。

图 5-12　静态显示第三个动作

5.3.2　游戏人物的跑步动画

例 5-11　实现游戏人物的跑步动画。

首先定义一个 canvas 元素，画布的长和宽都是 300 px，WXML 代码如下：

```
<canvas canvas-id="myCanvas" style="width:300px; height:300px;" ></canvas>
```

在 JavaScript 代码中定义一个 init() 函数，并设置定时器。代码如下：

```
var x=300;
var n=0;                                    // 计数器
Page({
  onLoad:function(){
    this.init();
  },
  init:function(){
    setInterval(this.draw, 100);   // 定时器，每 0.1 s 执行一次 draw() 函数
  },
```

使用了定时器，每隔 100 毫秒就会在 Snap1.jpg 图片截取一张 60×80 像素大小的小图并绘制出来，且每次向左移 15 像素，直到到最左端时重新从右侧开始，不停循环，就可见游戏人物在屏幕上不停地奔跑。

下面分析 draw() 函数实现。例 5-10 中仅仅显示人物第 3 个动作，而为了实现动画需要 clearRect(x, y, width, height) 不断清除先前绘制的动作图形，再绘制后续的动作。所以需要一个计数器 n，记录当前绘制第几动作（帧）了。代码如下：

```
  draw:function(){
    var ctx=wx.createCanvasContext('myCanvas')    //创建画布上下文对象
    ctx.clearRect(0, 0, 300, 300);                //清除 canvas 画布
    //从原图 (60*n) 位置开始截取中间一块宽 60、高 80 的区域，显示在屏幕 (x,0) 处
    ctx.drawImage('people.jpg', 60*n, 0, 60, 80, x, 0, 60, 80);
    if(n>=8){
      n=0;
```

```
        } else {
            n++;
        }
        if(x>=0){
            x=x - 30;          //前移 30 像素
        } else {
            x=300;             //回到右侧
        }
        ctx.draw();
    },
})
```

运行的结果是一个游戏人物重复地从右侧跑到左侧的动画。

5.4 拓展案例——贪吃蛇游戏

视 频

贪吃蛇游戏

在该游戏中，玩家操纵一条贪吃的蛇在长方形场地里行走，贪吃蛇按玩家所滑动的方向键折行，蛇头吃到食物（豆）后，分数加 10 分，蛇身会变长，如果贪吃蛇碰上墙壁（出了边界）游戏就结束并显示得分。游戏运行界面如图 5-13 所示。

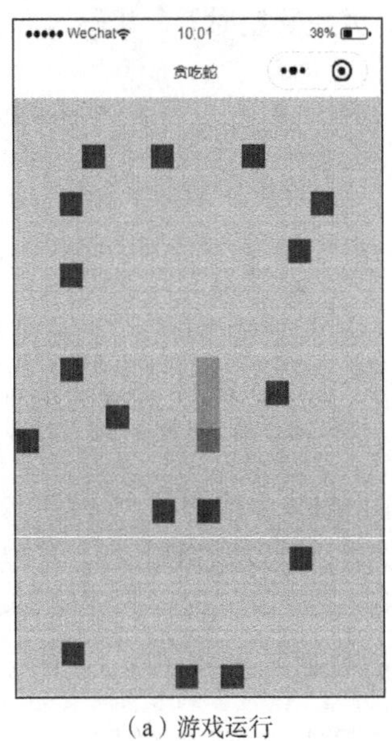

（a）游戏运行

（b）游戏结束

图 5-13　贪吃蛇游戏运行界面

5.4.1　程序设计的思路

游戏画面看成 w×h 个方格组成，每个方格大小为 20×20 像素。豆和组成蛇的块均在屏幕上占据一个方格。设计时食物（豆）和组成蛇的块抽象成对象。

例如蛇头对象：

```
//蛇头对象
var snakeHead={
    x:0,                              //坐标位置
    y:0,
    color:"#ff0000",                  //蛇头颜色
    w:20,                             //蛇头宽度
    h:20                              //蛇头高度
}
```

组成蛇的块就是蛇头这样的对象，一条蛇可以看成有许多“块”（或称节）拼凑成，块是蛇身上最小的单位。组成蛇的块使用 snakeBody 数组保存，其中包括蛇头这样的对象。使用定时器移动蛇头及 snakeBody 数组保存其他的“块”对象。

为了绘制蛇的移动效果，定时事件中首先根据用户滑动方向计算出蛇头新位置，将新位置蛇头加入 snakeBody 数组，同时将蛇尾 snakeBody[0] 元素删去，重新绘制 snakeBody 数组里的对象即可达到蛇不断前移的效果。如果计算出蛇头新位置和食物（豆）位置相同（即碰到食物），则蛇尾 snakeBody[0] 元素不被删去，达到蛇身增长的效果，同时得分加 10 分。

同样食物（豆）对象如下：

```
foods.push({
    x:x,                              //坐标位置
    y:y,
    w:20,                             //食物（豆）宽度
    h:20,                             //食物（豆）高度
    color:color                       //食物（豆）颜色
})
```

通过判断蛇头对象 snakeHead 的坐标与从食物（豆）对象坐标而判断出是否吃到食物。

游戏是否结束，判断十分简单，判断蛇头是否达到边界即可。代码如下：

```
if(snakeHead.x>W*20 || snakeHead.y>H*20 ||
  snakeHead.x<0 || snakeHead.y<0){
      console.log("游戏结束！你的得分是"+score);
}
```

5.4.2　获取屏幕大小

本游戏中设置游戏场地的高度和宽度，需要获取屏幕大小。微信小程序提供的 wx.getSystemInfo() 方法，该方法可以获取到设备的常用信息，如手机型号、设备像素比、屏幕宽高等，最常用的就是屏幕宽高。例如：

```
var m1=wx.getSystemInfoSync().screenWidth;
var m2=wx.getSystemInfoSync().screenHeight; //screenHeight含有标题栏高度
```

微信小程序使用全新尺寸单位 rpx 实现屏幕自适应。其基本原理是无视设备原先的尺寸，统一规定屏幕宽度为 750 rpx。rpx 可以根据屏幕宽度进行自适应。rpx 不是固定值，屏幕越大，1rpx 对应的像素就越大。例如，在 iPhone 6 上，屏幕宽度为 375 px，共有 750 个物理像素，则

750 rpx=375 px=750 物理像素，1 rpx=0.5 px=1 物理像素。

5.4.3 小程序中 this 和 that 的使用

this 是 JavaScript 语言的一个关键字，可以调用函数。当函数运行时，this 可以在函数内部使用，当函数使用场合发生变化时，this 的值会也发生变化。

在小程序开发中，小程序提供的 API 接口经常会有 success、fail 等回调函数来处理后续逻辑。当需要获取当前页面对象来对视图层进行渲染时，this 只会指向调用函数的对象。如果想要获取页面的初始数据，在回调函数中就不能使用 this.data 来获取，同时也不能使用 this.setData() 函数来更新数据，通过 var that=this; 将 this 指向的对象复制到 that 当中才可以执行后续操作。

例如，在移动蛇的函数 move() 中，使用 setInterval() 定时函数要注意 this 的指向。代码如下：

```
move:function(){                                //移动蛇的函数
   var that=this;                               //注意此处
   this.data.timer=setInterval(function(){
      //获取画布的上下文
      var context=wx.createCanvasContext('snakeCanvas', this);
      that.drawWall(context);                   //绘制墙壁
      …//省略
   }, 600)                                      //600ms 定时事件发生一次从而移动一次
},
```

5.4.4 JavaScript 数组操作

在游戏中定义蛇头对象 snakeHead，蛇身对象数组 snakeBody。游戏中需要对蛇身不断增加或者删除，这里主要使用数组的元素增删实现。代码如下：

```
var snakeHead={
   x:100,
   y:100,
   color:"#ff0000",            //蛇头红色
   w:20,
   h:20
}
var snakeBody=[];              //蛇身（含蛇头）
```

例如，蛇身增加一个节点，就是蛇身 snakeBody 数组添加一个对象元素。代码如下：

```
snakeBody.push({
   x:snakeHead.x,
   y:snakeHead.y,
   w:20,
   h:20,
   color:"#00ff00"
})
```

蛇尾是 snakeBody[0] 元素，所以删除蛇尾就是将 snakeBody[0] 元素从数组删去。代码如下：

```
snakeBody.shift(); //删去首元素即 snakeBody[0] 元素
```

5.4.5 程序设计步骤

1. index.wxml 视图文件

index.wxml 文件内部仅仅添加 canvas 画布，并设置触屏事件函数。

```
<canvas canvas-id="snakeCanvas"
   style="width:100%;height:100%;background-color:#ccc"
   bindtouchstart="touchStart" bindtouchmove="touchMove" bindtouchend="touchEnd">
</canvas>
```

样式文件设置页面 page 占据整个屏幕。代码如下：

```
/**index.wxss**/
page{
   width:100%;
   height:100%;
}
```

2. 设计脚本（index.js）

定义触屏计算位移所需按下的坐标 (startx, starty)、手指滑动时的坐标 (movex, movey) 和手指滑动时 X 方向和 Y 方向的位移量（x, y)。代码如下：

```
//手指按下的坐标
var startx=0;
var starty=0;
//手指在 Canvas 移动时的坐标
var movex=0;
var movey=0;
//差值
var x=0;         //X 方向位移
var y=0;         //Y 方向位移
```

定义蛇相关变量和对象。代码如下：

```
var direction='right';                //移动方向，'right'是向右移动
var score=0;                          //游戏得分
var sankeDirection='right';           //方向
//蛇头对象
var snakeHead={
   x:100,
   y:100,
   color:"#ff0000",                   //蛇头红色
   w:20,
   h:20
}
var snakeBody=[];                     //蛇身
var one=null;
```

```
var foods=[];                                          //食物数组
var W=15;                                              //游戏场地大小宽度和高度
var H=25;
```

collide2(obj1, obj2) 函数实现蛇头对象与食物的碰撞检测，这里比较简单，仅仅比较坐标相同即可。代码如下：

```
//蛇碰到食物
function collide2(obj1, obj2){
   var l1=obj1.x;
   var t1=obj1.y;
   var l2=obj2.x;
   var t2=obj2.y;
   if(l1==l2 && t1==t2)
     return true;
   else
     return false;
}
```

页面中触屏事件计算出移动方向。代码如下：

```
Page({
   data:{
      timer:'',                               //定时器
   },
   touchStart:function(e){                    //触屏开始
      startx=e.touches[0].x;
      starty=e.touches[0].y;
   },
   touchMove:function(e){                     //触屏滑动
      movex=e.touches[0].x;
      movey=e.touches[0].y;
      x=movex-startx;
      y=movey-starty;
   },
   touchEnd:function(){                       //触屏结束
      console.log(x);
      console.log(y);
      if(Math.abs(x)>Math.abs(y) && x>0){
        direction='right';
        console.log('right');
      }else if(Math.abs(x)>Math.abs(y) && x<0){
        direction='left';
        console.log('left');
      }else if(Math.abs(x)<Math.abs(y) && y<0){
        direction='up';
        console.log('up');
      }else {
```

```
            direction='down';
            console.log('down');
        }
        sankeDirection=direction;
    },
```

drawWall:function(context) 函数绘制墙壁。代码如下：

```
drawWall:function(context){              //绘制墙壁
    for(var x=0; x<=W; x++)
    {
        context.drawImage('wall.gif', x*20, 0, 20, 20);
        context.drawImage('wall.gif', x*20, H*20, 20, 20);
    }
    for(var y=0; y<=H; y++){
        context.drawImage('wall.gif', 0, y*20, 20, 20);
        context.drawImage('wall.gif', W*20,y*20 , 20, 20);
    }
},
```

游戏开始时，获取屏幕大小计算出游戏场地宽度 W 和高度 H，产生 20 个食物并开始移动蛇。代码如下：

```
/**
* 生命周期函数 -- 监听页面加载
 */
onLoad:function(options){
    var m1=wx.getSystemInfoSync().screenWidth;
    W=Math.floor(m1/20)-1;
    var m2=wx.getSystemInfoSync().screenHeight;
    H=Math.floor(m2/20)-4;             //screenHeight 含有标题栏高度
    console.log(m1+":"+m2);
    console.log(W+":"+H);
    for(var i=0; i<20; i++){
        this.creatFood();
    }
    this.move();
},
```

creatFood() 函数向 foods 数组里添加食物对象。代码如下：

```
creatFood:function(){                  //生成食物函数
    var x=Math.floor(Math.random()*(W-1)+1)*20;
    var y=Math.floor(Math.random()*(H-1)+1)*20;
    var w=20;
    var h=20;
    var color="#0000ff";
    foods.push({
        x:x,   y:y,
```

```
        w:20,  h:20,
        color:color
    })
},
```

move() 函数为了绘制蛇的移动效果，定时事件中首先根据用户滑动方向计算出蛇头新位置，将新位置蛇头加入 snakeBody 数组，同时将蛇尾 snakeBody[0] 元素删去，重新绘制 snakeBody 数组中的对象即可达到蛇不断前移的效果。如果计算出蛇头新位置和食物（豆）位置相同（即碰到食物），则蛇尾 snakeBody[0] 元素不被删去，则达到蛇身增长的效果，同时得分加 10 分。代码如下：

```
move:function(){  //移动蛇的函数
    var that=this;
    this.data.timer=setInterval(function(){
        //获取画布的上下文
        var context=wx.createCanvasContext('snakeCanvas', this);
        that.drawWall(context);                    //绘制墙壁
        //蛇头新位置
        switch(sankeDirection){
            case "left":
                snakeHead.x-=20;
                break;
            case "right":
                snakeHead.x+=20;
                break;
            case "up":
                snakeHead.y-=20;
                break;
            case "down":
                snakeHead.y+=20;
                break;
        }
        //是否碰壁
        if(snakeHead.x>=W*20 || snakeHead.y>=H*20 ||
          snakeHead.x<=0 || snakeHead.y<=0){
          clearInterval(that.data.timer);       //清除定时器
          wx.showModal({
              title:'提示',
              content:"游戏结束！你的得分是"+score,
              success:function(res){
                  if(res.confirm){
                    console.log('用户点击确定')
                    that.newGame();                //重新开始
                  }else if(res.cancel){
                    console.log('用户点击取消');
                  }
```

```
        }
    });
    console.log("游戏结束！你的得分是"+score);
}
//将新位置蛇头加入 snakeBody 数组
snakeBody.push({
    x:snakeHead.x,
    y:snakeHead.y,
    w:20,
    h:20,
    color:"#00ff00"
})
var collideBoolean=false;        //没碰到为 false
//是否碰到食物
for(var i=0; i<foods.length; i++){
    one=foods[i]
    if(collide2(snakeHead, foods[i])){
      collideBoolean=true;
      foods.splice(i, 1);          //删除碰到食物
      console.log("碰到食物 foods[i].x");
      console.log(one.x);
      score+=10;
      that.creatFood();
    }
}
if(snakeBody.length>2 && collideBoolean == false){
  snakeBody.shift();              //删去首元素蛇尾
}
//以下开始绘制蛇身（含蛇头）和所有食物
//绘制蛇身（含蛇头）
for(var i=0; i<snakeBody.length; i++){
    var one=snakeBody[i];         //一节蛇身
    context.setFillStyle(one.color);
    context.beginPath();
    context.rect(one.x, one.y, one.w, one.h);
    context.closePath();
    context.fill();
}
context.setFillStyle(snakeHead.color);
context.beginPath();
context.rect(snakeHead.x, snakeHead.y, snakeHead.w, snakeHead.h);
context.closePath();
context.fill();
//绘制食物
for(var i=0; i<foods.length; i++){
    var one=foods[i];              //一个食物
```

```
            context.setFillStyle("#0000ff");
            context.beginPath();
            context.rect(one.x, one.y, one.w, one.h);
            context.closePath();
            context.fill();
        }
        context.draw();
    }, 600)       //600ms 定时事件发生一次从而移动一次
},
```

newGame() 函数重新开始游戏。它清空蛇身和食物数组，重新产生 20 个食物，设置蛇头位置并开始移动蛇。代码如下：

```
    newGame:function(options){
        snakeBody=[];      //清空蛇身
        foods=[];          //清空食物
        for(var i=0; i<20; i++){
            this.creatFood();
        }
        snakeHead.x=100;
        snakeHead.y=100;
        this.move();
    },
})
```

至此，贪吃蛇游戏编写完成。

习　题

1. 设计井字棋游戏并能判断输赢。井字棋游戏在九宫方格内进行，如果一方首先某方向（横、竖、斜）连成 3 子，则获取胜利。游戏运行界面如图 5-14 所示。

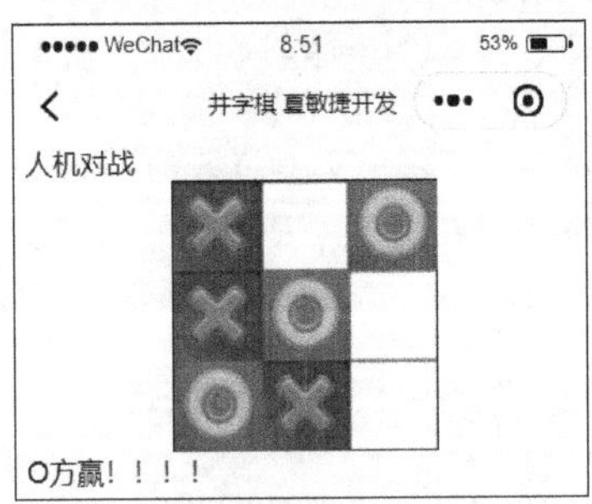

图 5-14　井字棋游戏小程序

2. 设计一个走迷宫游戏，并能判断是否走出迷宫。

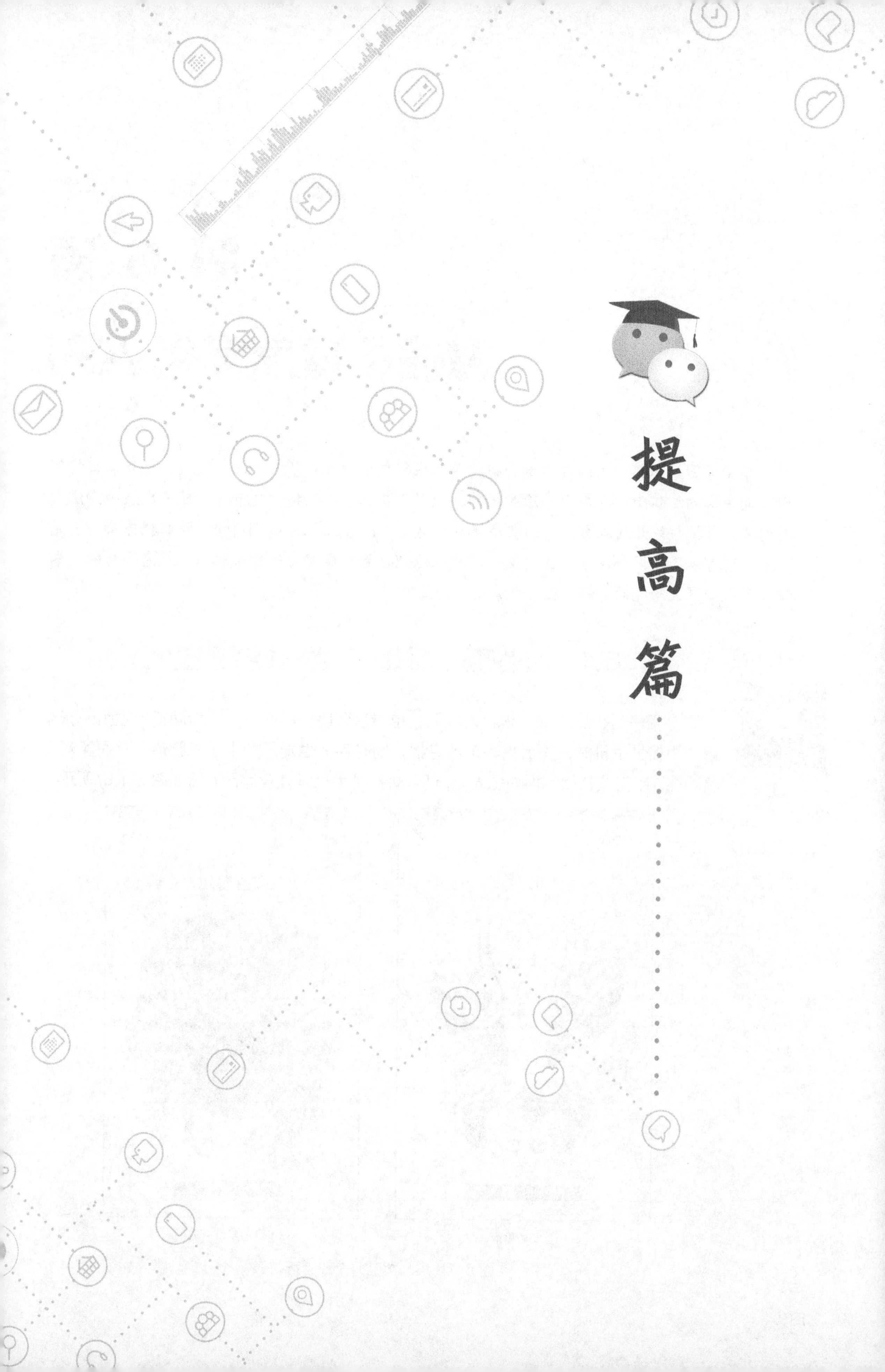

提高篇

第 6 章 微信小程序常用 API

前面学习了微信常用组件，这些组件是构成微信小程序的基本单元，通过组件组合就能实现功能丰富的微信小程序应用。除此之外，微信还提供 API，将一些常用的或者底层的方法进行封装，并提供给开发人员使用的程序接口。这些 API 使人们可以调用诸如手机摄像头、麦克风等，还可以实现网络请求、拨打电话、获取地理位置、保存文件和获取用户信息等功能。本章学习这些强大功能的 API，实现更加炫酷的效果。

视 频

摇一摇变脸游戏

6.1 加速度计 API——摇一摇变脸游戏

小程序运行后出现一张脸谱画面，单击这张脸谱画面时，画面随机产生另一张脸谱，当摇晃手机时，先出现一个消息框，同时界面也随即产生一张脸谱，从而实现变脸功能。本游戏初始界面如图 6-1(a) 所示，摇晃手机时游戏运行界面如图 6-1(b) 所示。

(a) 初始界面

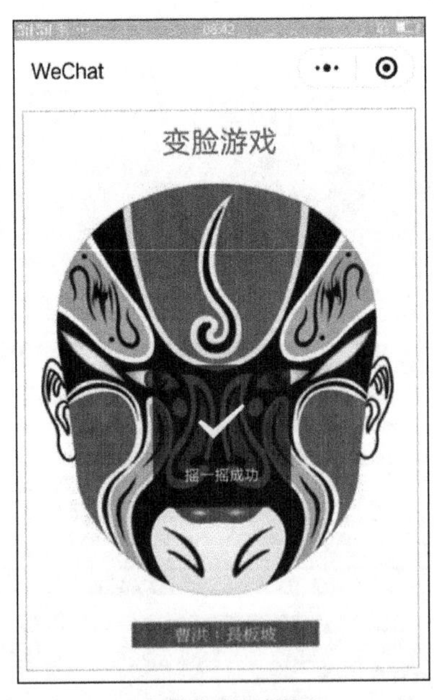

(b) 晃动手机后界面

图 6-1　摇一摇变脸游戏运行效果

首先准备游戏素材，把游戏需要的图片存放到 images 文件夹下，然后把文件夹复制到项目文件夹中。

游戏中出现多张脸谱图片，小程序使用数组存放脸谱图片文件。代码通过 image 组件显示一个脸谱，其 src 属性通过 {{imagesrc}} 绑定图片数组，其 bindtap 属性绑定单击脸谱图片事件函数 changeFace()，其 mode 属性为 widFix，缩放模式，宽度不变，高度自动变化。

摇晃手机的检测采用监听手机加速度的变化实现。

6.1.1　小程序的加速度计 API

1．开启加速度数据监听

小程序使用 wx.startAccelerometer(OBJECT) 开始监听加速度数据，该接口从基础库 1.1.0 开始支持，低版本需要做兼容处理。OBJECT 参数及说明如表 6-1 所示。

表 6-1　OBJECT 参数及说明

参　数	类　型	必　填	说　明
interval	String	否	监听加速度数据回调函数的执行频率（最低版本 2.1.0）
success	Function	否	接口调用成功的回调函数
fail	Function	否	接口调用失败的回调函数
complete	Function	否	接口调用结束的回调函数（调用成功与否都执行）

其中 interval 的有效值如下：

（1）game：适用于更新游戏的回调频率，在 20 ms/ 次左右。

（2）ui：适用于更新 UI 的回调频率，在 60 ms/ 次左右。

（3）normal：普通的回调频率，在 200 ms/ 次左右。

由于不同设备的机型性能、当前 CPU 与内存的占用情况均有所差异，interval 的设置与实际回调函数的执行频率会有一些出入。

2．结束加速度数据监听

小程序使用 wx.stopAccelerometer(OBJECT) 结束监听加速度数据，其 OBJECT 参数与 wx.startAccelerometer 除 interval 以外都相同，如表 6-2 所示。

表 6-2　OBJECT 参数及说明

参　数	类　型	必　填	说　明
success	Function	否	接口调用成功的回调函数
fail	Function	否	接口调用失败的回调函数
complete	Function	否	接口调用结束的回调函数（调用成功与否都执行）

3．监听加速度数据

小程序使用 wx.onAccelerometerChange(CALLBACK) 监听加速度数据，频率为 5 次 / 秒，接口调用后会自动开始监听，可使用 wx.stopAccelerometer 停止监听。

其中 CALLBACK 返回参数如下：

（1）x：Number 类型，表示 x 轴方向加速度。

（2）y：Number 类型，表示 y 轴方向加速度。

（3）z：Number 类型，表示 z 轴方向加速度。

6.1.2 加速度计 API 的简单应用

1. 使用加速度计 API 返回 x、y、z 轴的加速度

这里使用 wx.onAccelerometerChange() 监听实现,其可以获取当前加速度信息。JS 代码如下：

```
wx.onAccelerometerChange(function(res){
    console.log(res.x)
    console.log(res.y)
    console.log(res.z)
})
```

2. 使用加速计实现摇一摇功能

JS 代码如下：

```
//开启监听
wx.startAccelerometer({
    success:function(res){
        console.info(res);
    }
});
//监听加速度
wx.onAccelerometerChange(function(res){
    if(res.x>1){ //加速度为 1 时触发
        wx.showModal({
            title:'提示',
            content:'触发摇一摇',
            success:res=>{
                wx.navigateTo({
                    url:'../index/index2',
                })
            }
        })
    }
});
```

6.1.3 摇一摇变脸小程序设计步骤

1. index.wxml 视图文件

游戏页面视图主要放置一个 image 组件，并绑定单击 tap 事件。代码如下：

```
<!--pages/ index/index.wxml-->
<view class='box'>
    <view class='title'>变脸游戏</view>
    <view>
        <image src="{{imgArr[index]}}" bindtap="changeFace" mode='widthFix'></image>
```

```
    </view>
</view>
```

其样式文件 index.wxss 如下：

```
/* pages/index/index.wxss */
image{
    margin:10px;
}
```

使用 image 样式设置图片的边距。

2. 设计脚本（index.js）

定义产生随机数的全局函数 createRandomIndex()，产生 0 ~ 9 之间的随机整数。代码如下：

```
function createRandomIndex(){                          //定义产生随机数的全局函数
    return Math.floor(Math.random()*10);               //产生 0 ~ 9 之间的随机整数
}
```

在 data 中定义脸谱图片数组，index 记录当前显示脸谱图片的索引号。index 初始值为 0，表示小程序首先显示第一张图片，以后根据产生的随机数下标值确定显示哪张图片。代码如下：

```
Page({
    data:{
        index:0,            //初始化脸谱图片数组下标为 0
        imgArr:[            //脸谱图片数组
            '../images/01.jpg',
            '../images/02.jpg',
            '../images/03.jpg',
            '../images/04.jpg',
            '../images/05.jpg',
            '../images/06.jpg',
            '../images/07.jpg',
            '../images/08.jpg',
            '../images/09.jpg',
            '../images/10.jpg',
        ],
    },
```

changeFace() 是单击脸谱图片事件函数，其调用全局函数 createRandomIndex() 产生 0 ~ 9 之间的随机数。由于图片组件的 src 属性为 {{imgArr[index]}}，视图层绑定数组下标 index，从而实现该下标图片的显示。代码如下：

```
changeFace:function(){
    this.setData({
        index:createRandomIndex()                          //调用全局函数产生随机数
    })
},
```

小程序生命周期函数 onShow() 测试在某个坐标轴方向加速度达到的数值 0.5 以上，就认为用户晃动手机。调用 wx.showToast() 弹出消息提示框，并调用 changeFace() 函数进行变脸。

```
    onShow:function(){            //生命周期函数，界面显示时调用
      var that=this;
      wx.onAccelerometerChange(function(res){ //加速度变化监听函数
        if(res.x>0.5 || res.y>0.5 || res.z>0.5){
          //设置加速度在某个坐标轴方向达到的数值
          wx.showToast({             //消息提示框函数
            title:'摇一摇成功',      //消息框标题
            icon:'success',         //消息框图标
            duration:2000           //消息框显示的时间
          })
         that.changeFace()           //调用函数进行变脸
        }
      })
    }
  })
```

至此完成变脸游戏设计。

6.2 位置 API——签到测距小程序

签到测距小程序主要分为 3 个步骤完成测距，分别为选择位置、获取当前位置，以及测出所选位置与自己当前所在位置之间的距离。因此，主页面中应该具有选择位置、获取位置信息及测距功能，页面布局如图 6-2 所示。

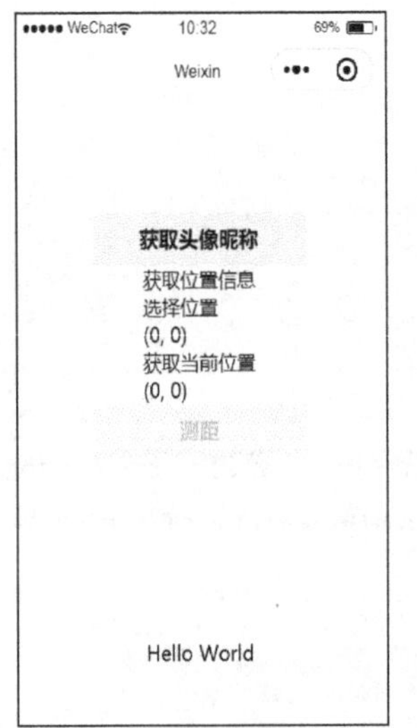

图 6-2　签到测距小程序

6.2.1　获取设备的位置

小程序使用 wx.getLocation(OBJECT) API 获取当前设备的地理位置、速度等信息。OBJECT

参数及说明如表 6-3 所示。

表 6-3　OBJECT 参数及说明

参　数	类　型	必　填	说　明
type	String	否	默认为 wgs84 坐标（美国 GPS 全球定位系统）、gcj02 坐标（国家测量局 02 号标准）返回可用于 wx.openLocation 的坐标
altitude	Boolean	否	传入 true 会返回高度信息，由于获取高度需要较高精确度，会减慢接口返回速度
success	Function	是	接口调用成功的回调函数
fail	Function	否	接口调用失败的回调函数
complete	Function	否	接口调用结束的回调函数（调用成功与否都执行）

其中 success 回调函数返回参数如下：

（1）latitude：纬度，浮点数，范围为 -90~90，负数表示南纬。

（2）longitude：经度，浮点数，范围为 -180~180，负数表示西经。

（3）speed：速度，浮点数，单位 m/s。

（4）accuracy：位置的精确度。

（5）altitude：高度，单位 m。

（6）verticalAccuracy：垂直精度，单位 m（Android 无法获取，返回 0）。

（7）horizontalAccuracy：水平精度，单位 m。

wx.getLocation(OBJECT) 示例代码格式如下：

```
wx.getLocation({
  type:'wgs84',
  success:function(res){
    var latitude=res.latitude
    var longitude=res.longitude
    var speed=res.speed
    var accuracy=res.accuracy
  }
})
```

6.2.2　选择位置

小程序使用 wx.chooseLocation(OBJECT) API 打开地图选择位置，该接口需要用户授权 scope.userLocation。其 OBJECT 参数及说明如表 6-4 所示。

表 6-4　OBJECT 参数及说明

参　数	类　型	必　填	说　明
success	Function	是	接口调用成功的回调函数
fail	Function	否	接口调用失败的回调函数
complete	Function	否	接口调用结束的回调函数（调用成功与否都执行）

其中 success 回调函数返回参数如下：

（1）name：位置名称。

（2）address：详细地址。

（3）latitude：纬度，浮点数，范围为 -90~90，负数表示南纬。

（4）longitude：经度，浮点数，范围为 -180~180，负数表示西经。

wx.chooseLocation(OBJECT) 示例代码格式如下：

```
wx.chooseLocation({
   success:function(res){
      var name=res.name
      var address=res.address
      var latitude=res.latitude
      var longitude=res.longitude
   }
})
```

6.2.3 签到测距小程序设计步骤

1. index.wxml 视图文件

新建一个普通模板小程序，保留获取头像昵称部分布局，选择位置所在 view 组件 <view bindtap="chooseLocation"> 中添加一个 bindtap 为 chooseLocation 的函数，显示文字改为 ({{choosenLocation.latitude}},{{choosenLocation.longitude}})。

获取当前位置所在 view 组件 <view bindtap="getLocation"> 中添加一个 bindtap 为 getLocation 的函数，显示文字改为 ({{gotLocation.latitude}},{{gotLocation.longitude}})。

给测距按钮加一个 bindtap 为 calculate 的函数，并在 index.js 中完成测距的逻辑。测距 小程序中希望在没有选择位置和获取当前位置时，测距的 button 按钮是不能用的，只有当完成了位置选择与获取后，可以单击测距 button 进行测距。这里的使用技巧是使用 button 组件的 disabled 属性，disabled="true" 时，button 就不能正常使用。所以，需要在 index.js 文件的 data 中定义 flag1 与 flag2 两个变量，初始值为 false。当完成选择位置后，flag1 变为 true，当完成获取当前位置后，flag2 变为 true。令 disabled="{{!(flag1&&flag2)}}" 以实现测距 button 的有效性变化。

index.wxml 中的代码具体如下：

```
<!--index.wxml-->
<view class="container">
   <view class="userinfo">
      <button wx:if="{{!hasUserInfo && canIUse}}" open-type="getUserInfo"
bindgetuserinfo="getUserInfo"> 获取头像昵称 </button>
      <block wx:else>
         <image bindtap="bindViewTap" class="userinfo-avatar" src="{{userInfo.
avatarUrl}}" mode="cover"></image>
         <text class="userinfo-nickname">{{userInfo.nickName}}</text>
      </block>
   </view>
```

```
<view class="weui-cells__title">获取位置信息 </view>
  <view>
    <view  bindtap="chooseLocation">
        <view>选择位置 </view>
        <view class="input">({{choosenLocation.latitude}},
          {{choosenLocation.longitude}})
      </view>
    </view>
    <view  bindtap="getLocation">
        <view class="weui-cell__bd">获取当前位置 </view>
        <view class="input">({{gotLocation.latitude}},
          {{gotLocation.longitude}})
      </view>
    </view>
  </view>
  <button type="primary" disabled="{{!(flag1&&flag2)}}" bindtap='calcu
late'>测距 </button>
  <view class="usermotto">
     <text class="user-motto">{{motto}}</text>
  </view>
</view>
```

2. 设计脚本（index.js）

页面布局完成后，需要给选择位置与获取当前位置添加单击 tap 事件函数，并在 .js 文件中加入对应事件函数的逻辑。在选择位置中加入名为 chooseLocation 的事件函数，在获取当前位置中加入名为 getLocation 的事件函数。

```
//事件处理函数
chooseLocation:function(e){  //选择位置事件函数
  let obj=this
  wx.chooseLocation({
    success:function(res){
      console.log(res)
      obj.setData({
        choosenLocation:res,
        flag1:true
      })
    },
    fail:function(res){},
    complete:function(res){},
  })
},
```

getLocation() 函数代码如下，其中要注意的是，wx.getLocation 接口中有 type 和 altitude 两个参数，由于 wx.chooseLocation 中经纬度用的是国家测量局坐标（gcj02），所以 wx.getLocation 中的 type 选择 gcj02。国测局坐标是中国标准的当前互联网地图坐标系，wgs84 则是国际标准。另外这里测距不算高度，所以 altitude 为 false。

```
getLocation:function(e){
   let obj=this
   wx.getLocation({
      type:'gcj02',
      altitude:false,
      success:function(res){
         console.log(res)
         obj.setData({
            gotLocation:res,
            flag2:true
         })
      },
      fail:function(res){},
      complete:function(res){},
   })
},
```

在 index.js 文件的 data 中定义 chooseLocation 和 getLocation 函数中用到的两个对象，分别为 choosenLocation 和 gotLocation，用于存放获取到的经纬度。因此，每个对象中都有 latitude 和 longitude 两个属性变量，初始值为 0。代码如下：

```
const app=getApp()
Page({
   data:{
      motto:'Hello World',
      userInfo:{},
      hasUserInfo:false,
      canIUse:wx.canIUse('button.open-type.getUserInfo'),
      choosenLocation:{    //存放选取位置获取到的经纬度
         latitude:0,
         longitude:0
      },
      gotLocation:{        //存放当前位置获取到的经纬度
         latitude:0,
         longitude:0
      },
      flag1:false,
      flag2:false
   },
```

calculate() 是具体经纬度测距的代码：

```
calculate:function(e){      //单击测距
   let lat1=this.data.choosenLocation.latitude
   let lat2=this.data.gotLocation.latitude
   let lng1=this.data.choosenLocation.longitude
   let lng2=this.data.gotLocation.longitude
   console.log(lat1)
```

```
    //计算两点位置距离
    var rad1=lat1*Math.PI/180.0;
    var rad2=lat2*Math.PI/180.0;
    var a=rad1-rad2;
    var b=lng1*Math.PI/180.0-lng2*Math.PI/180.0;
    var r=6378137;               //地球半径
    var distance=r*2*Math.asin(Math.sqrt(Math.pow(Math.sin(a/2), 2)
+ Math.cos(rad1)*Math.cos(rad2)*Math.pow(Math.sin(b/2), 2)));
    // return distance;
    distance=distance/1000
    distance=distance.toFixed(5)
    this.setData({
       motto:distance+'km'
    })
}
```

至此完成签到测距小程序。读者可以进一步改进，实现真正实用签到程序。

6.3　动画 API——抽奖小程序

视　频

抽奖小程序

小程序运行后出现一个圆盘和指针，单击“开始抽奖”按钮后，圆盘开始旋转，最终指针指向哪个奖励就是几等奖。游戏可以进行 3 次抽奖。游戏开始界面如图 6-3(a) 所示，抽奖结果界面如图 6-3(b) 所示，3 此抽奖结束后可以获取玩家最高奖项。

（a）游戏开始界面

（b）抽奖结果界面

图 6-3　抽奖小游戏运行效果

首先准备游戏素材，把游戏需要的图片存放到 images 文件夹下，然后把文件夹复制到项目文件夹中。

游戏中使用转盘图片组件 animation 属性来显示转盘旋转效果，而箭头一直固定不动，利用转盘旋转的角度计算出几等奖。每次抽奖等级与记录在 data.score 中的获奖等级比较，让 data.score 保存最高获奖等级。3 次抽奖结束后，根据 data.score 的数字显示几等奖。

小程序组件拥有 animation 属性来显示动画，其动画效果实现需要 3 个步骤：

（1）创建动画实例。

（2）通过调用动画实例的方法来描述动画。

（3）通过动画实例的 export 方法导出动画数据传递给组件的 animation 属性。

6.3.1 动画实例

小程序使用 wx.createAnimation(OBJECT) 可以创建一个动画实例 animation。其 OBJECT 参数及说明如表 6-5 所示。

表 6-5 OBJECT 参数及说明

参　数	类　型	必　填	默 认 值	说　明
duration	Integer	否	400	动画持续时间，单位 ms
timingFunction	String	否	"linear"	定义动画的效果
delay	Integer	否	0	动画延迟时间，单位 ms
transformOrigin	String	否	"50% 50% 0"	设置 transform-origin

其中 timingFunction 有效值如下：

（1）linear：动画从头到尾的速度是相同的。

（2）ease：动画以低速开始，然后加快，在结束前变慢。

（3）ease-in：动画以低速开始。

（4）ease-in-out：动画以低速开始和结束。

（5）ease-out：动画以低速结束。

（6）step-start：动画第一帧就跳至结束状态直到结束。

（7）step-end：动画一直保持开始状态，最后一帧跳到结束状态。

wx.createAnimation(OBJECT) 示例代码如下：

```
var animation=wx.createAnimation({
   duration:2000,
   timingFunction:"ease-in"
})
```

上述代码表示动画持续时间为 2s，且低速开始。

6.3.2 动画描述

动画实例可以调用 animation 对象的相关方法来描述动画，调用结束后会返回自身。

animation 对象的方法可以分为 6 类，分别用于控制组件的样式、旋转、缩放、偏移、倾斜和矩阵变形。

控制组件样式的方法如表 6-6 所示。

表 6-6 animation 对象控制组件样式的方法

方 法	参 数	说 明
opacity	value	透明度，参数范围 0~1
backgroundColor	color	颜色值
width	length	长度值，如果传入 Number 则默认使用 px，可传入其他自定义单位的长度值
height	length	长度值，如果传入 Number 则默认使用 px，可传入其他自定义单位的长度值
top	length	长度值，如果传入 Number 则默认使用 px，可传入其他自定义单位的长度值
left	length	长度值，如果传入 Number 则默认使用 px，可传入其他自定义单位的长度值
bottom	length	长度值，如果传入 Number 则默认使用 px，可传入其他自定义单位的长度值
right	length	长度值，如果传入 Number 则默认使用 px，可传入其他自定义单位的长度值

例如：

```
animation.backgroundColor('red').step()
```

上述代码表示将组件在指定的时间内做到背景颜色更新为红色。

控制组件旋转的方法如表 6-7 所示。

表 6-7 animation 对象控制组件旋转的方法

方 法	参 数	说 明
rotate	deg	deg 的范围 -180~180，从原点顺时针旋转一个 deg 角度
rotateX	deg	deg 的范围 -180~180，在 x 轴旋转一个 deg 角度
rotateY	deg	deg 的范围 -180~180，在 y 轴旋转一个 deg 角度
rotateZ	deg	deg 的范围 -180~180，在 z 轴旋转一个 deg 角度

例如，animation.rotate(90).step() 就是顺时针旋转 90°。

控制组件缩放的方法如表 6-8 所示。

表 6-8 animation 对象控制组件缩放的方法

方 法	参 数	说 明
scale	sx,[sy]	一个参数时，表示在 x 轴、y 轴同时缩放 sx 倍数；两个参数时表示在 x 轴缩放 sx 倍数，在 y 轴缩放 sy 倍数
scaleX	sx	在 x 轴缩放 sx 倍数
scaleY	sy	在 y 轴缩放 sy 倍数
scaleZ	sz	在 z 轴缩放 sz 倍数
scale3d	(sx,sy,sz)	在 x 轴缩放 sx 倍数，在 Y 轴缩放 sy 倍数，在 Z 轴缩放 sz 倍数

例如，animation.scale(2,2).step() 就是 x 轴、y 轴同时缩放 2 倍数。

控制组件倾斜的方法如表 6-9 所示。

表 6-9　animation 对象控制组件倾斜的方法

方　法	参　数	说　明
skew	ax,[ay]	参数范围 -180~180；一个参数时，y 轴坐标不变，x 轴坐标沿顺时针倾斜 ax 度；两个参数时，分别在 x 轴倾斜 ax 度，在 y 轴倾斜 ay 度
skewX	ax	参数范围 -180~180；y 轴坐标不变，x 轴坐标沿顺时针倾斜 ax 度
skewY	ay	参数范围 -180~180；x 轴坐标不变，y 轴坐标沿顺时针倾斜 ay 度

控制组件偏移的方法说明如表 6-10 所示。

表 6-10　animation 对象控制组件偏移的方法

方　法	参　数	说　明
translate	tx,[ty]	一个参数时，表示在 x 轴偏移 tx；两个参数时，表示在 x 轴偏移 tx，在 y 轴偏移 ty
translateX	tx	在 x 轴偏移 tx
translateY	ty	在 y 轴偏移 tx
translateZ	tz	在 z 轴偏移 tx
translate3d	(tx,ty,tz)	在 x 轴偏移 tx，在 y 轴偏移 ty，在 z 轴偏移 tz

例如，animation. translate(50,100).step() 就是在 x 轴偏移 50、y 轴同时轴偏移 100。

控制组件矩阵变形的方法说明如表 6-11 所示。

表 6-11　animation 对象控制组件矩阵变形的方法

方　法	参　数	说　明
matrix	(a,b,c,d,tx,ty)	同 CSS transform-function matrix
matrix3d		同 CSS transform-function matrix3d

animation 对象允许将任意多个动画方法追加在同一行代码中，表示同时开始这一组动画内容，调用动画操作方法后还需要调用 step() 来表示一组动画完成。例如：

```
animation.scale(5).backgroundColor('red').rotate(150).step()
```

上述代码表示将组件在指定的时间内同时做到：（1）放大到原来的 5 倍；（2）背景颜色更新为红色；（3）顺时针旋转 150°。

若是多个动画希望按顺序依次执行，每组动画之间都需要使用 step() 隔开。

例如上述代码可修改为：

```
animation.scale(5).step().backgroundColor('red').step().rotate(150).step()
```

6.3.3　动画导出

在声明完 animation 对象并描述了动画方法后，还需要使用 export() 将该对象导出到组件的 animation 属性中，方可使得组件具有动画效果。

以 <view> 组件为例，WXML 代码如下：

```
<view animation="{{animationData}}"></view>
```

JS 代码如下：

```
//1. 创建 animation 对象
var animation=wx.createAnimation()
//2. 描述动画
animation.scale(2).step()
//3. 导出至组件的动画属性
this.setData({animationData:animation.export()})
```

小程序也允许多次调用 export() 方法导出不同的动画描述方法。

例如，刚才的 JS 代码可以更新为如下内容：

```
//1. 创建 animation 对象
var animation=wx.createAnimation()
//2. 描述第一个动画
animation.scale(2).step()
//3. 导出至组件的动画属性
this.setData({animationData:animation.export()})
//4. 描述第二个动画
animation.rotate(180).step()
//5. 导出至组件的动画属性
this.setData({animationData:animation.export()})
```

此时一组动画完成后才会进行下一组动画，每次调用 export() 后会覆盖之前的动画操作。

6.3.4　页面视图 WXML

页面视图主要放置 2 个 image 组件，分别显示指针和圆盘；圆盘下方是 1 个“开始抽奖”按钮并绑定单击 tap 事件。代码如下：

```
<!--index.wxml-->
<view>
   <view class="tips">剩余抽奖次数：{{lotteryNum}} 次 </view>
   <view class="imgLayout">
      <image src="/images/plate.png" class="imgbottom" animation="
{{animation}}"></image>
      <image src="/images/arrow.png" class="imgtop"></image>
   </view>
   <view class="btnLayout">
      <button bindtap="rotate">开始抽奖 </button>
   </view>
</view>
```

其样式文件 index.wxss 如下：

```
/**index.wxss**/
page{
   background-image:linear-gradient(to right,#007adf,#00ecbc);
}
.tips{
```

```
    text-align:center;
    margin:20px auto;
    font-size:20px;
}
.imgLayout{
    height:300px;
    width:300px;
    border-radius:50%;
    box-shadow:0 2px 15px 0 black;
    margin:auto;
}
.imgbottom{
    position:absolute;
    left:10px;
    /* left:50%; */
    margin:0 auto;
    width:300px;
    height:300px;
}
.imgtop {
    position:absolute;
    width:38px;
    height:80px;
    z-index:1;
    top:150px;
    left:140px;
}
.btnLayout{
    position:absolute;
    width:200px;
    top:400px;
    left:60px;
}
button{
    border:2px solid blue;
    box-shadow:0 1px 10px 0 gray;
}
```

使用 imgbottom 样式设置圆盘的效果，imgtop 样式设置指针的效果，btnLayout 样式设置按钮的效果。

6.3.5 设计脚本（index.js）

游戏设计时，data 中 lotteryNum 代表剩余抽奖次数，score 是获奖等级。为了便于等级比较，这里使用数字代表，其中特等奖 0、一等奖 1、二等奖 2、三等奖 3、四等奖 4，谢谢参与用 5 表示。代码如下：

```
//index.js
```

```
var angel=0;
Page({
  data:{
    lotteryNum:3,   //抽奖次数
    score:5   //几等奖，特等奖0、一等奖1、二等奖2、三等奖3、四等奖4，谢谢参与5
  },
```

onReady() 创建动画实例对象，并赋予给圆盘的 animation 属性绑定的变量 {{animation}}。代码如下：

```
onReady:function(){
  this.animation=wx.createAnimation({
    duration:2800,                                    //动画持续时间
    timingFunction:'ease',                            //动画效果
    delay:100                                         //动画延时
  })
},
```

开始抽奖按钮的单击事件函数 rotate()，判断抽奖次数是否还有，如果有抽奖次数则产生随机旋转角度，旋转动画完成后调用 result() 判断是几等奖结果；如果没有抽奖机会则根据 this.data.score 的数字显示出几等奖文字。代码如下：

```
rotate:function(){
  if(this.data.lotteryNum>0){                         //次数大于0
    angel=Math.abs(Math.random()*720+1080)            //随机旋转角度
    this.animation.rotate(angel).step()               //旋转动画完成
    this.setData({
      animation:this.animation.export(),              //导出动画数据给前台的动画组件
      lotteryNum:this.data.lotteryNum-1
    })
    this.result()   //判断几等奖结果
   }else {
    var score=this.data.score
    var jiang=' '
    if(score==0) jiang='特等奖'
    else if(score==1) jiang='一等奖'
    else if(score==2) jiang='二等奖'
    else if(score==3) jiang='三等奖'
    else if(score==4) jiang='四等奖'
    else if(score==5) jiang='没有获奖'
    wx.showToast({
      title:'暂无抽奖机会啦~，你最终是'+jiang,
      icon:'none'
    })
  }
},
```

result() 根据旋转的角度判断是几等奖结果。由于会旋转多圈，所以将 360 倍数角度减去，

或者直接对 360 取余也可以。此后，就可以根据角度判断指针落在那个获奖区域。最后和记录在 data.score 中的获奖等级比较，让 data.score 保存最高获奖等级。代码如下：

```
result:function(e){
    do{
        angel=angel-360
    }while(angel>360)     //将 360 倍数角度减去
    var that=this
    setTimeout(function(){
        var score;
        if(angel<=30 || angel>330){
            wx.showModal({
                title:'恭喜您',
                content:'特等奖'
            })
            score=0
        }else if(angel>30 && angel<=90){
            wx.showModal({
                title:'很遗憾',
                content:'您未中奖'
            })
            score=5
        }else if(angel>90 && angel<=150){
            wx.showModal({
                title:'恭喜您',
                content:'四等奖'
            })
            score=4
        }else if(angel>150 && angel<=210){
            wx.showModal({
                title:'恭喜您',
                content:'三等奖'
            })
            score=3
        }else if(angel>210 && angel<=270){
            wx.showModal({
                title:'恭喜您',
                content:'二等奖'
            })
            score=2
        }else if(angel>270 && angel<=330){
            wx.showModal({
                title:'恭喜您',
                content:'一等奖'
            })
            score=1
        }
```

```
            if(score<that.data.score){   //和以前的比较大小
              that.data.score=score
              console.log(score)
            }
          },3000)//setTimeout 用于延迟执行某方法或功能，在指定的毫秒数后调用函数或计算表达式
    }
  })
```

至此完成抽奖小游戏。

6.4　数据缓存 API——存储登录账号信息

视　频

存储登录账号信息

用户登录是一个应用系统必要的功能。为方便用户使用，在用户登录后，将登录账号信息保存到缓存空间内，方便用户二次登录。本程序使用数据缓存 API，将用户名和密码保存到缓存空间内，二次登录时，用户仅仅输入用户名、密码就可以直接从缓存空间获取而不需要用户输入。效果如图 6-4 所示。

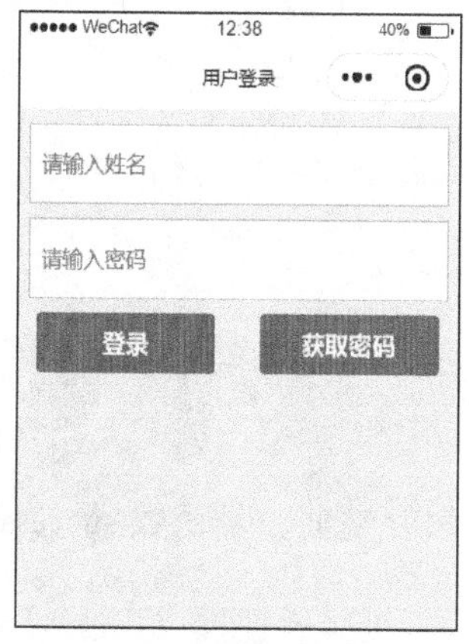

（a）未输入姓名和密码

（b）登录时保存到缓存

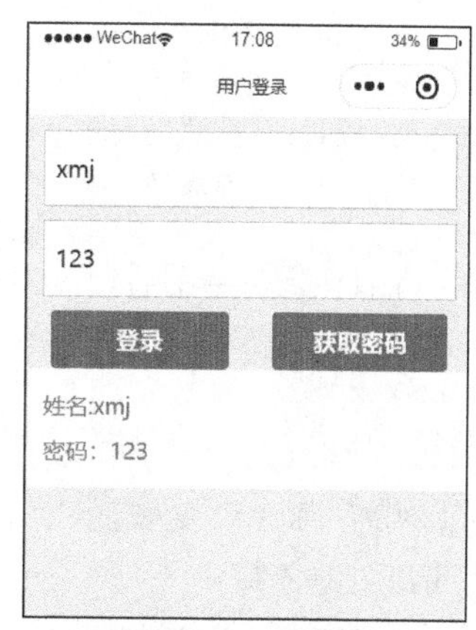

（c）获取密码

图 6-4　存储登录账号信息

目前，微信只给每个小程序用户提供了 10 MB 的本地缓存空间。微信小程序缓存系统采用键值对的方式完成数据存储和读取，通过对 key 进行一次 Hash 算法得到一个唯一值，并与 value 绑定起来；查询时根据 Hash 后的 key 查询，算法空间复杂度为 $O(1)$。

注意：

小程序的本地缓存仅用于方便用户，如果用户的设备存储空间不足，微信会清空最近最久未使用的本地缓存。因此，不建议将关键信息全部存在本地，以免存储空间不足或设备更换。

6.4.1　数据缓存 API

小程序提供的本地数据缓存 API 目前共有 5 类，包括：数据存储、获取、删除、清空，以及存储信息获取。每一类均分为异步和同步两种函数写法，具体内容如表 6-12 所示。

表 6-12　数据缓存 API

操　作	异步方法	同步方法
数据存储	wx.setStorage()	wx.setStorageSync()
数据获取	wx.getStorage()	wx.getStorageSync()
删除数据	wx.removeStorage()	wx.removeStorageSync()
清空数据	wx.clearStorage()	wx.clearStorageSync()
获取缓存信息	wx.getStorageInfo()	wx.getStorageInfoSync()

表 6-12 中的 Sync 来源于英文单词 synchronization 的前 4 个字母，表示同步的意思。因此数据缓存 API 中带有 Sync 字样的函数均为同步函数，否则就是异步函数。

6.4.2　数据存储

小程序使用异步方法 wx.setStorage(OBJECT) 将数据存储在本地缓存中指定的 key 中，如果指定的 key 原先已存在，则新数据会覆盖掉原来该 key 对应的内容。传入一个 OBJECT 参数。异步缓存示例代码如下：

```
wx.setStorage({        //异步存储数据
   key:"夏敏捷",
   data:"46岁"
   success:function(){
       //存储成功
   },
   fail:function(){
       //存储失败
   },
})
```

上例将（key="夏敏捷", value="46 岁"）信息存储到本地缓存空间，且函数 success()、fail() 可以省略不写。

如果以同步方式保存数据，则代码如下：

```
try{
   wx.setStorageSync("夏敏捷", "46岁")    //同步方式保存数据
} catch(e){
   //发生异常
}
```

wx.setStorageSync() 放入 try…catch(e) 结构中避免出现异常而小程序崩溃。小程序官方建议使用异步写入缓存的方法，少用同步方法。

6.4.3　获取数据

小程序使用 wx.getStorage(OBJECT) 从本地缓存中异步获取指定 key 对应的内容，也同样需要传入一个 OBJECT 参数。异步获取数据示例代码如下：

```
wx.getStorage({
   key:"夏敏捷",
```

```
    success:function(res){
      console.log(res.data)
    }
})
```

上例将从本地缓存空间获取 key=" 夏敏捷 " 的 value 信息。函数 success(res) 中的 res.data 就是需要获取的缓存数据值（"46 岁 "）。

如果以同步方式获取数据，则代码如下：

```
var value=wx.getStorageSync('夏敏捷')
```

6.4.4 获取缓存信息

wx.getStorageInfo(OBJECT) 获取本地缓存信息，包括所有 key 的名称、当前空间占用大小等，它只能用于获取本地缓存中所有 key 的名称，key 对应的值还需要使用 wx.getStorage() 进一步获取。

```
wx.getStorageInfo({
    success:function(res){
      console.log(res.keys)              //所有键名称
      console.log(res.currentSize)       //已使用空间
      console.log(res.limitSize)         //最大空间限制
    }
})
```

使用 wx.getStorageInfoSync() 同步获取当前本地缓存数据的相关信息。

```
var res=wx.getStorageInfoSync()
console.log(res.keys)                    //键名称
console.log(res.currentSize)             //已使用空间
console.log(res.limitSize)               //最大空间限制
```

6.4.5 删除数据

小程序使用 wx.removeStorage(OBJECT) 异步从本地缓存中异步移除指定 key 名称和对应的值。例如，异步删除 " 夏敏捷 " 这个键代码如下：

```
wx.removeStorage({
    key:"夏敏捷",
    success:function(res){
      console.log(res)
    }
})
```

函数 success() 中的 res 包含内容为 {errMsg:"removeStorage:ok"}。

wx.removeStorageSync(KEY) 从本地缓存中同步移除指定 key 名称和对应的值。

如果以同步方式删除 '夏敏捷' 这个键，则代码如下：

```
wx.removeStorageSync('夏敏捷')
```

6.4.6 清空数据

wx.removeStorage(OBJECT) 是根据键 key 删除某条数据，小程序使用 wx.clearStorage() 异步清空全部本地缓存数据。示例代码格式如下：

```
wx.clearStorage()
```

wx.clearStorage() 同步清空全部本地数据缓存。示例代码格式如下：

```
wx.clearStorageSync()
```

6.4.7 存储登录账号小程序设计步骤

1. index.wxml 视图文件

上方是 2 个 input 输入框组件，中间是“登录”和“获取密码”2 个按钮，下方是隐藏的 view，里面显示从缓存空间中获取的姓名和密码。代码如下：

```
<!--pages/index/index.wxml -->
<view class='box'>
   <input placeholder="请输入姓名" placeholder-class="placeholder" bindinput
='nameInput'></input>
   <input placeholder="请输入密码" placeholder-class="placeholder" bindinput
='passInput' type='number'></input>
   <view class='style02'>
      <button bindtap='mysubmit' style='width:40%'>登录</button>
      <button bindtap='getStorage' style='width:40%'>获取密码</button>
   </view>
   <view hidden='{{flag}}' class='content'>
      <view class='content-item'>姓名:{{name}}</view>
      <view class='content-item'>密码: {{password}}</view>
   </view>
</view>
```

2. index.wxss 样式文件

```
/**index.wxss**/
.placeholder{                              /*输入 input 组件提示文字字体大小*/
   font-size:15px;
}
input{                                     /*输入 input 组件样式*/
   background:#fff;
   height:120rpx;
   margin:10px;
   padding-left:8px;
   border:solid 1px silver
}
.style02{                                  /*按钮并排布局*/
   display:flex;
   flex-direction:row;
   justify-content:space-around;
}
```

```
button{                                /* 红色按钮 */
   background-color:red;
   color:white;
}
```

3. index.js 脚本文件

初始化数据 data 中最初没有存储数据。代码如下：

```
Page({                                 //index.js
  data:{
    flag:true,                         // 不显示缓存信息
    name:'',                           // 用户名
    password:'',                       // 密码
  },
```

以下 2 个 input 事件函数，获取输入的用户名和密码。代码如下：

```
  nameInput:function(e){
     this.setData({
        name:e.detail.value
     });
  },
  passInput:function(e){
     this.setData({
        password:e.detail.value
     });
  },
```

“登录”按钮 tap 事件函数，缓存用户名 key 和密码信息。代码如下：

```
  mysubmit:function(){        // “登录”按钮事件处理函数
     if(this.data.name=='' || this.data.password==''){
       wx.showToast({
          title:"信息输入不全",
          icon:"success"
       })
     }else {
       this.setStorage();  // 缓存用户信息
     }
  },
  // 存储键对应数据
  setStorage:function(e){
     let key=this.data.name;
     wx.setStorage({
         key:key,
         data:this.data.password
      })
  },
```

getStorage() 是获取密码按钮的 tap 事件函数，根据用户名 key 获取对应密码信息。代码如下：

```
    getStorage: function(){                    //获取键对应数据，根据用户名获取密码
      if(this.data.name=='' ){
        wx.showToast({
          title:"请输入用户名",
          icon:"loading"
        })
        return;
      }
      var that=this;
      let key=this.data.name;
      wx.getStorage({
        key:key,
        success:function(res){
          console.log(res.data)
          that.setData({
            password:res.data,                 //获取对应值，即密码
            flag:false                         //显示密码
          })
        }
      })
    },
})
```

视 频

图片操作 API

6.5 图片操作 API——使用相册选择图片

小程序显示出九宫格，用户单击“选择图片”按钮，从相册选择 9 张图片填充到九宫格中。单击中央的那张图片可以获取图片大小和类型信息。选择图片小程序运行效果如图 6-5 所示。

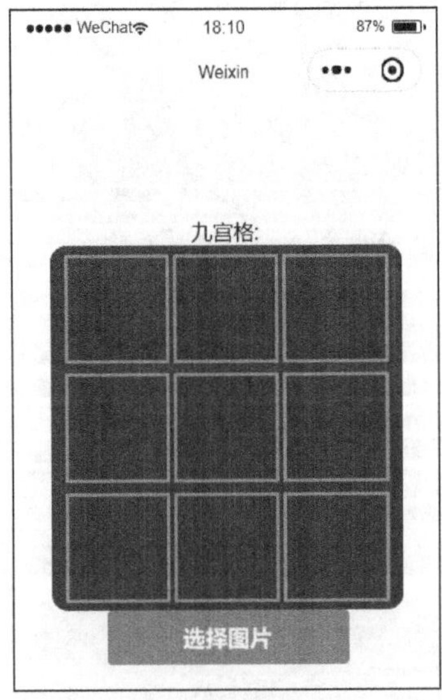

（a）未选择图片

（b）选择9张图片

图 6-5 使用相册选择图片

6.5.1　选择图片

小程序使用 wx.chooseImage(OBJECT) API 函数从本地相册选择图片或使用照相机拍照获得图片，图片将被存放在设备的临时路径，在小程序本次启动期间可以正常使用。OBJECT 参数及说明如表 6-13 所示。

表 6-13　wx.chooseImage 的 OBJECT 参数及说明

参　数	类　型	必　填	说　明
count	Number	否	最多可以选择的图片张数，默认值是 9
sizeType	StringArray	否	默认值是 ['original', 'compressed']，original 原图，compressed 压缩图，默认二者都有
sourceType	StringArray	否	默认值是 ['album', 'camera']，album 是从相册选图，camera 是使用照相机，默认二者都有
success	Function	是	成功则返回图片的本地文件路径列表 tempFilePaths
fail	Function	否	接口调用失败的回调函数
complete	Function	否	接口调用结束的回调函数（调用成功与否都执行）

成功回调函数 success() 返回参数说明如下：

（1）tempFilePaths：StringArray 类型，表示图片的本地文件路径列表。

（2）tempFiles：ObjectArray 类型，表示图片的本地文件列表，每项是一个 File 对象。

例如，选择 2 张图片后返回参数在控制台输出的结果。

```
tempFilePaths:Array(2)
0:"http://tmp/wxac0004939fab7b56.o6zAJs6kcvg6Nxl0nZjx2.jpg"
1:"http://tmp/wxac0004939fab7b56.o6bf7f6dc8c909510d3546.jpg"
length:2
tempFiles:Array(2)
0:{path:"http://tmp/wxac0004939fab7b56.o6zAJs6kcvg6Nxl0nZjx….Sd4Q7154e5d.jpg",
size:77282}
1:{path:"http://tmp/wxac0004939fab7b56.o6zAJs6kcvg6Nxl0nZjx….YHU7C0d3546.jpg",
size:76778}
length:2
```

File 对象结构说明如下：

（1）path：String 类型，表示本地文件路径。

（2）size：Number 类型，表示本地文件大小，单位为 B。

注意：

wx.chooseImage 获得的图片（例如从照相机拍照获取）仅能在小程序启动期间临时使用。如果需要持久保存，需要主动调用 wx.saveFile 进行保存，在小程序下次启动时才能访问得到。

6.5.2　获取图片信息

小程序使用 wx.getImageInfo(OBJECT) 获取图片信息（宽度、高度、路径、图片的方向和格式等），OBJECT 参数及说明如表 6-14 所示。

表 6-14　wx.getImageInfo 的 OBJECT 参数及说明

参　数	类　型	必　填	说　明
src	String	是	图片的路径，可以是相对路径、临时文件路径、存储文件路径、网络图片路径
success	Function	否	接口调用成功的回调函数
fail	Function	否	接口调用失败的回调函数
complete	Function	否	接口调用结束的回调函数（调用成功与否都执行）

6.5.3　保存图片到系统相册

小程序使用 wx.saveImageToPhotosAlbum(OBJECT) 保存图片到系统相册，需要用户授权 scope.writePhotosAlbum。OBJECT 参数及说明如表 6-15 所示。

表 6-15　wx. saveImageToPhotosAlbum 的 OBJECT 参数及说明

参 数 名	类　型	必　填	说　明
filePath	String	是	图片文件路径，可以是临时文件路径，也可以是永久文件路径，不支持网络图片路径
success	Function	否	接口调用成功的回调函数，返回 String 类型参数 errMsg，表示调用结果
fail	Function	否	接口调用失败的回调函数
complete	Function	否	接口调用结束的回调函数（调用成功与否都执行）

6.5.4　使用相册选择图片小程序设计步骤

1. index.wxml 视图文件

页面内容分成两部分：上部分九宫格，主要放置 9 个 image 组件显示图片，中央的 <image class='frame_item' src='{{images[4]}}' bindtap="getinfo"></image> 绑定单击 tap 事件，获取此图片信息。下部分是一个按钮绑定单击 tap 事件选择图片。

```
<view class="container">
  九宫格：{{info}}
  <view class='frame_view'>
    <view class='frame_row'>
      <image class='frame_item' src='{{images[0]}}'></image>
      <image class='frame_item' src='{{images[1]}}'></image>
      <image class='frame_item' src='{{images[2]}}'></image>
    </view>
    <view class='frame_row'>
      <image class='frame_item' src='{{images[3]}}'></image>
      <image class='frame_item' src='{{images[4]}}' bindtap="getinfo"></image>
      <image class='frame_item' src='{{images[5]}}'></image>
    </view>
```

```
        <view class='frame_row'>
            <image class='frame_item' src='{{images[6]}}'></image>
            <image class='frame_item' src='{{images[7]}}'></image>
            <image class='frame_item' src='{{images[8]}}'></image>
        </view>
    </view>
    <button type="primary" bindtap='chooseimage'>选择图片</button>
</view>
```

2. index.wxss 样式文件

样式文件控制九宫格显示效果，每个 image 组件是 180 × 180rpx 大小。主要代码如下：

```
/**index.wxss**/
.frame_view{
    bottom:160rpx;
    left:60rpx;  right:60rpx;
    width:590rpx;  height:590rpx;
    padding:20rpx;
    background:#792db3;
    display:flex;
    flex-direction:column;
    justify-content:space-between;
    align-items:center;
    border-radius:30rpx;
}
.frame_row{       /*行效果*/
    width:580rpx;  height:180rpx;
    display:flex;
    flex-direction:row;
    justify-content:space-between;
    align-items:center;
}
.frame_item{      /*每项的效果*/
    width:180rpx;  height:180rpx;
    border:2px solid #00ff00;
}
```

3. index.js 脚本文件

初始化数据 data 中最初没有存储数据。代码如下：

```
//index.js
Page({
    data:{
    },
```

chooseimage() 是选择图片按钮单击事件的处理函数。用户选择图片后修改数据 data 中 images 数组中本地文件路径数据。代码如下：

```
//选择图片按钮单击事件处理函数
```

```
chooseimage:function(){
   var that=this;
   wx.chooseImage({
      count:9, // 默认 9
      sizeType:['original', 'compressed'], //可以指定是原图还是压缩图，默认二者都有
      sourceType:['album', 'camera'], //可以指定来源是相册还是照相机，默认二者都有
      success:function(res){
         console.log(res)
         // 返回选定照片的本地文件路径列表，tempFilePath可以作为img标签的src属性显示图片
         that.setData({
            images:res.tempFilePaths
         })
      }
   })
},
```

getinfo()是中央的图片组件单击tap事件的处理函数。调用wx.getImageInfo获取图片的宽度、高度和文件类型信息。代码如下：

```
getinfo:function(){
     console.log("图片信息")
     var that=this;
     wx.getImageInfo({
        src:this.data.images[4],
        complete:(res)=>{
          console.log(res)
          this.setData({
             info:this.format(res)    //图片信息显示到页面
           })
        }
     })
   },

   format(obj){    //返回字符串
     return 'width:'+obj.width+' height:'+obj.height +
        'type:'+obj.type
   }
})
```

视 频

网络请求操作API——获取天气预报信息

6.6 网络请求操作API——获取天气预报信息

天气预报查询小程序，可以查询今天的天气情况、风向、湿度等。上方采用picker省市区选择器方便用户输入查询的城市，用户选择相应城市后，展示出的效果如图6-6所示。

图 6-6　获取天气预报信息

6.6.1　实况天气 API

和风天气 API 为用户提供一个简洁的 Web 接口，用以访问基于位置的天气数据。最长 10 天天气预报数据，包含：最高最低温度、实时温度、风力、风速、风向、相对湿度、大气压强、降水量、降水概率、能见度等数据。

和风天气 API 接口地址是 https://free-api.heweather.net/s6/weather/now，请求示例如下：

```
https://free-api.heweather.net/s6/weather/now?location= 北京 &key=
81512208587f47e091e275e0ed03f353
```

location 参数是城市名称，key 参数是用户认证 key，用户可以从网站 https://console.heweather.com 注册获取用户认证 key。

返回 JSON 数据。例如：

```
{
   "HeWeather6":[{
      "basic":{
         "cid":"CN101010100",
         "location":" 北京 ",
         "parent_city":" 北京 ",
         "admin_area":" 北京 ",
         "cnty":" 中国 ",
         "lat":"39.90498734",          // 经度，纬度
         "lon":"116.4052887",
         "tz":"+8.00"
      },
      "update":{
         "loc":"2020-01-06 16:24",
         "utc":"2020-01-06 08:24"
      },
```

```
        "status":"ok",
        "now":{
            "cloud":"0",                       // 云量
            "cond_code":"100",                 // 实况天气状况代码
            "cond_txt":" 晴 ",                  // 实况天气状况描述
            "fl":"1",                          // 体感温度
            "hum":"30",                        // 相对湿度
            "pcpn":"0.0",                      // 降水量
            "pres":"1024",                     // 大气压强
            "tmp":"4",                         // 温度，默认单位：摄氏度
            "vis":"16",                        // 能见度，默认单位：千米
            "wind_deg":"231",                  // 风向 231 角度
            "wind_dir":" 西南风 ",               // 风向
            "wind_sc":"2",                     // 风力
            "wind_spd":"6"                     // 风速，千米 / 小时
        }
    }]
}
```

6.6.2 服务器域名配置

每一个小程序在与指定域名地址进行网络通信前都必须将该域名地址添加到管理员后台的名单中。

1. 配置流程

小程序开发者登录 mp.weixin.qq.com 进入管理员后台，选择“开发管理”→“开发设置”→“服务器域名”添加或修改需要进行网络通信的服务器域名地址，如图 6-7 所示。

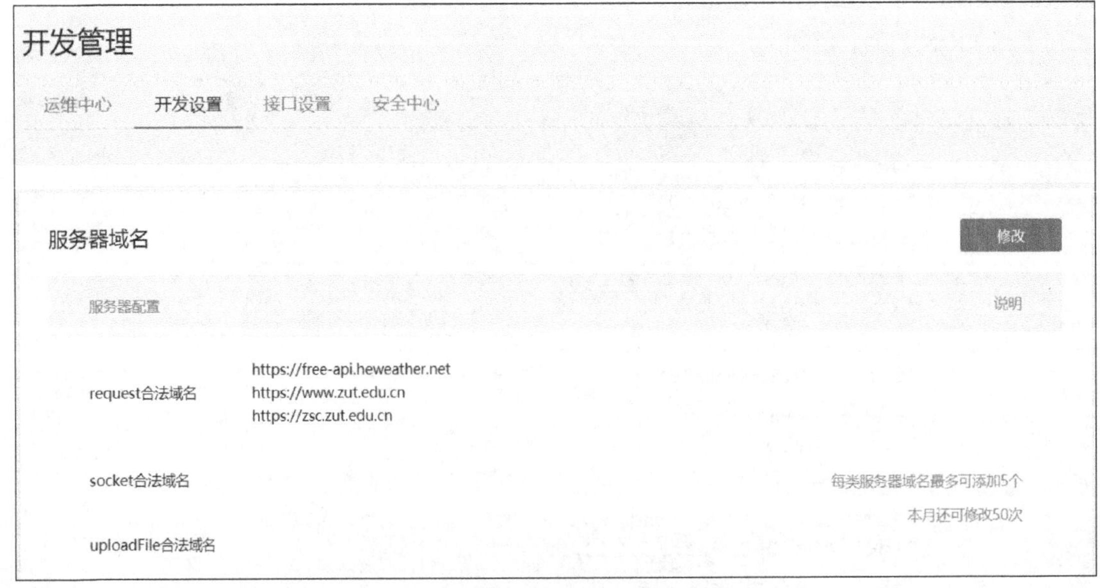

图 6-7　添加网络通信的服务器域名地址

开发者可以填入自己或第三方的服务器域名地址，但配置时需要注意：

（1）域名只支持 https(request、uploadFile、downloadFile) 和 wss 协议。

（2）域名不能使用 IP 地址或 localhost；域名必须经过 ICP 备案。

（3）出于安全考虑，api.weixin.qq.com 不能被配置为服务器域名，相关 API 也不能在小程序内调用。开发者应将 appsecret 保存到后台服务器中，通过服务器使用 appsecret 获取 accesstoken，并调用相关 API；每类接口分别最多可以配置 20 个域名。

配置完之后再登录小程序开发工具就可以测试小程序与指定的服务器域名地址之间的网络通信情况，注意每个月只可以申请修改 5 次。本小程序需要把和风天气域名 https://free-api.heweather.net/s6/weather/now 加入到服务器域名地址中。

2. HTTPS 证书

需要注意的是，小程序必须使用 HTTPS 请求，普通的 HTTP 请求是不能用于正式环境的。判断 HTTPS 请求的依据是小程序内会对服务器域名使用的 HTTPS 证书进行校验，如果校验失败，则请求不能成功发起。

因此，开发者如果选择自己的服务器，需要在服务器上自行安装 HTTPS 证书，选择第三方服务器则需要确保其 HTTPS 证书有效即可。

3. 跳过域名校验

如果开发者暂时无法登记有效域名，可以在开发和测试环节暂时跳过域名校验。具体做法是在微信 Web 开发者工具中单击右上角的“详情”按钮打开浮窗，然后选中“不校验会法域名、web-view（业务域名）、TLS 版本以及 HTTPS 证书”复选框，如图 6-8 所示。

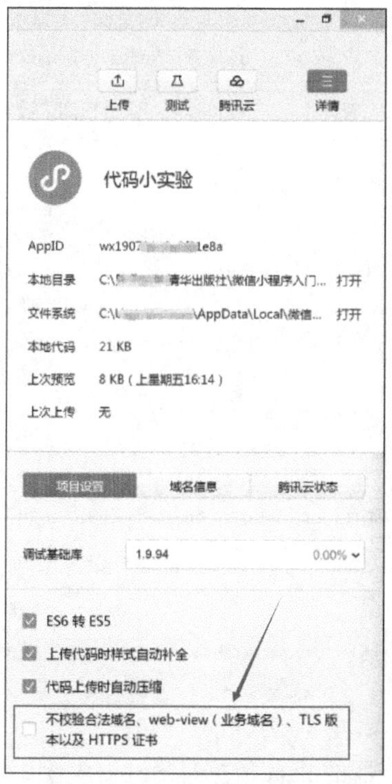

图 6-8　设置跳过域名校验

若开发者条件受限，可以将 PC 端临时部署为模拟服务器进行开发和测试。小程序对服务器端没有软件和语言的限制条件，用户可以根据自己的实际情况选择 Apache、Ngnix、Tomcat 等任意一款服务器软件进行安装部署，并选用 PHP、Node.js、Java EE 等任意一种语言进行后端开发。

6.6.3 服务器域名配置

小程序使用 wx.request(OBJECT) 发起 HTTPS 网络请求，OBJECT 参数及说明如表 6-16 所示。默认超时时间和最大时间都是 60 s，超时时间可以在 app.json 中设置。一个微信小程序同时只能有 5 个网络请求连接。

表 6-16　wx.request 的 OBJECT 参数及说明

参数名	类型	必填	说明
url	String	是	开发者或第三方服务器接口地址
data	Object/String/Array	否	请求的参数
header	Object	否	设置请求的 header，header 中不能设置 Referer（其中 content-type 默认为 'application/json'）
method	String	否	有效值：OPTIONS、GET、HEAD、POST、PUT、DELETE、TRACE、CONNECT（默认值是 GET）
dataType	String	否	默认值为 json。如果设为 json，会尝试对返回的数据做一次 JSON.parse
responseType	String	否	设置响应的数据类型，合法值 text、arraybuffer，默认值为 text
success	Function	否	收到服务器成功返回的回调函数
fail	Function	否	接口调用失败的回调函数
complete	Function	否	接口调用结束的回调函数（调用成功与否都会执行）

下面通过代码演示 wx.request 的使用，示例如下：

```
wx.request({
    url:'http://127.0.0.1:8000/test/',          //本地服务器
    data:{                                       //数据的 key 和 value 由开发者自定义
        name:"xmj"
        y:'456'                                  //这里的数据仅为示例
    },
    method:"POST",                               //请求方法
    header:{                                     //请求头
        "content-type":"application/json"
    },
    success(e){                                  //回调函数
        //e 为后台返回的值
        console.log(e.data)                      //返回的数据
    }
})
```

上述代码中最终发送给服务器的 data 数据是 String 类型，如果传入的 data 是其他类型也会被转换成 String。转换规则如下：

（1）对于 GET 方法的数据，会将数据转换成 query string（key1=value1&key2=value2...）。

（2）对于 POST 方法且 header['content-type'] 为 application/json 的数据，会对数据进行 JSON 序列化。

（3）对于 POST 方法且 header['content-type'] 为 application/x-www-form-urlencoded 的数据，会将数据转换成查询字符串 query string（key1=value1&key2=value2...）。

6.6.4　天气预报小程序设计步骤

1. index.wxml 视图文件

页面内容分成两部分：上部分 <view class="top"> 主要放置一个 picker 组件选择组件，并绑定选择区域 change 事件，同时显示实时温度、图片显示天气晴阴状态；下部分 <view class="bottom"> 显示风向、风速和风力。代码如下：

```
<!--pages/index/index.wxml-->
<view class="root">
   <view class="content">
      <view class="top">
         <picker class="loaction" mode='region' bindchange="changeRegion">
             <view>{{region}}</view>
         </picker>
         <view class="temperature">
            <text>{{now.tmp}}℃ </text>
         </view>
         <view class="state">
            <view class="left">
                <image wx:if='{{now.cond_code}}' src="/images/{{now.cond_code}}.
png" mode="widthFix"></image>
            </view>
            <view class="left">{{now.cond_txt}}</view>
         </view>
      </view>
      <view class="bottom">
         <view class="bottom-left">
             <view class="title">风向 </view>
             <view class="contents">{{now.wind_dir}}</view>
         </view>
         <view class="bottom-left">
             <view class="title">风速 </view>
             <view class="contents">{{now.wind_spd}}Km/h</view>
         </view>
         <view class="bottom-right">
             <view class="title">风力 </view>
           <view class="contents">{{now.wind_sc}} 级 </view>
           </view>
        </view>
    </view>
</view>
```

2. index.wxss 样式文件

样式文件控制风向、风速和风力显示效果。主要代码如下：

```
.bottom{
    padding:20rpx;
    display:flex;
    flex-direction:row;
    border-top:solid 1rpx white;
    border-radius:10%;
    border-bottom:solid 1rpx white;
}

.bottom-left{
    flex:3;
    display:flex;
    flex-direction:column;
    padding:20rpx;
    justify-content:center;
    align-items:center;
    /* justify-content:space-around; */
    border-right:solid 1rpx white;
}
.title{
    padding:0rpx 0rpx 20rpx 0rpx;
    justify-content:center;
    align-items:center;
}
.contents{
    font-size:50rpx;
    font-weight:400;
    display:flex;
    justify-content:center;
    align-items:center;
}
.bottom-right{
    flex:3;
    display:flex;
    flex-direction:column;
    padding:20rpx;
    justify-content:center;
    align-items:center;
}
```

3. index.js 脚本文件

初始化数据 data 中 region 存储从 picker 获取的城市地域信息，初始值为郑州，从而进入页面时显示郑州天气。代码如下：

```
// pages/index/index.js
Page({
    data:{
```

```
        region:[ '河南省','郑州市','中原区'],   //存储从picker获取的城市地域信息
        now:""
    },
```

changeRegion(e) 是 picker 选择器选取城市的事件代码。选取城市后修改 data 中 region，然后调用 this.getWeather() 更新天气信息。

```
changeRegion:function(e){
    this.setData({
        region:e.detail.value    //选择地区结果是数组[省、市、区]
    })
    this.getWeather();           //更新天气
},
```

getWeather() 向 https://free-api.heweather.net/s6/weather 发起网络请求，获取返回的 JSON 数据 res.data。

```
getWeather:function(){
    var that=this;
    wx.request({
        url:'https://free-api.heweather.net/s6/weather/now?',
        data:{
            location:that.data.region[1],
            key:'81512208587f47e091e275e0ed03f353'
        },
        success:function(res){
            console.log(res.data)
            that.setData({now:res.data.HeWeather6[0].now})
        }
     })
},
```

显示页面时更新天气信息。代码如下：

```
    onShow:function(){
        this.getWeather();              //更新天气
        console.log('开始')
    }
})
```

6.7　文件 API——本地文件管理

6.7.1　保存文件到本地

小程序使用 wx.saveFile(OBJECT) 保存文件到本地，关闭微信小程序再次启动也依然可以获取此文件，类似数据缓存一样。注意，saveFile 会把临时文件移动，因此调用成功后传入的 tempFilePath 将不可用。其参数及说明如表 6-17 所示。

表 6-17　wx.saveFile(OBJECT) 参数及说明

参　数	类　型	必　填	说　明
tempFilePath	String	是	需要保存的文件的临时路径
success	Function	否	返回文件的保存路径，res={savedFilePath:' 文件的保存路径 '}
fail	Function	否	接口调用失败的回调函数
complete	Function	否	接口调用结束的回调函数（调用成功与否都执行）

例 6-1 小程序文件 API 保存文件的简单应用，效果如图 6-9 所示。

图 6-9　保存文件

1. index.wxml 视图文件

```
<!--index.wxml-->
<view class='title'>1. 保存文件的简单应用 </view>
<view class='demo-box'>
   <view class='title'>(1) 下载文件 </view>
   <button type="primary" bindtap="downloadFile"> 下载文件 </button>
   <image wx:if='{{src}}' src='{{src}}' mode='widthFix'></image>
</view>
<view class='demo-box'>
   <view class='title'>(2) 保存文件 </view>
   <button type="primary" bindtap="saveFile"> 保存文件 </button>
</view>
```

2. index.js 脚本文件

这里调用 wx.downloadFile() 下载指定服务器上的文件（例如 'https://zsc.zut.edu.cn/images/18/06/20/16t9idwv0y/banner3.jpg'）到本地。服务器返回的是文件的本地临时路径。代码如下：

```
Page({
   data:{
```

```
        src:'' //图片临时地址
    },
    //下载文件
    downloadFile:function(){
        var that=this
        wx.downloadFile({
            url:'https://zsc.zut.edu.cn/images/18/06/20/16t9idwv0y/banner3.jpg',
            success:function(res){
                if(res.statusCode === 200){     //HTTP 状态码 200，表示成功下载
                    that.setData({
                        src:res.tempFilePath                //返回下载的文件本地临时路径
                    })
                }
            }
        })
    },
```

调用 wx. saveFile() 将临时路径文件真正保存到本机。代码如下：

```
//保存文件
saveFile:function(){
    var that=this
    let src=this.data.src
    if(src==''){
        wx.showToast({
            title:'请先下载文件！',
            icon:'none'
        })
    }else {
        wx.saveFile({
            tempFilePath:src,
            success:function(res){
                console.log('文件被保存到：'+res.savedFilePath)
                wx.showToast({
                    title:'保存成功！'
                })
            }
        })
    }
},
})
```

下载后，单击“保存文件”按钮将图片存到本机，控制台输出如下：

文件被保存到 http://store/wx6b4e66550c8698ef.o6zAJs6kcvg6Nxl0nZjx2QmVXOec.nt4OT-Gh3nvNK474a049926cdf78fc0a9deb8fd42e0b5.jpg。

6.7.2　获取本地文件信息

小程序使用 wx.getFileInfo(OBJECT) 获取本地文件信息，OBJECT 参数及说明如表 6-18 所示。

表 6-18　wx.getFileInfo 的 OBJECT 参数及说明

参 数 名	类　型	必　填	说　明
filePath	String	是	本地文件路径
digestAlgorithm	String	否	计算文件摘要的算法，默认值 md5，有效值 md5、sha1
success	Function	否	接口调用成功的回调函数
fail	Function	否	接口调用失败的回调函数
complete	Function	否	接口调用结束的回调函数（调用成功与否都执行）

获取保存的文件信息。示例代码如下：

```
wx.getFileInfo({
  filePath:FilePath,                //指定本地文件路径
  success:function(res){
    console.log('文件信息：', res)
    console.log('文件大小：'+res.size+'字节。')
  }
})
```

注意：

wx.getFileInfo(OBJECT) 和 wx.getSavedFileInfo(OBJECT) 区别，前者是获取本地临时文件信息，后者 wx.getSavedFileInfo(OBJECT) 获取本地已保存的文件信息。

6.7.3　获取本地文件列表

小程序使用 wx.getSavedFileList(OBJECT) 获取本地已保存的文件列表。

获取本地文件列表示例代码如下：

```
wx.getSavedFileList({
  success:function(res){
    console.log(res.fileList)     //返回文件列表
  }
})
```

6.7.4　删除本地文件

小程序使用 wx.removeSavedFile(OBJECT) 删除本地已保存的文件。向 wx.removeSavedFile(OBJECT) 传入要删除的文件路径，就可以把文件从本地删去。代码如下：

```
//删除本地文件
wx.removeSavedFile({
  filePath:savedFilePath,           //传入要删除的文件路径
  success:function(res){
    console.log('提示：文件已被删除')
  }
})
```

6.7.5　打开本地文件

小程序使用 wx.openDocument(OBJECT) 新开页面打开文档，支持格式：doc、xls、ppt、pdf、docx、xlsx、pptx。传入要打开本地文件路径，就可以把文件打开浏览其内容。

打开下载到本地文件的示例代码如下：

```
wx.downloadFile({
   url:'http://example.com/somefile.pdf',    //改成真实的文件网址
   success:function(res){
      var filePath=res.tempFilePath
      wx.openDocument({
         filePath:filePath,
         success:function(res){
            console.log('打开文档成功')
         }
      })
   }
})
```

6.8　其他 API

6.8.1　交互 API

1. Toast 消息提示框

Toast 用于临时显示某些消息，并且在数秒后自动消失，给出成功或者失败的信息提示。小程序使用 wx.showToast(OBJECT) 显示 Toast 消息提示框，OBJECT 参数及说明如表 6-19 所示。

表 6-19　wx.showToast 的 OBJECT 参数及说明

参　数	类　型	必　填	说　明
title	String	是	提示的内容，title 文本最多显示 7 个汉字长度
icon	String	否	图标，有效值 "success"、"loading"、"none"，"success" 是 icon 默认值，用于显示成功图标，loading 显示加载图标，none 不显示图标，此时 title 文本最多可显示两行
image	String	否	自定义图标的本地路径，image 的优先级高于 icon（最低版本 1.1.0）
duration	Number	否	提示的延迟时间，单位 ms，默认 1500
mask	Boolean	否	是否显示透明蒙层，防止触摸穿透，默认 false
success	Function	否	接口调用成功的回调函数
fail	Function	否	接口调用失败的回调函数
complete	Function	否	接口调用结束的回调函数（调用成功与否都会执行）

wx.showToast(OBJECT) 示例代码如下：

```
wx.showToast({
   title:'成功',                //提示文字
   icon:'success',              //图标，支持"success"、"loading"
   duration:2000                //显示时长，2 000 ms
})
```

上述代码表示显示带有“成功”字样和对勾（√）success 图标的消息提示框，该框出现 2 s。运行结果如图 6-10 所示。

图 6-10　Toast 消息提示

2. 显示加载提示框

实际开发中，很多操作需要等待一段时间才能出现结果，如拆线某个商品、上传图片等。为了提升用户体验，可以在这些操作执行后显示 Loading 的状态，表示任务正在执行中，待结果出现后再隐藏 Loading 的状态。小程序使用 wx.showLoading(OBJECT) 显示加载提示框，OBJECT 参数及说明如表 6-20 所示。

表 6-20　wx. showLoading 的 OBJECT 参数及说明

参　数	类　型	必　填	说　明
title	String	是	提示的内容
mask	Boolean	否	是否显示透明蒙层，防止触摸穿透，默认 false
success	Function	否	接口调用成功的回调函数
fail	Function	否	接口调用失败的回调函数
complete	Function	否	接口调用结束的回调函数（调用成功与否都执行）

注意：

这种提示框不会自动消失，需要主动调用 wx.hideLoading() 才能关闭加载提示框。

```
wx.showLoading({
   title:'游戏图片加载中'          //提示文字
})
setTimeout(function(){
   wx.hideLoading()               //关闭加载提示框
}, 2000)
```

上述代码表示在 2 s 后关闭加载提示框，运行结果如图 6-11 所示。

图 6-11　显示加载提示框

3. 显示模态对话框

模态对话框用来显示一段提示文字，询问用户获得用户的确认。例如，删除图片时，可以先给用户一个提示，询问用户是否确定删除，防止用户误操作。小程序使用 wx.showModal (OBJECT)

显示加载提示框，OBJECT 参数及说明如表 6-21 所示。

表 6-21　wx..showModal() 的 OBJECT 参数及说明

参　数	类　型	必　填	说　明
title	String	是	提示的标题
content	String	是	提示的内容
showCancel	Boolean	否	是否显示取消按钮，默认为 true
cancelText	String	否	取消按钮的文字，默认为“取消”，最多 4 个字符
cancelColor	HexColor	否	取消按钮的文字颜色，默认为 #000000
confirmText	String	否	确定按钮的文字，默认为“确定”，最多 4 个字符
confirmColor	HexColor	否	确定按钮的文字颜色，默认为 #3CC51F
success	Function	否	接口调用成功的回调函数
fail	Function	否	接口调用失败的回调函数
complete	Function	否	接口调用结束的回调函数（调用成功与否都会执行）

success 回调函数里返回的参数也是一个 Object 对象，包含 confirm 和 cancel 属性。如果用户单击了“确定”按钮，则 confirm 属性为 true；如果用户单击了“取消”按钮，则 cancel 属性为 true。示例代码如下：

```
wx.showModal({
    title:'删除图片',
    content:'确定要删除该图片？',
    showCancel:true,             //是否显示“取消”按钮
    cancelText:"否",             //默认是“取消”
    cancelColor:'skyblue',       //取消文字的颜色
    confirmText:"是",            //默认是“确定”
    confirmColor:'skyblue',      //确定文字的颜色
    success:function(res){
        if(res.cancel){
            //点击取消，默认隐藏弹框
        }else {
            //点击确定
            console.log('确定要删除该图片')
        }
    },
    fail:function(res){ },       //接口调用失败的回调函数
    complete:function(res){ },  //接口调用结束的回调函数（调用成功、失败都会执行）
})
```

程序运行结果如图 6-12 所示。

4. 操作菜单 ActionSheet

ActionSheet 操作菜单从底部浮出的可选的操作菜单项，用于显示一些列可交互的动作集合，包括跳转、说明等。小程序使用 wx.showActionSheet(OBJECT) 显示加载提示框，OBJECT 参数及说明如表 6-22 所示。

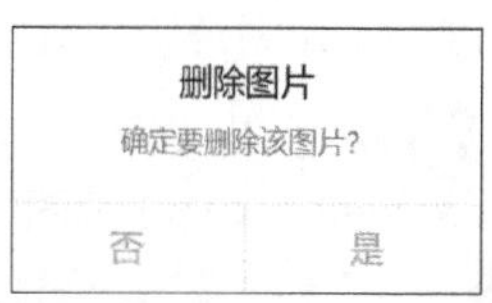

图 6-12　显示模态对话框

表 6-22 wx.showActionSheet() 的 OBJECT 参数及说明

参 数	类 型	必 填	说 明
itemList	String Array	是	按钮选项的文字数组，数组长度最大为 6 个
itemColor	HexColor	否	按钮选项的文字颜色，默认为 #000000
success	Function	否	接口调用成功的回调函数，详见返回参数说明
fail	Function	否	接口调用失败的回调函数
complete	Function	否	接口调用结束的回调函数（调用成功与否都执行）

success 回调函数里返回的参数也是一个 Object 对象，其 tapIndex 属性是用户单击菜单项的序号，序号是从上到下的顺序，从 0 开始。

示例代码如下：

```
bind2:function(){
    wx.showActionSheet({
        itemList:['操作A', '操作B', '操作C'],
        success:function(res){
            console.log(res.tapIndex)
            if(res.tapIndex==0)
              wx.navigateTo({url:'/pages/0/page0'})
            else if(res.tapIndex==1)
              wx.navigateTo({ url:'/pages/1/page1' })
            else if(res.tapIndex==2)
              wx.navigateTo({ url:'/pages/2/page2' })
        },
        fail:function(res){
            console.log(res.errMsg)
        }
    })
},
```

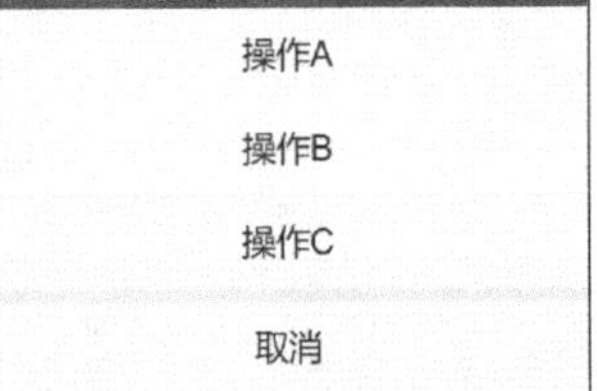

图 6-13 显示模态对话框

程序运行结果如图 6-13 所示。当用户选择“操作 A”选项则跳转到 page0 页面，其余类似。其中跳转新页面的 wx.navigateTo({url:'/pages/0/page0'}) API 保留当前页面，并在当前页面上方打开应用内指定的新页面 page0。这种打开方式可以单击新页面左上角的返回按钮或使用 wx.navigateBack() 函数返回到原页面。

6.8.2 设备 API

1. 获取系统信息

在微信小程序开发中，经常需要获取手机系统相关信息，如手机屏幕宽度和高度、状态栏的高度、操作系统版本等。wx.getSystemInfo(OBJECT) 是微信小程序获取系统信息的 API。

例 6-2 获取设备系统信息。

（1）index.wxml 视图文件。

```
<!--index.wxml-->
<view class="container">
    <button bindtap='getInfo'>获取系统信息</button>
```

```
    <view wx:if="{{model !=''}}">
        <view>手机型号：{{model}}</view>
        <view>设备像素比：{{pixelRatio}}</view>
        <view>窗口宽度：{{windowWidth}}</view>
        <view>窗口高度：{{windowHeight}}</view>
        <view>微信设置的语言：{{language}}</view>
        <view>微信版本号：{{version}}</view>
        <view>操作系统版本：{{system}}</view>
        <view>客户端平台：{{platform}}</view>
    </view>
</view>
```

（2）index.js 脚本文件。

```
Page({
    onLoad:function(){
    },
    getInfo:function(){
      var that=this;
      wx.getSystemInfo({
        success:function(res){
          that.setData({
            model:res.model,
            pixelRatio:res.pixelRatio,
            windowWidth:res.windowWidth,
            windowHeight:res.windowHeight,
            language:res.language,
            version:res.version,
            system:res.system,
            platform:res.platform
          })
        },
      })
    }
})
```

程序运行结果如图 6-14 所示。

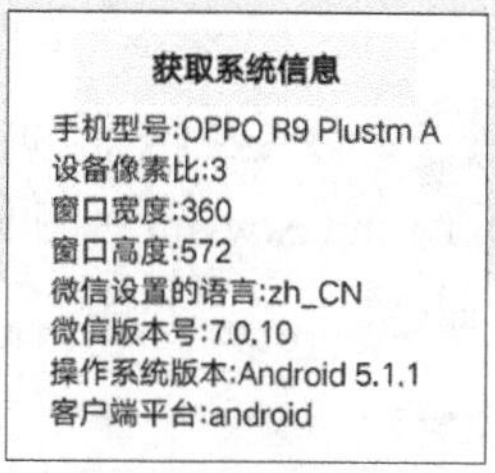

获取系统信息

手机型号:OPPO R9 Plustm A
设备像素比:3
窗口宽度:360
窗口高度:572
微信设置的语言:zh_CN
微信版本号:7.0.10
操作系统版本:Android 5.1.1
客户端平台:android

图 6-14　获取设备系统信息

2. 拨打电话和扫码

小程序使用 wx.makePhoneCall(OBJECT) 向指定的号码拨打电话，其 OBJECT 参数及说明如表 6-23 所示。

表 6-23　wx.makePhoneCall 的 OBJECT 参数及说明

参　数	类　型	必　填	说　明
phoneNumber	String	是	需要拨打的电话号码
success	Function	否	接口调用成功的回调函数
fail	Function	否	接口调用失败的回调函数
complete	Function	否	接口调用结束的回调函数（调用成功与否都执行）

拨打电话的示例代码如下：

```
wx.makePhoneCall({
    phoneNumber:'13800001234' //仅为示例，可替换为真实的电话号码
})
```

小程序使用 wx.scanCode(OBJECT) 调出客户端扫码界面，扫码成功后返回对应的结果。其 OBJECT 参数及说明如表 6-24 所示。

表 6-24　wx. scanCode 的 OBJECT 参数及说明

参　数	类　型	必　填	说　明
onlyFromCamera	Boolean	否	是否只能从照相机扫码，不允许从相册选择图片（最低版本 1.2.0）
scanType	Array	否	扫码类型（最低版本 1.7.0），数组参数可选值有：'qrCode'（二维码）、'barCode'（条形码）、'datamatrix'（DataMatrix）、'pdf417'（pdf417）
fail	Function	否	接口调用失败的回调函数
complete	Function	否	接口调用结束的回调函数（调用成功与否都执行）
success	Function	否	接口调用成功的回调

Success 回调函数的 result 参数是所扫码内容，scanType 是扫码类型，charSet 是所扫码字符集。扫码示例代码如下：

```
tapName:function(event){   //扫一扫
    wx.scanCode({
        success:(res)=>{
            console.log(res);
        }
    })
}
```

例 6-3 拨打电话和扫码应用。

（1）index.wxml 视图文件。

```
<!--pages/index/index.wxml-->
<view class='box'>
    <view class='title'>扫码与打电话</view>
    <button type='primary' bindtap='scanCode'>开始扫码</button>
    <view class='txtLayout'>
        <text>字符集：{{resCode.charSet}}</text>
        <text>扫码类型：{{resCode.scanType}}</text>
        <text>扫码结果：{{resCode.result}}</text>
    </view>
    <view class='txtLayout'>
        <input placeholder='请输入联系人电话' bindblur='inputPhone' type=
'number'></input>
    </view>
    <button type='primary' bindtap='makeCall' style='width:45%'>拨打电话</button>
```

```
</view>
```

（2）index.wxss 样式文件。

```
/* pages/index/index.wxss */
.txtLayout {   /*text 组件布局 */
   display:flex;
   flex-direction:column;
   margin:20rpx 0rpx;
   border:1px solid burlywood;
   padding:10rpx;
}
text {
   margin:10rpx 0;
}
input {     /* 输入框组件样式 */
   margin:20rpx 0;
   border-bottom:1px solid blue;
}
```

（3）index.js 脚本文件

```
Page({
   phone:'',                                    // 联系人电话
   scanCode:function(){
      var that=this;
      wx.scanCode({                             // 调用扫码 API 函数
         onlyFromCamera:false,                  // 通过摄像头和调用相册图片都可以进行扫码
         scanType:[],                           // 不指定码的类型
         success:function(res){
            that.setData({
               resCode:res                      // 获取扫码结果
            })
         },
      })
   },
   inputPhone:function(e){
      this.phone=e.detail.value;                // 获取联系人电话
   },
   makeCall:function(){
      let phone=this.phone;
      wx.makePhoneCall({                        // 调用打电话 API 函数
         phoneNumber:phone
      })
   },
})
```

程序运行结果如图 6-15 所示。

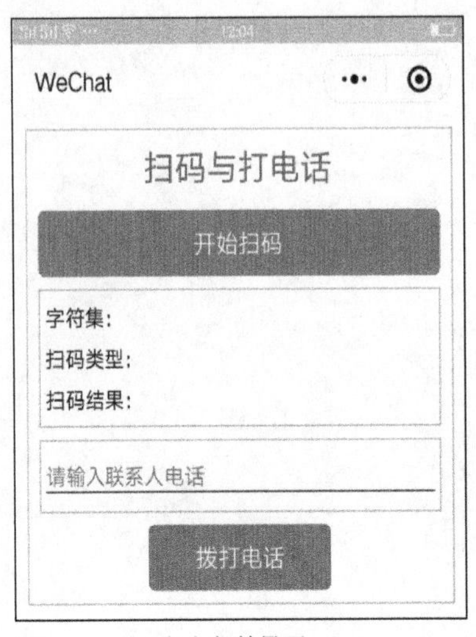

（a）初始界面

（b）拨打电话和扫码后

图 6-15　拨打电话和扫码

6.8.3　账号 API

1. 获取用户信息

在微信小程序开发中，经常需要获得用户信息，如用户昵称、性别、地区等信息。

获取用户信息的流程是：首先使用 wx.getSetting 查询用户当前的设置，是否获得授权，如果获得用户授权，再调用 wx.getUserInfo 获取用户信息。

wx.getSetting 会返回一个 Object，包含用户授权结果。

```
// 获取用户信息
wx.getSetting({
   success:function(res){
      if(res.authSetting['scope.userInfo']){
         // 已经授权，可以直接调用 getUserInfo 获取头像昵称，
         wx.getUserInfo({
            success:function(res){
               // 全局数据
               this.globalData.userInfo=res.userInfo
            }
         })
      }
   }
})
```

可以看到，wx.getSetting 的 success 回调函数得到一个用户设置对象，这个对象中，res.authSetting 就是用户的授权结果。例如，想要知道是否已取得用户信息的授权，那么就是 res.authSetting['scope.userInfo']，如果为 true，就取得获取用户信息的授权。res.authSetting['scope.userLocation'] 如果为 true 则获取用户地理位置的授权。

必须是在用户已经授权的情况下调用，调用 wx.getUserInfo() 获取个人性别、昵称等。示例

代码如下：

```
wx.getUserInfo({
    success(res){
        const userInfo=res.userInfo
        const nickName=userInfo.nickName        //昵称
        const avatarUrl=userInfo.avatarUrl      //头像
        const gender=userInfo.gender            //性别 0：未知、1：男、2：女
        const province=userInfo.province        //省份
        const city=userInfo.city                //城市
        const country=userInfo.country          //县区
    }
})
```

2. 用户登录

用户允许登录后，wx.login(OBJECT) 调用接口获取登录凭证（code）进而换取用户登录态信息，包括用户的唯一标识（openid）及本次登录的会话密钥（session_key）。用户数据的加解密通信需要依赖会话密钥完成。代码如下：

```
// 登录
wx.login({
success:res=>{
    // 发送 res.code 到后台换取 openId, sessionKey, unionId
}
})
```

例 6-4 登录前后台实现。

（1）index.wxml 视图文件，index.wxml 中一个 button 用于发起登录。

```
<!--index.wxml-->
<button bindtap='login'>登录</button>
```

（2）index.js 脚本文件，通过 wx.login() 来获取 code，如果成功获取，那么返回 code。然后，调用 wx.request() 向服务端发起一个请求，即向登录 api 接口（https://api.weixin.qq.com/sns/jscode2session?appid=APPID&secret=SECRET&js_code=JSCODE&grant_type=authorization_code）发送登录凭证 code，换取 openid 和 session_key。代码如下：

```
//获取应用实例
const app=getApp()
Page({
    data:{
    },
    //登录获取 code
    login:function(){
        wx.login({
            success:function(res){
                console.log(res.code)
                //发送请求
                wx.request({
                    url:'test.php', //接口地址
```

```
                data:{code:res.code},
                header:{
                  'content-type':'application/json' //默认值
                },
                success:function(res){
                   console.log(res.data)
                }
             })
          }
       })
    }
})
```

后台服务器代码：

```
<?php
//声明CODE，获取小程序传过来的CODE
$code=$_GET["code"];
//配置appid
$appid="修改成你小程序的APPID";
//配置appscret
$secret="修改成你小程序的APPSECRET";
//登录api接口
$api="https://api.weixin.qq.com/sns/jscode2session?appid={$appid}&secret
={$secret}&js_code={$code}&grant_type=authorization_code";
//获取GET请求
function httpGet($url){
   $curl=curl_init();
   curl_setopt($curl,CURLOPT_RETURNTRANSFER,true);
   curl_setopt($curl,CURLOPT_TIMEOUT, 500);
   curl_setopt($curl,CURLOPT_SSL_VERIFYPEER,true);
   curl_setopt($curl,CURLOPT_SSL_VERIFYHOST,true);
   curl_setopt($curl,CURLOPT_URL, $url);
   $res=curl_exec($curl);
   curl_close($curl);
   return $res;
}
//发送
$str=httpGet($api);
echo $str;
?>
```

把服务端代码上传到服务器，然后就可以在控制台打印出 openid 和 session_key。

6.8.4 页面跳转 API

1. 跳转新页面

小程序使用 wx.navigateTo(OBJECT) 保留当前页面，并在当前页面上方打开应用内指定的新页面。这种打开方式可以点击新页面左上角的返回按钮或使用 wx.navigateBack 接口返回到原页面。其 OBJECT 参数及说明如表 6-25 所示。

表 6-25　wx.navigateTo 的 OBJECT 参数及说明

参　数	类　型	必　填	说　明
url	String	是	需要跳转的应用内非 tabBar 的页面的路径，路径后可以带参数。参数与路径之间使用“?”分隔，参数键与参数值用“=”相连，多个参数用“&”分隔；如 'path?key= value&key2=value2&…keyN=valueN'
success	Function	否	接口调用成功的回调函数
fail	Function	否	接口调用失败的回调函数
complete	Function	否	接口调用结束的回调函数（调用成功与否都会执行）

wx.navigateTo(OBJECT) 示例代码如下：

```
wx.navigateTo({
    //跳转页面的路径，可带参数 ，用 ? 隔开，不同参数用 & 分隔
    url:'/pages/mypages/test?id=9901&page=4'
    success:function(){}                        //成功后的回调
    fail:function(){}                           //失败后的回调
    complete:function(){}                       //结束后的回调（成功，失败都执行）
})
```

上述代码表示跳转到 test 页面，并且携带参数 id=9901。

在跳转到的 test 页面可以通过 onLoad() 函数获得参数值。代码如下：

```
Page({
    onLoad:function(option){
        console.log(option.id)              //打印输出 9901
        this.setData({
            id:option.id
        )};
    }
})
```

2. 返回指定页面

小程序使用 wx.navigateBack(OBJECT) 关闭当前页面，返回上一页面或多级页面。其中，参数 delta 是返回的页面数，如果 delta 大于现有页面数，则返回到首页。

例如，如果返回上一页，则在 test 页面绑定返回函数。

```
<view class="but" bindtap="fanhui">返回</view>
```

在 test 页面的 JS 中调用 wx.navigateBack 返回。

```
fanhui:function(){
    wx.navigateBack(({
        delta:1                             //如果是 1 则返回上一页
    }));
},
```

3. 当前页面重定向

小程序使用 wx.redirectTo(OBJECT) 关闭当前页面内容，重定向到应用内的某个页面。用法

同 wx.navigateTo(OBJECT)。例如：

```
wx.redirectTo({
   url:'/pages/mypages/test?id=9901&page=4'
})
```

上述代码与 navigateTo 用法类似，只不过此时无法返回打开前的原页面。

4. 切换 tabBar 页面

wx.switchTab(OBJECT) 跳转到 tabBar 的某个页面，并关闭其他页面。

```
wx.switchTab({
   url:'../taste/index?id=1',   //注意 switchTab 只能跳转到 tab 页面，不能跳转
                                //到不带 tab 的页面
})
```

使用小程序提供的 tab 选项卡来实现页面和页面之间的切换。需要注意的是，用户不需要自己编写代码实现 tab 选项卡，小程序提供了现成的 tab 选项卡，只需要在 app.json 中配置一些参数即可实现 tab 选项卡的效果。tab 选项卡的配置是通过 app.json 文件中的 tabBar 属性来实现的。

注意：

使用 switchTab(OBJECT) 必须确保切换的页面是在 app.json 的 tabBar 属性中声明过的页面。

习　题

1. 编写一个“待办事项”小程序。使用 input 组件输入新的任务，单击添加按钮加入到任务列表。每项任务后都有“删除”按钮，单击“删除”按钮删除此项任务。要求把任务保存在本地缓存中，下次打开小程序仍然可以看到之前的任务。

2. 设计首页和 3 个内容页面，在首页有 3 个导航条实现跳转到相应内容页面。

3. 创建考勤页面，需要输入用户名、性别、位置和头像等信息。其中，用户名需要手动输入，地址从地图选取获得，头像从相册选取或者拍照获取。运行效果如图 6-16 所示。

图 6-16　考勤页面

第 7 章 微信小程序云开发

移动应用已经成为未来软件发展的方向，传统的开发模式不仅开发周期长、部署烦琐，而且开发成本较高。小程序云开发是一种新的软件开发模式，它弱化了后端以及运维的概念，开发者无须搭建服务器，使用微信平台提供的 API 即可完成核心的业务开发。开发者只需要使用云调用即可实现和调用服务器端资源一样调用云端资源。本章主要讲解微信小程序云开发技术，通过本章学习，学生可掌握云开发控制台对云函数、云存储和云数据库的操作，以及掌握云数据库操作权限问题。

7.1 云开发简介

视 频

云开发简介

7.1.1 小程序新旧模式对比

目前，微信小程序非常流行，许多应用产品都用小程序来实现，小程序开发模式和工具越来越成熟，功能越来越强大，性能方面也越做越好。但传统的微信小程序开发，和原生 App 或者 HTML5 开发相比，只是改变了前端部分的开发方式，还是离不开厚重的后台开发。现在的小程序，在后台服务方面，正在往 serverless 趋势方向发力。小程序提供了云厂商的无服务器函数 SCF，使得小程序无需搭建一个后台服务即可运行。图 7-1 所示为小程序传统模式和云开发模式对比。

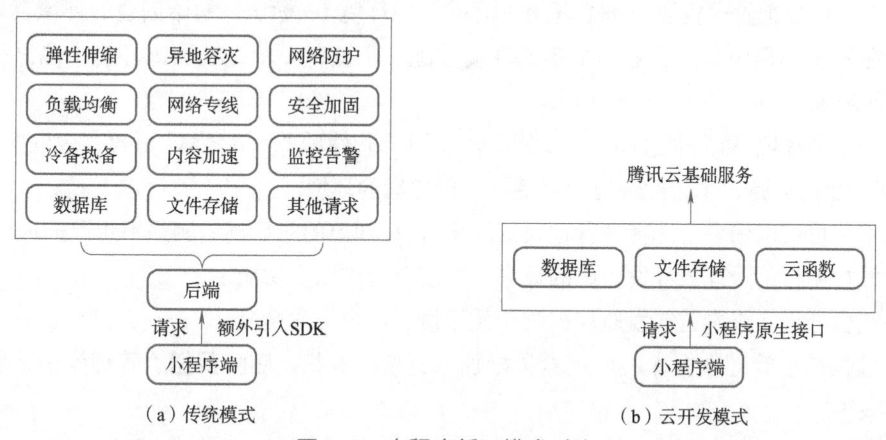

图 7-1　小程序新旧模式对比

从图 7-1 可以看出，小程序传统模式不仅要进行小程序端开发，还要考虑服务器部署与运维、网络安全和网络负载平衡、数据存储和网络合法请求等问题。小程序云开发只需要熟悉小程序原生接口，就可以访问云服务器的一些基本操作，如数据库操作、文件存储和执行服务器上的云函数。

简单总结小程序云开发的主要优点是开发简单，几乎不需要进行服务器部署，域名不需要备案，访问的网络也不一定非要支持 HTTPS，适合中小型企业，开发成本较低。

7.1.2 开通云开发功能

首次使用小程序云开发，需要先开通云开发服务。在开发者工具栏左侧，点击“云开发”按钮即可打开云控制台，根据提示开通云开发，弹出创建云环境界面，如图 7-2 所示。

在“环境名称”文本框填写云开发环境名称，会自动在“环境 ID”文本框中产生环境 ID 编号，也可以在此输入框中输入自定义编号，单击“确定”按钮即可开通云开发平台，并打开云开发控制台界面，如图 7-3 所示。

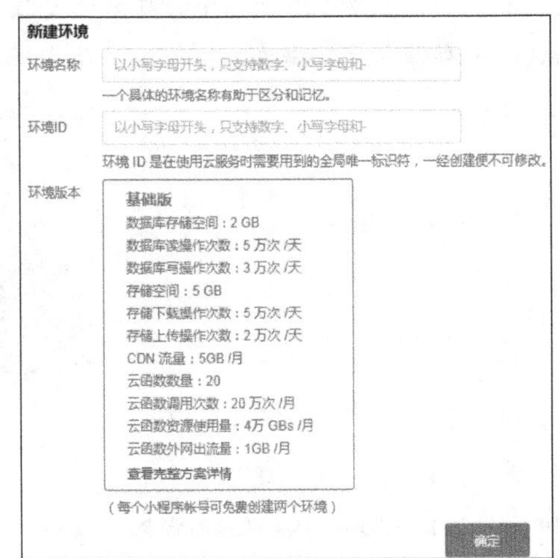

图 7-2　新建环境

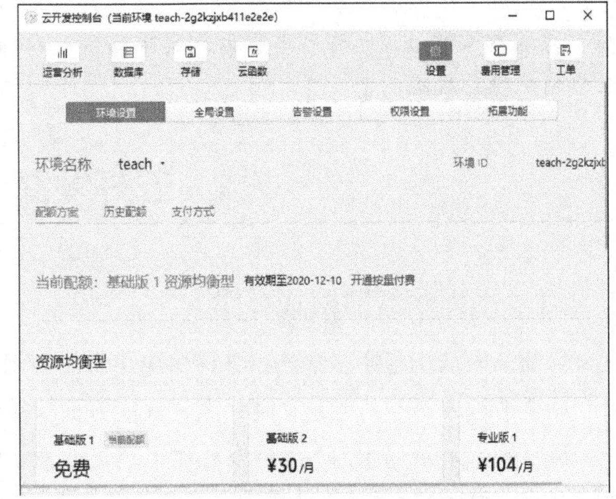

图 7-3　云开发控制台

默认配额下可以创建两个环境，各个环境相互隔离，每个环境都包含独立的数据库实例、存储空间、云函数配置等资源。每个环境都有唯一的环境 ID 标识，初始创建的环境自动成为默认环境。在开发小程序时，一般一个正式环境搭配一个测试环境，在测试环境中测试完成后再应用到正式环境。

创建另一个环境，可以通过图 7-3 所示“设置”按钮，然后“环境名称”下拉列表框中选择“创建新环境”，也可以弹出“新建环境”对话框，创建新的环境。

环境不用也可以销毁，选择“管理我的环境”，在弹出的对话框中删除不想要的环境。

云开发控制台是管理云开发资源的地方，控制台提供以下功能：

（1）运营分析：查看云开发监控、配额使用量、用户访问情况。

（2）数据库：管理数据库，可查看、增加、更新、查找、删除数据、管理索引、管理数据库访问权限等。

（3）存储管理：查看和管理存储空间，修改文件的存储权限等。

（4）云函数：查看云函数列表、配置、日志。

7.1.3 建立云程序

小程序云开发必须注册 AppID，测试账号没有云开发的功能。打开小程序开发工具，选择新建项目，弹出如图 7-4 所示的新建项目窗口。

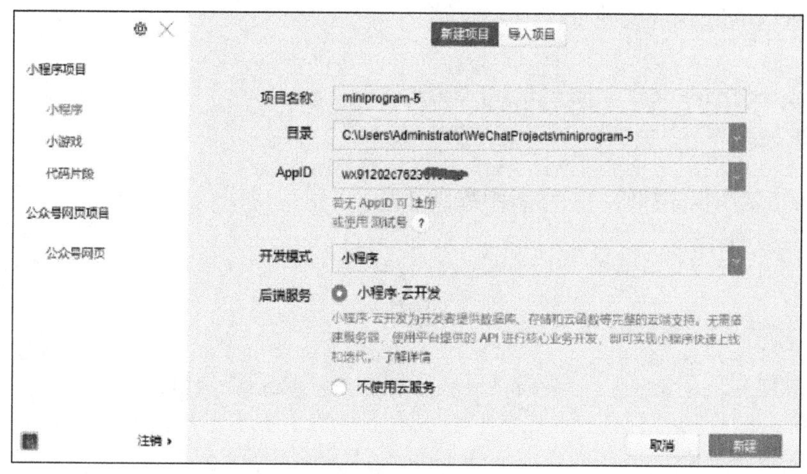

图 7-4　新建项目

输入项目名称、目录和 AppID，后端服务选择“小程序 - 云开发”，单击“新建”按钮，系统会根据小程序云开发模板创建一个云程序，如图 7-5 所示。

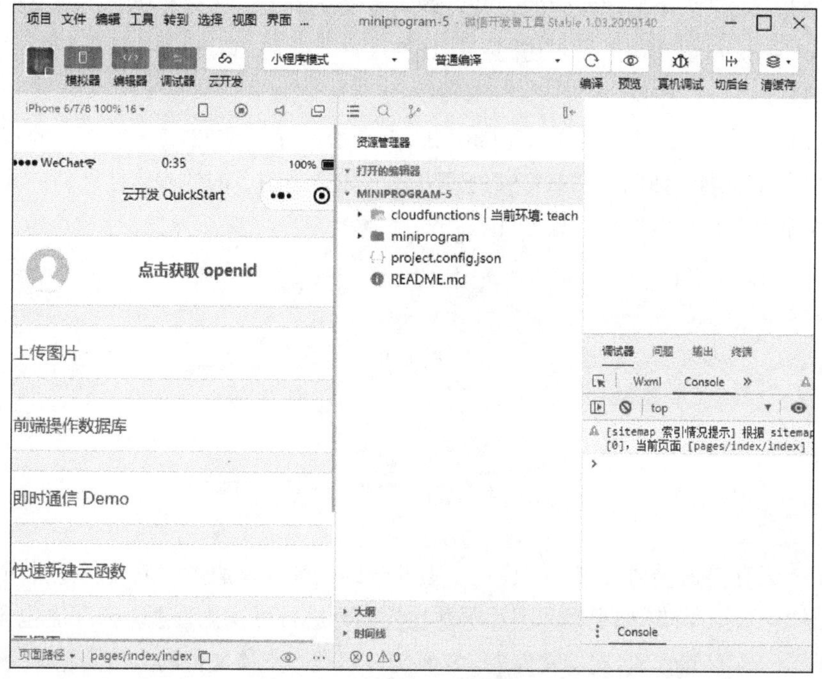

图 7-5　小程序项目编辑窗口

根据云开发模板创建的小程序会带有一些示例，让开发者了解云开发相关功能和API使用方法，帮助快速了解云开发技术。图7-5项目目录结构含有miniprogram和cloudfunctions两个文件夹，minprogram文件夹存放的是与普通小程序开发相同的资源和业务代码，cloudfunctions文件夹存放的是可以上传到小程序云端的代码，也就是云函数。

对比普通小程序，云开发多了以下设置：

（1）project.config.json文件：

```
{
   "miniprogramRoot":"miniprogram/",
   "cloudfunctionRoot":"cloudfunctions/",
}
```

上述代码指定小程序源码目录和云函数目录。

（2）app.js文件：

```
App({
   onLaunch:function(){
      if(!wx.cloud){
        console.error('请使用 2.2.3 或以上的基础库以使用云能力')
      }else{
        wx.cloud.init({
           env:'my-env-id',
           traceUser:true,
        })
}}})
```

env参数决定接下来小程序发起的云开发调用（wx.cloud.×××）会默认请求到哪个云环境的资源。traceUser:true语句用于设置访问云项目的用户，会在“云开发控制台”的“用户管理”下记录访问信息。

（3）app.json文件。云开发能力从基础库2.2.3开始支持，现在2.2.3或以上的基础库已覆盖绝大部分用户，不应继续使用旧的兼容性处理方式。如果采用了旧的兼容性处理方式，请在app.json中的增加字段"cloud":false。

```
{
  "window":{},
  "cloud":false
}
```

视频

云存储介绍

7.2 云 存 储

云存储提供高可用、高稳定、强安全的云端存储服务，支持任意数量和形式的非结构化数据存储（如视频和图片），并在控制台进行可视化管理。云存储包含以下功能：

（1）存储管理：支持文件夹，方便文件归类。支持文件的上传、删除、移动、下载、搜索等，并可以查看文件的详情信息。

（2）权限设置：可以灵活设置哪些用户是否可以读/写该文件夹中的文件，以保证业务的数据安全。

（3）上传管理：在这里可以查看文件上传历史、进度及状态。

（4）文件搜索：支持文件前缀名称及子目录文件的搜索。

（5）组件支持：支持在 image、audio 等组件中传入云文件 ID。

7.2.1　云控制台管理云存储

在控制台中，选择存储管理选项卡，可以在此看到云存储空间中所有的文件，还可以查看文件的详细信息、控制存储空间的读 / 写权限，如图 7-6 所示。

图 7-6　控制台存储管理

单击“上传文件”按钮可以通过云开发控制台上传本地文件，也可以手动删除云存储中的文件，单击某一个文件可以看到文件的详细信息。

单击“存储权限”按钮可以对文件设置不同的访问权限，如图 7-7 所示。每种权限设置都有自己的应用场景，如果权限设置不能够满足要求，也可以自定义安全规则。

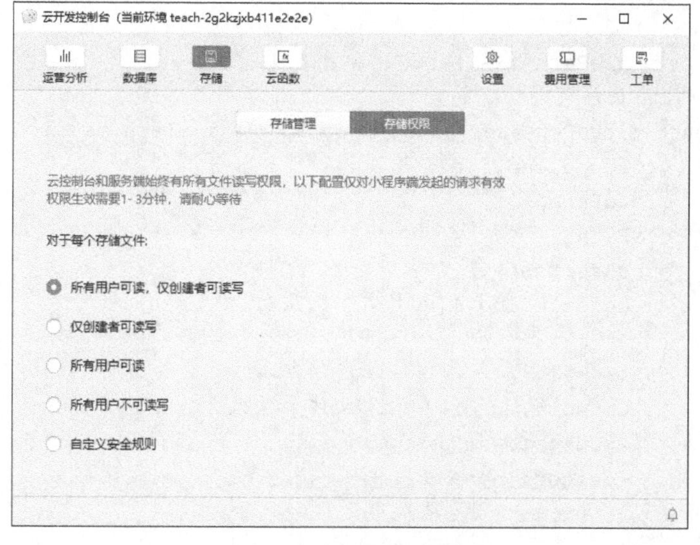

图 7-7　文件存储权限设置

7.2.2 云存储 API

云开发提供了一块存储空间，提供了上传文件到云端、带权限管理的云端下载能力，开发者可以在小程序端和云函数端通过 API 使用云存储功能。

（1）wx.cloud.uploadFile(Object object)：该函数的作用是将本地资源上传至云存储空间，如果上传至同一路径则是覆盖。Object 参数及说明如表 7-1 所示。

表 7-1　uploadFIle 函数 Object 参数及说明

参　数	说　明	数据类型
cloudPath	云存储路径，命名限制见文件名命名限制	String
filePath	要上传文件资源的路径	String
config	环境配置	Object
success	成功回调	
fail	失败回调	
complete	结束回调	

success(res) 回调函数 res.fileId 返回上传至云存储空间的 fileId，通过 fileId 可以访问云存储空间的文件。config 参数用来配置云存储环境，填写后忽略 init 指定的 env 参数。

例如，从相册选择一幅图片上传到云存储空间，JS 代码如下：

```
loadImage:function(){
    wx.chooseImage({    // 选择图片
        count:1,
        sizeType:['original', 'compressed'],
        sourceType:['album', 'camera'],
        success:function(res){
            wx.showLoading({
                title:'上传中',
            })
            const filePath=res.tempFilePaths[0]
            // 上传图片
           const cloudPath=new Date().getTime()+ filePath.match(/\.[^.]+?$/)[0]
            wx.cloud.uploadFile({
                cloudPath,
                filePath,
                success:res=>{
                    console.log('[上传文件] 成功: ', res)
                },
                fail:e=>{
                    console.error('[上传文件] 失败: ', e)
                    wx.showToast({
                        icon:'none',
                        title:'上传失败',
                    })
```

```
            },
            complete:()=>{
              wx.hideLoading()
            }
          })
        },
        fail:e=>{
          console.error(e)
        }
    })
  }
```

代码中 new Date().getTime() 是获取系统当前时间作为图片的文件名上传到云存储空间，这样文件名不会重复，不会覆盖同名的文件。

（2）wx.cloud.downloadFile(Object object)：该函数能够从云存储空间下载文件，Object 参数及说明如表 7-2 所示。

表 7-2　downloadFIle 函数 Object 参数及说明

参　数	说　明	数据类型
fileID	待下载云文件 ID	String
config	环境配置	Object
success	成功回调	成功回调
fail	失败回调	失败回调
complete	结束回调	结束回调

success(res) 回调函数 res.tempFilePath 返回下载文件的临时文件路径。

例如，通过文件 ID 下载云存储空间到本地。代码如下：

```
  downloadImage:function()     //下载图片
  {
    var tempPath;
    let that=this;
    wx.cloud.downloadFile({
                              //下载文件的fileID
    fileID:'cloud://teach-2g2kzjxb411e2e2e.7465-teach-2g2kzjxb411e2e
2e-1303884781/1602499916752.jpg',
      success:res=>{
                              // 获取tempFilePath，并赋值给imgUrl
        that.setData({
          imgUrl:res.tempFilePath
        })
        console.log(res)
      },
      fail:err=>{
        console.error(err)
```

```
    }
  })
```

（3）wx.cloud.deleteFile(Object object)：该函数从云存储空间删除文件，一次最多 50 个，Object 参数及说明如表 7-3 所示。

表 7-3 deleteFIle 函数 Object 参数及说明

参　数	说　明	数 据 类 型
fileList	待删除云文件 ID 列表	String[]
config	环境配置	Object
success	成功回调	成功回调
fail	失败回调	失败回调
complete	结束回调	结束回调

success(res) 回调函数 res.fileList[] 返回文件列表数组，其中每个元素的 fileID 是成功删除存储文件的文件 ID。

例如，删除两个云存储文件的代码如下：

```
deleteFile:function(e){
   wx.cloud.deleteFile({
   fileList:['cloud://teach-2g2kzjxb411e2e2e.7465-teach-
2g2kzjxb411e2e2e-1303884781/1.jpg',
'cloud://teach-2g2kzjxb411e2e2e.7465-teach-2g2kzjxb411e2e2e-1303884781/5.jpg' ]'
   success:res=>{
      console.log(res.fileList)
   }
})
}
```

调试器窗口输出如图 7-8 所示信息，可以看出成功将指定的两个文件删除。

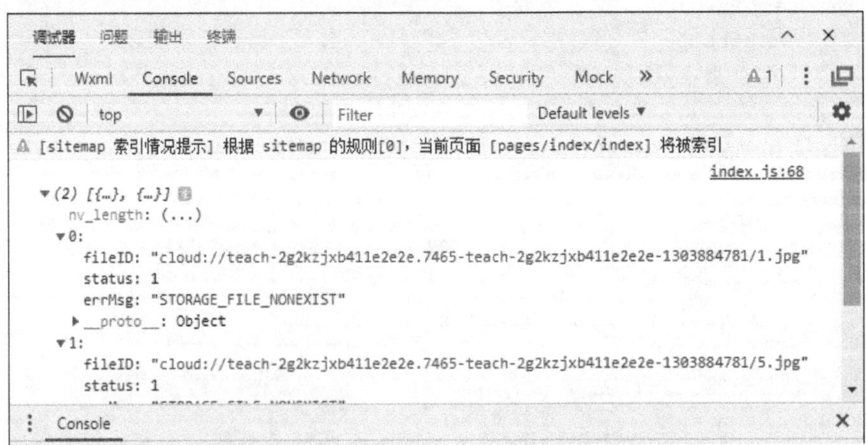

图 7-8 调试窗口输出信息

（4）wx.cloud.getTempFileURL(Object object)：该函数用云文件 ID 换取真实链接，公有的文件获取的链接不会过期；私有的文件获取的链接十分钟有效期。一次最多取 50 个。

Object 参数和表 7-3 相同，其中 fileList 表示要换取临时链接的云文件 ID 列表。success(res) 回调函数的 res.fileList 返回文件列表数组，每个数组元素对象含有 {fielID,tempFileURL,status,-maxAge,errMsg}，其中 fileID 为云文件 ID，tempFileURL 为临时文件路径，通过此临时链接可以对文件进行不同的处理操作。

例如，通过云文件 ID 换取该文件的真实链接，并在 View 中显示出来。代码如下：

```
getFileURL:function(){
    var tempPath;
    let that=this;
        wx.cloud.getTempFileURL({
            fileList:['cloud://teach-2g2kzjxb411e2e2e.7465-teach-2g2kzjx
b411e2e2e-1303884781/6.jpg'],
            success:res=>{
                console.log(res.fileList[0].tempFileURL)
                that.setData({
                    imgUrl:res.fileList[0].tempFileURL  //通过 imgUrl，在 view 层显示出来
                })
            }
        })
}
```

7.2.3　云文件存储使用案例

下面以云文件存储 4.8 节智力测试程序的试题信息。

新建项目时，后端服务选择“小程序 云开发”选项。新建项目后此时在微信开发者工具的左上角调试器旁边有一个云开发按钮 ，通过此按钮来建立云端数据库和上传文件到云端。

（1）上传文件到云存储中，同时获取 FileID。如图 7-9 所示，单击“上传文件”按钮，选择 TXT 文件 mydata.txt（存储 JSON 格式的智力测试程序试题信息）上传后，从图 7-9 复制出 File ID。

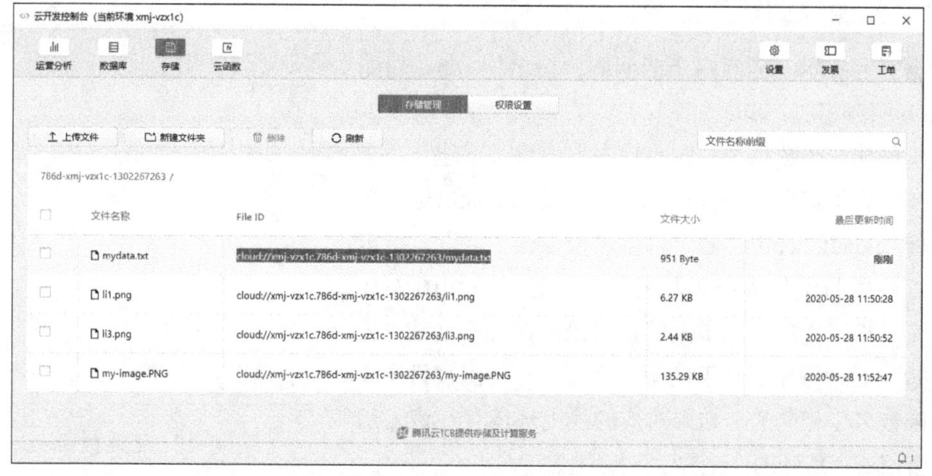

图 7-9　云存储试题文件

（2）readFileSync() 读取云文件内容，并解析成 JSON 格式。代码如下：

```
onShow:function(){
    wx.cloud.downloadFile({
        fileID:'cloud://xmj-vzx1c.786d-xmj-vzx1c-1302267263/mydata.txt'
    }).then(res=>{
        console.log(res.tempFilePath)
        let fs=wx.getFileSystemManager()
        let result=fs.readFileSync(res.tempFilePath, "utf-8")
        var dataJSON=JSON.parse(result)        //将 JSON 字符串转换为 JSON 对象
        console.log(dataJSON[0].name)          //第一题的题目信息
        console.log(dataJSON[1].content)       //第二题的 4 个选项信息
    })
},
```

程序运行后，在控制台中如下的输出：

```
哈雷慧星的平均周期为?
["75", "76", "77", "78"]
```

成功解析出题目和 4 个选项信息。

视 频

云函数创建和调用

7.3 云 函 数

云函数即在服务器端运行的一段程序代码，一个云函数的写法与一个在本地定义的 JavaScript 方法无异，代码运行在云端 Node.js 中。当云函数被小程序端调用时，定义的代码会被放在 Node.js 运行环境中执行；还可以通过云函数后端 SDK 搭配使用多种服务，比如使用云函数 SDK 中提供的数据库和存储 API 进行数据库和存储的操作。

使用云函数，开发者无须购买、搭建服务器，只需要编写函数代码并部署到云端即可在小程序端调用，同时云函数之间也可互相调用。

7.3.1 云函数创建和部署

根据官网提示，创建一个云函数，命名为 add，功能是将 a、b 两数相加，步骤如下：

（1）创建云函数目录。在小程序本地目录下建立一个文件夹，然后指定在项目根目录找到 project.config.json 文件，新增 "cloudfunctionRoot":"cloudfunctions/" 字段，指定本地已存在的目录作为云函数的本地根目录，如图 7-10 所示。完成指定之后，云函数的根目录的图标会变成“云目录图标”，云函数根目录下的第一级目录（云函数目录）是与云函数名字相同的，如果对应的线上环境存在该云函数，则会用一个特殊的“云图标”标明。

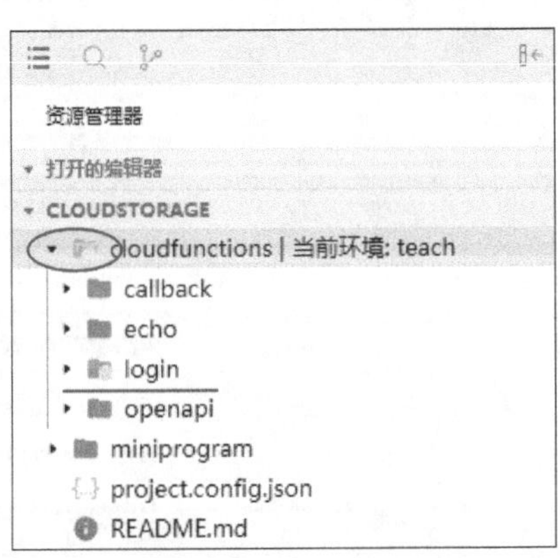

图 7-10 云函数目录

（2）创建云函数。在云函数目录上右击，选择“新建 Node.js 云函数”命令，输入云函数名称（如 add），创建的云函数目录下默认有 3 个文件：config.json 是配置云函数所要使用的函数接口；index.js 是云函数的入口文件；package.json 是有关云函数的依赖。

打开 index.js，可以看到类似如下的一个云函数模板：

```
cloud.init()
// 云函数入口函数
exports.main=async(event, context)=>{
    const wxContext=cloud.getWXContext()
    return {
        event,
        openid:wxContext.OPENID,
        appid:wxContext.APPID,
        unionid:wxContext.UNIONID,
    }
}
```

这里 exports.main 是云函数文件 index.js 暴露一个 main 方法，作为云函数的入口函数，也就是在执行云函数时其实是调用 index.js 文件中的 main 方法。该方法传入两个参数 event 和 context，event 指的是触发云函数的事件，当小程序端通过 wx.cloud.callFunction() 方法调用云函数时，将 data:{} 对象中的值通过 event 对象传入云函数，外加后端自动注入的小程序用户的 openid 和小程序的 appid。context 对象包含了此处调用的调用信息和运行状态，可以用它来了解服务运行的情况。

这里修改函数模板，用来求两个数的和。代码如下：

```
const cloud=require('wx-server-sdk')
cloud.init({env:cloud.DYNAMIC.CURRENT_ENV})
exports.main=async(event ,context)=>{
    console.log(event)
    return{
        sum:event.a+event.b
    }
}
```

本段代码的意思是将传入的 a 和 b 相加并作为 sum 字段返回给调用端。

（3）上传部署云函数。在小程序中调用这个云函数前，还需要先将该云函数部署到云端。在云函数目录上右击，选择“上传并部署：所有文件”或者“上传并部署：所有文件（不上传 node_modules）”命令，将云函数整体打包上传并部署到线上环境中。

7.3.2　云函数调用

小程序创建和部署完毕，在小程序本地或者云端都可以调用云函数，这里举例在小程序本地调用云函数，代码如下：

```
wx.cloud.callFunction({
    name:'add',
    data:{
```

```
        a:1,
        b:2
        }
    }).then(res=>{
        console.log(res.result.sum)
    }).catch(res=>{
        console.log(res.err)
    })
```

这里通过 callFunction() 函数调用云函数，指定函数名为 add，将 data 数据通过 event 对象传入函数，函数成功运行，通过 res.result.sum 将结果输出。

视 频

云函数调试

7.3.3 云函数调试

小程序开发工具对云函数提供云端测试和本地调试两种调试方法。

1. 云端测试

打开云开发控制台，选择需要调试的云函数，单击“云端测试”，弹出如图 7-11 所示测试窗口。

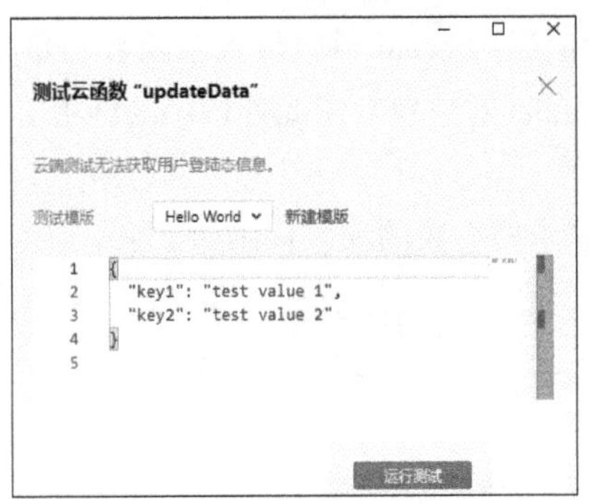

图 7-11 云端测试窗口

开发者可以使用已有测试模板，也可以新建测试模板，这里利用已有的测试模板“Hello Word”，修改输入数据 { “a” :1, “b” :2}，单击“运行测试”按钮，可以看到如图 7-12 所示的部分测试信息。

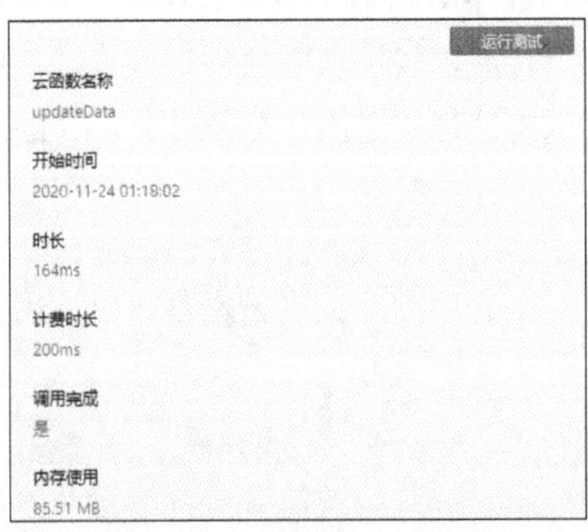

图 7-12 部分测试信息

2. 本地调试

开发工具提供本地调试云端函数。在云函数目录上右击，选择“开启云函数本地调试”命令，单击某一个要开启本地调试的云函数，出现如图 7-13 所示窗口。

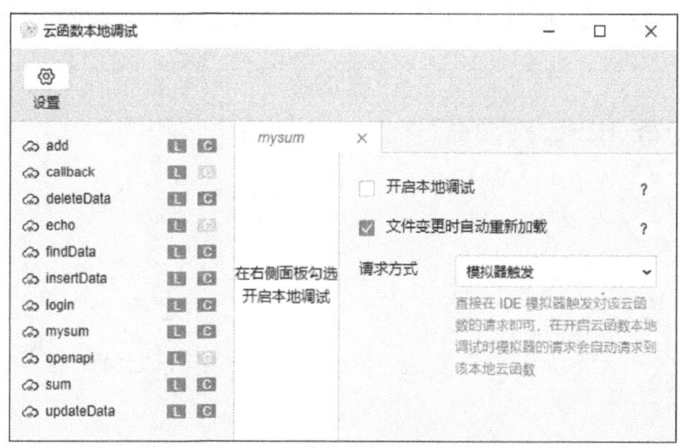

图 7-13　云函数本地调试窗口

选中“开启本地调试”复选框，第一次开启，会弹出“node modules 未安装”提示窗口，提示开发者要在本地云函数目录下安装 Node.js，单击提示窗口中的“取消”按钮，在小程序开发工具中选择要开启本地调试的云函数目录，选择“在外部终端中打开”，执行 npm install --save wx-server-sdk@latest，待本地依赖安装完成，再次选中“开启本地调试”复选框，便可开通本地调试。图 7-14 所示为触发云函数 add() 时，在本地调试窗口输出的信息。

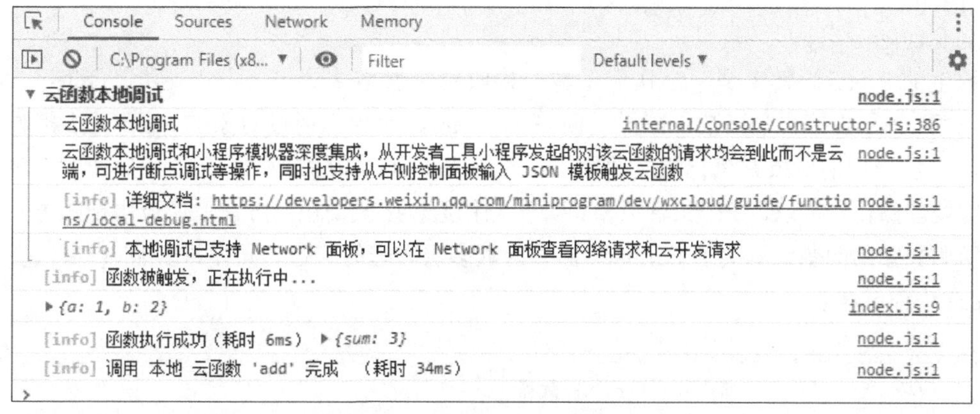

图 7-14　云函数本地调试窗口

云开发控制台提供的本地调试，可以进行单步调试和断点调试、集成小程序测试，以及 Network 面板对网络请求进行追踪等功能，调试非常方便，建议开发者在开发阶段和上传代码前先使用本地调试测试通过后再上线部署。

视　频

callback 和 promise 风格介绍

7.3.4　Callback 风格和 Promise 风格

小程序业务处理用 JS 脚本，JS 脚本函数书写风格支持 Callback 风格和 Promise 风格，ES6 版本开始支持 Promise 编程风格。下面简单介绍小程序函数这两种风格的特点。

1. Callback 风格

Callback 风格是函数回调编程的一种写法，函数回调就是一个函数 A 将另外一个函数 B 作为参数传入，并执行函数 B，函数 B 就叫作回调函数。回调函数通常的一种使用方法是当函数 A 执行完毕，函数 B 接收函数 A 的结果并继续进行操作，例如数据库操作 add 方法的 Callback 编程风格：

```
db.collection('student').add({
    data:{
        xh:'101',
        xm:'张三'
    },
    success:function(res){
        // res 是一个对象，其中由 _id 字段标记刚创建的记录的 id
        console.log(res)
    },
    fail:function(err){console.log(err)}
    complete:function(){console.log('执行完毕收尾工作')}
})
```

该方法用来向云数据库插入一条记录，当成功执行时，调用 success() 方法，并将执行结果传递给 res 参数，在 success() 方法中继续执行下一步操作；失败时调用 fail() 方法执行；complete() 方法不管执行成功与否，都会执行，一般进行一些收尾操作，如释放某一些对象、关闭数据库等。

2. Promise 风格

原生的 Promise 其实是一个构造函数，接收两个参数：resolve（已成功）、reject（已失败），这两个参数是一个函数，同样返回一个 Promise 对象，通过对象的 .then 方法接收除了 resolve 方法返回的对象并执行相应的操作，通过 .catch() 方法接收 reject 方法返回的对象并执行异常处理操作。可以说 Promise 风格将异步操作通过链式调用的方法，像流水记账方式一样解决回调嵌套的问题，解决了 Callback 回调函数多层嵌套的问题。同样，以 add() 方法看一下 Promise 编程风格：

```
db.collection('student').add({
    // data 字段表示需新增的 JSON 数据
    data:{
        xh:'101',
        xm:'张三平'
    }
})
.then(res=>{console.log(res)})
.catch(err=>{console.log(err)})
```

可以看出，Promise 风格代码更清楚，更适合异步操作的实现，并且 Promise 返回的是一个 Promise 对象，对象是可以保存状态的，所以可以连着写很多的 .then() 方法来链式地处理操作。

7.4　云数据库

云服务器提供数据库操作服务，开发者既可在小程序前端操作，也能在云函数中读 / 写 JSON 数据库。该数据库属于文档型数据库，云服务器利用 MongDb 数据库存储数据。

关系型数据库和 JSON 数据库的概念对应关系如表 7-4 所示。

表 7-4　关系数据库和 JSON 数据库对照表

关　系　型	文　档　型
数据库 database	数据库 database
表 table	集合 collection
行 row	记录 record / doc
列 column	字段 field

云数据库支持的字段类型有字符串（String）、数字（Number）、对象（Object）、数组（Array）、布尔值（Bool）、地理位置点（GeoPoint）、时间（Date）、空值（NUll）八种数据类型。

7.4.1　创建云数据库

视　频

云数据库

下面以集合 student 为例讲解利用云开发控制台创建云数据库，student 集合含有学号 xh、姓名 xm 和性别 xb 和年龄 age 四个字段。

打开云开发控制台，选择云数据库，点击左侧面板创建集合，输入集合名称 student，在右侧面板中单击添加记录，系统默认有一个字段文档 ID，值默认为系统自动生成的 ID，也可以修改为自己的值；单击添加字段，输入学号 xh，类型选择 String，值填写 101，同样方法添加字段姓名 xm、性别 xb 和年龄 age，效果如图 7-15 所示。

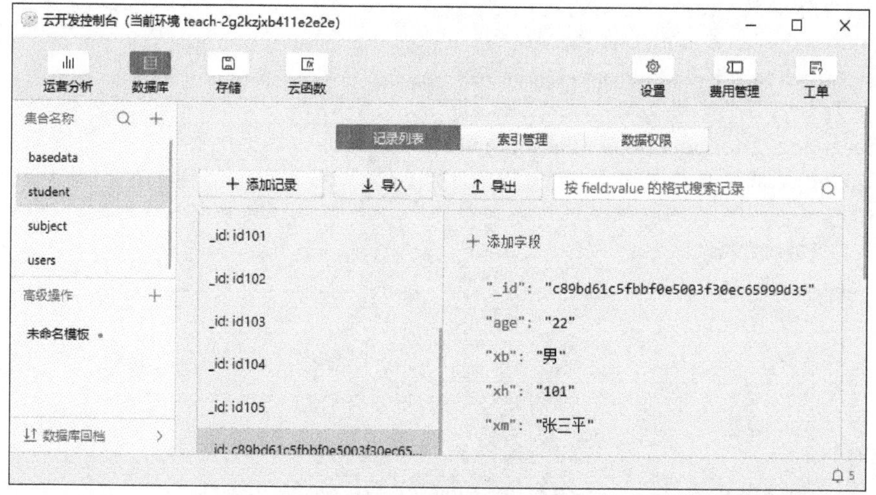

图 7-15　创建 student 集合

通过云开发控制台、开发者可以创建集合、删除集合，对记录进行增删改查操作，对记录进行导入和导出操作，还可以对数据权限进行设置，如图 7-16 所示。

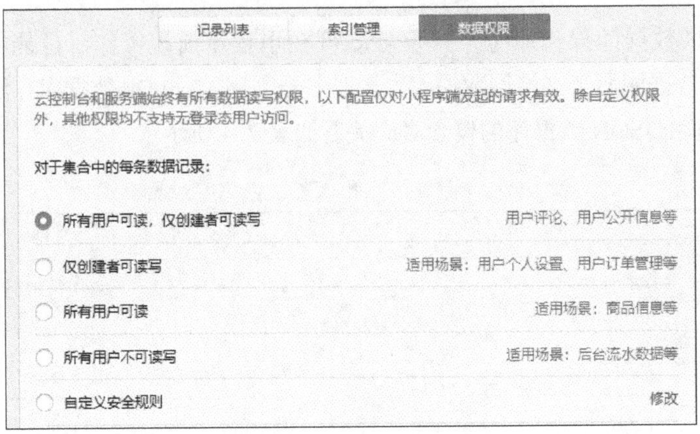

记录列表　索引管理　数据权限

云控制台和服务端始终有所有数据读写权限，以下配置仅对小程序端发起的请求有效。除自定义权限外，其他权限均不支持无登录态用户访问。

对于集合中的每条数据记录：

所有用户可读，仅创建者可读写　用户评论、用户公开信息等

仅创建者可读写　适用场景：用户个人设置、用户订单管理等

所有用户可读　适用场景：商品信息等

所有用户不可读写　适用场景：后台流水数据等

自定义安全规则　修改

图 7-16　数据权限设置

默认数据权限是“仅创建者可读写”，可以根据实际应用场景进行权限修改。通过云函数操作数据记录，不管权限怎么设置，都会对记录有最高的管理权限。通过小程序端添加记录，会自动增加字段“_openid”，用来记录用户的开放 ID，而通过云函数和云开发控制台添加记录，不会增加该字段。

7.4.2　插入数据

下面以操作集合 student 为例讲解数据库的增、删、改、查。对集合的操作，首先要引用云端数据库，然后通过 Database 对象的 collection() 方法获得云端相应的集合。最后通过 Collection 对象的 add() 方法向云端数据库添加记录。

小程序端插入数据方法：

```
insert:function(e){
  const db=wx.cloud.database({
    env:"teach-2g2kzjxb411e2e2e"
  })
  const collection=db.collection('student')
  collection.add(
  {
  //要增加的数据
    data:{
      xh:'107',
      xm:'王莹',
      xb:'女',
      age:20
    }
  }).then(res=>{console.log(res)})  //插入成功处理操作
    .catch(err=>console.log(err))   //插入失败处理操作
}
```

云函数插入数据方法：

```
cloud_insert:function(e){                                    // 删除
const cloud=require('wx-server-sdk')                         // 请求云端库
   cloud.init({                                              // 初始化
      env:cloud.DYNAMIC_CURRENT_ENV
      // 可以写实际要操作云环境 id，如 "teach-2g2kzjxb411e2e2e"
   })
   const db=cloud.database()                                 // 获取云端数据库
   const collection=db.collection('student')                 // 获得 student 集合
   exports.main=async(event, context)=>{
      try{
         return await collection.add({
            // data 字段表示需新增的 JSON 数据，实际开发数据有 event 参数传入
            data:{
               xh:106,
               xm:'潘胜利',
               xb:'男',
               age:19
            }
         })
      }catch(e){
       console.error(e)
      }
   }
}
```

云函数插入数据代码中的 async 和 wait 关键词是用来解决异步操作同步问题。插入成功后查看记录，通过小程序端插入数据，集合中会自动增加“_openid”字段，记录用户的 openid，而云端操作插入数据不会增加“_openid”字段。

7.4.3　查询数据

Collection 对象提供 get() 方法和 doc() 方法用来查询数据，doc() 方法每次查询一条指定的记录，get() 方法可以批量查询数据，经常和 where() 方法配合使用批量有条件的查询记录。

例如，查询 student 集合所有记录，小程序端代码如下：

```
query:function(e){
   const db=wx.cloud.database({
      env:"teach-2g2kzjxb411e2e2e"
   })
   const collection=db.collection('student')
   collection.where({_openid:"openid1"}).get()
      .then(res=>{console.log(res)})
      .catch(err=>{console.log(err)})
}
```

云函数实现方法如下：

```
const cloud=require('wx-server-sdk')                    //请求云端库
cloud.init({                                            //初始化
   env:cloud.DYNAMIC_CURRENT_ENV
   //可以写实际要操作云环境 id，如"teach-2g2kzjxb411e2e2e"
})
const db=cloud.database()                               //获取云端数据库
const collection=db.collection('student')               //获得 student 集合
exports.main=async(event,context)=>{
   return await collection.get()                        //返回查询结果
}
```

然后通过小程序端调用该云函数执行全量查询操作。

云数据库查询操作限定，通过小程序端每次最多查询 20 条记录，通过云函数查询数据最多有 1000 条记录。这是因为全量查询速度比较慢，再者小程序传输数据有大小限制，所以查询结果有记录数限制。如果查询数据比较多，可以通过分页操作实现，代码如下：

```
page_query:function(e){
    const db=wx.cloud.database({
       env:"teach-2g2kzjxb411e2e2e"
    })
    const collection=db.collection('student')
    var tasks=[]
    var MAX_LIMIT=20
    var pageCount
    collection.count()
       .then(res=>{const total=res.total
          // 计算页数
          pageCount=Math.ceil(total/MAX_LIMIT)
          // 将每一页记录加入 tasks 数组
          for(let i=0; i < pageCount; i++){
             collection.skip(i * MAX_LIMIT).limit(MAX_LIMIT).get()
                .then(res=>{tasks.push.apply(tasks,res.data)})
          }
          console.log(tasks)})
       .catch(err=>{console.log(err)})
}
```

小程序端通过分页技术就可以突破 20 条记录的限制。云函数实现分页方法基本相同，这里不再讲解。

7.4.4 修改数据

小程序云数据库通过 update() 和 set() 两个方法修改数据，set() 方法是覆盖更新数据，也就是集合中有数据则更新相应的数据，没有数据则插入数据。利用 update() 方法将所有女生的年龄 -1 岁，云函数实现修改数据代码如下：

```
const cloud=require('wx-server-sdk')
```

```
cloud.init({
    env:cloud.DYNAMIC_CURRENT_ENV
})
const db=cloud.database()
const collection=db.collection('student')
const _=db.command              //获取数据库操作符
exports.main=async(event, context)=>{
    try{
        return await db.collection('student').where({
            xb:'女'
        })
        .update({
            data:{
                age:_.inc(-1)      //inc方法将该字段自增-1
            },
        })
    }catch(e){
        console.error(e)
    }
}
```

小程序端调用该云函数，可以通过 res.stats.updated 属性查看有多少条记录被修改，如图 7-17 所示。对于多条记录要修改，经常设计云函数进行数据修改操作，对于只修改一条记录，可以通过 Document 对象的 update() 方法去实现。

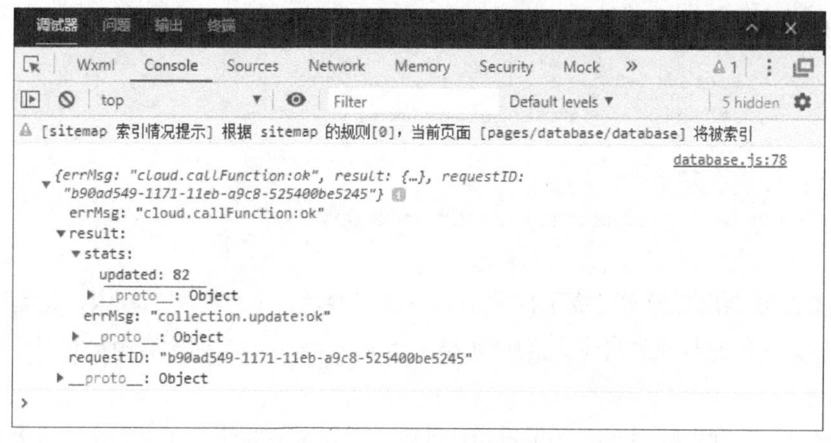

图 7-17 输出窗口

7.4.5 删除数据

通过 Collection 对象的 remove() 方法可以删除多条数据，注意删除多条记录时，只支持通过匹配 where 语句来删除，不支持 skip 和 limit。只想删除一条记录可以通过 Document 对象的 remove() 方法来删除一条记录。例如，删除所有的女生信息，云函数实现代码如下：

```
const cloud=require('wx-server-sdk')
```

```
    cloud.init({
       env:cloud.DYNAMIC_CURRENT_ENV
    })
    const db=cloud.database()
    const collection=db.collection('student')
    exports.main=async(event, context)=>{
       try {
       return await collection.where({
          xb:'女'
       }).remove()
    }catch(e){
      console.error(e)
    }
 }
```

通过查询数据执行的 remove() 方法只能用在云函数服务器端，小程序批量删除可以通过查询，然后通过 Document 对象的 remove() 方法逐条删除。代码如下：

```
const db=wx.cloud.database({
   env:"teach-2g2kzjxb411e2e2e"
})
const collection=db.collection('student')
collection.where({xb:'女'}).get()
   .then(res=>{
      var total=res.data.length
      for(let i=0;i<total;i++)
      {
         collection.doc(res.data[i]._id).remove()
            .then(res=>{console.log(res)})
      }
      })
      .catch(err=>{console.log("没有相关数据可删除")
})
```

执行时有时候会出现异常，提示部分记录不能够删除，不具有写的权限，这是因为用户权限受限，可以修改数据权限为自定义规则为 {read:true,write:true}，即所有用户都可以读和写数据的权限。

以上简介云数据库的创建和基本操作，对数据的操作，建议使用云函数来实现，因为云函数默认具有管理数据的最高权限。

视 频

云开发案例介绍和数据库设计

7.5 云开发综合案例

本节以大学生问卷调查为例，介绍微信小程序的云开发方法。在设计系统时，尽量多使用微信小程序的组件、小程序 API 函数和小程序云端 API 函数，已达到综合训练使用微信小程序云开发开发小程序的目的。

7.5.1　需求分析

高校经常对大学生做一些调查问卷，以了解学生的学习目的、学习态度、消费情况、就业意向和心理健康水平等，以便更好地了解学生情况，及时加以引导并改进教育教学方法。

大学生问卷调查主要是方便教师管理问卷调查，发布启用问卷调查，统计调查结果；学生通过小程序做问卷调查，查看历史记录等功能。系统涉及教师和学生两种角色，其用例图如图 7-18 所示。

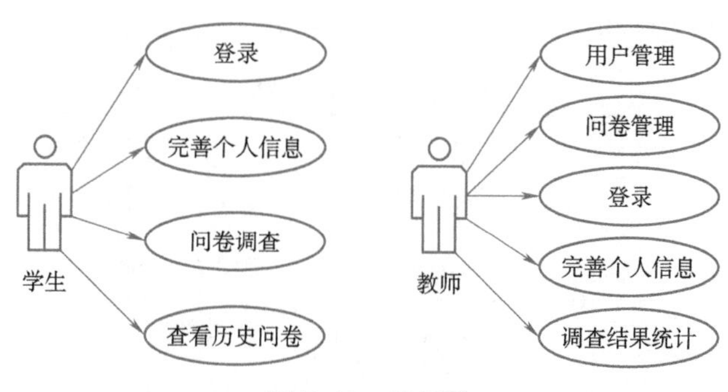

图 7-18　用例图

7.5.2　总体设计

根据系统的需求，分析系统分为教师问卷管理和学生调查问卷两大模块，系统功能结构图如图 7-19 所示。

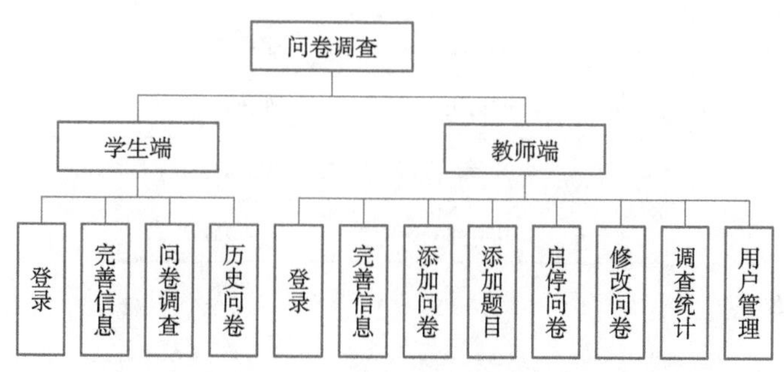

图 7-19　功能结构图

各功能模块介绍：

（1）登录：用户通过账号和密码登录系统。

（2）完善信息：初次登录，需要完善个人基本信息。

（3）问卷调查：学生做调查问卷。

（4）历史问卷：显示已经做过的问卷调查。

（5）添加问卷：教师添加调查问卷名称。

（6）添加题目：添加调查问卷内容。

（7）修改问卷：对未启用的问卷进行修改。

（8）启停问卷：启用或者停用调查问卷。

（9）调查统计：对问卷调查进行统计分析。

（10）用户管理：添加删除修改用户信息，重置用户密码。

7.5.3 系统实现

1. 数据库设计

根据系统需要，该系统设计 users、basedata、subject 和 answer 四个集合。

（1）users 集合存放教师和学生信息，表结构如表 7-5 所示。

表 7-5　users 表结构

字　段	数据类型	说　明
_id	String	编号、自动生成
_openid	String	操作者 openid
academy	String	所在学院
account	String	教师工会或者学生学号
psw	String	用户密码
birthday	String	出生日期
class 或 depart	String	学生班级或者教师所在部门
name	String	学生姓名
picture	String	用户照片
sex	String	性别
type	Number	用户类型，1 是教师，0 是学生
verify	Boolean	是否完善信息

其 JSON 格式如下：

```
{
    "_id":"b8df3bd65f97ed1d01d166b213552ac1",
    "_openid":"oC9zG5UZKMlMq9-gBCNeBqQ7vABU",
    "birthday":"2020-10-27","class":"计科201班","name":"潘惠勇",
    "picture":"cloud://teach-2g2kzjxb411e2e2e.7465-teach-2g2kzjx
    b411e2e2e-1303884781/101.jpg",
    "psw":"999","sex":"女","type":0.0,"account":"101","academy":"计算机学院
    ","verify":true
}
```

（2）basedata 集合用于存储系统基础信息，如学院、班级、部门，表结构如表 7-6 所示。

表 7-6　basedata 表结构

字　段	数据类型	说　明
_id	String	编号，自动生成
academy	Array	学院信息
class	Array	班级信息
depart	Array	部门信息

其 JSON 格式如下：

```
{
    "_id":"d782d4875f94e08e0192b5584a85b974",
    "academy":["计算机学","信息工程学院"],
    "class":["计科 201 班","人工智能 201 班"],
    "depart":["计算机基础","网络安全"]
}
```

（3）subject 集合存放问卷内容，表结构如表 7-7 所示。

表 7-7　subject 表结构

<table>
<tr><th>字　段</th><th>数据类型</th><th>说　明</th><th colspan="3">子字段</th></tr>
<tr><td>_id</td><td>String</td><td>编号，自动生成</td><td colspan="3"></td></tr>
<tr><td>available</td><td>String</td><td>启用否</td><td colspan="3"></td></tr>
<tr><td>createdate</td><td>String</td><td>创建日期</td><td colspan="3"></td></tr>
<tr><td>subjectname</td><td>String</td><td>问卷名称</td><td colspan="3"></td></tr>
<tr><td>subjectdescribe</td><td>String</td><td>问卷描述</td><td colspan="3"></td></tr>
<tr><td rowspan="7">timu</td><td rowspan="7">Object[]</td><td rowspan="7">问卷内容</td><td>属性</td><td>数据类型</td><td>说明</td></tr>
<tr><td>bh</td><td>Number</td><td>编号</td></tr>
<tr><td>stem</td><td>String</td><td>题目</td></tr>
<tr><td>A</td><td>Sring</td><td>选项 A</td></tr>
<tr><td>B</td><td>Sring</td><td>选项 B</td></tr>
<tr><td>C</td><td>Sring</td><td>选项 C</td></tr>
<tr><td>D</td><td>Sring</td><td>选项 D</td></tr>
</table>

其 JSON 格式如下：

```
{
    "_id":"0bcbdde05fbe4750004b95b91f2419c0",
    "_openid":"oC9zG5UZKMlMq9-gBCNeBqQ7vABU",
    "available":"1","createdate":"2020/11/25","subjectname":"12 月份调查",
    "subjectdescribe":"为了能够了解我校大学生的生活状况，为学校领导的决策提供依据，
    我们将对您的回答保密。请您如实填写，谢谢合作！",
    "timu":[{"A":"大学就是玩的，混混就过去了。","B":"为了实现父母的愿望","C":"好
    好学习，实现自己的理想","D":"拿到文凭，毕业好找工作","bh":1,"stem":"您还记得刚
    进入大学时是抱着什么样的心态吗？"}]
}
```

（4）answer 集合存放问卷答案，表结构如表 7-8 所示。

表 7-8　answer 表结构

<table>
<tr><th>字　段</th><th>数 据 类 型</th><th>说　明</th><th colspan="3">子 字 段</th></tr>
<tr><td>_id</td><td>String</td><td>编号，自动生成</td><td colspan="3"></td></tr>
<tr><td>_openid</td><td>String</td><td>用户 openid</td><td colspan="3"></td></tr>
<tr><td>account</td><td>String</td><td>用户账号</td><td colspan="3"></td></tr>
<tr><td>name</td><td>String</td><td>用户姓名</td><td colspan="3"></td></tr>
<tr><td>subjected</td><td>String</td><td>问卷 _id</td><td colspan="3"></td></tr>
<tr><td>subjectname</td><td>String</td><td>问卷名称</td><td colspan="3"></td></tr>
<tr><td>answerdate</td><td>String</td><td>答卷时间</td><td colspan="3"></td></tr>
<tr><td rowspan="3">answer</td><td rowspan="3">Object[]</td><td rowspan="3">答卷选项</td><td>属性</td><td>数据类型</td><td>说明</td></tr>
<tr><td>bh</td><td>Number</td><td>编号</td></tr>
<tr><td>sel</td><td>String</td><td>选项</td></tr>
</table>

其 JSON 格式如下：

```
{
   "_id":"0288fce75fcf54ea00ec5d375777e415",
   "answer":[{"bh":1.0,"sel":"A"},{"bh":2.0,"sel":"B"},{"bh":3.0,"sel":"C"}],
   "answerdate":"2020/12/8","name":"王英","subjectname":"12月份调查",
   "_openid":"oC9zG5UZKMlMq9-gBCNeBqQ7vABU",
   "account":"106","subjectid":"0bcbdde05fbe4750004b95b91f2419c0"
}
```

视　频

案例所用云函数

2. 云函数创建

在系统设计过程中，函数创建和调用的原则是对于用户仅仅访问自己创建的数据，用小程序 API 访问云数据库，对于要访问云端数据库所有数据，系统采用云函数来实现。本系统根据程序设计的需要，创建和使用以下各云函数。

（1）login() 云函数：在本系统中的作用主要是获得操作用户的 openid，该函数利用云开发模板自动生成。该云函数的 index.js 代码如下：

```
// login() 云函数的 js 代码
// 部署：在 cloud-functions/login 文件夹右击选择 "上传并部署"
const cloud=require('wx-server-sdk')
// 初始化 cloud
cloud.init({
   // API 调用都保持和云函数当前所在环境一致
   env:cloud.DYNAMIC_CURRENT_ENV
})
// 这个示例将经自动鉴权过的小程序用户 openid 返回给小程序端
exports.main=async(event, context)=>{
    //获取 WX Context(微信调用上下文)，包括 OPENID、APPID、
    //及 UNIONID(需满足 UNIONID 获取条件)等信息
    const wxContext=cloud.getWXContext()
```

```
    return {
      event,
      openid:wxContext.OPENID,
      appid:wxContext.APPID,
      unionid:wxContext.UNIONID,
      env:wxContext.ENV,
}
```

（2）addPersonalInfo() 云函数：用户初次登录，用来完善用户信息。函数通过 event 参数传入 personalInfo 数据，根据 personalInfo 数据提取用户在集合 users 中的 _id，然后更新 _id 对应的用户的信息。该函数判断 type 的值，区分学生和教师，学生添加班级字段信息，教师添加部门字段信息，其他字段相同。该云函数 index.js 代码如下：

```
// addPersonalInfo() 云函数 js 代码
const cloud=require('wx-server-sdk')
cloud.init({
  env:'teach-2g2kzjxb411e2e2e'
})
const db=cloud.database()
const collection=db.collection('users')
exports.main=async(event, context)=>{
  let personalInfo=event.personalInfo        //获得 event 传递的用户信息
  let id=personalInfo._id                    // 用户的 id
  try{
    let user={}                              //定义 user 对象
    user._openid=personalInfo._openid,
    user.birthday=personalInfo.birthday,
    user.name=personalInfo.name,
    user.picture=personalInfo.picture,
    user.psw=personalInfo.psw,
    user.sex=personalInfo.sex,
    user.type=personalInfo.type,
    user.account=personalInfo.account,
    user.academy=personalInfo.academy,
    user.verify=true                         //是否完善设置为 true
    if(personalInfo.type==0)
      user.class=personalInfo.class          //type==0，suers 集合存储学生
                                             //班级信息
    else
      user.depart=personalInfo.depart        //type==1，suers 集合存储教师
                                             //部门信息
      return await collection.doc(id).set({      //更新 users 集合
        data:user                            //更新 user 对象
      })
   }catch(e){
    console.error(e)
}
```

（3）addSubject() 云函数：向 subject 集合指定的调查问卷添加问卷题目。event 参数传入当前试卷的名称 currentSugject 和问卷内容 timu 数组，然后通过数据库操作符 push 命令将 timu 数组插入到试卷中。该云函数的 index.js 代码如下：

```
//addSubject.() 云函数 js 代码
// 增加试题
const cloud=require('wx-server-sdk')
cloud.init({
   env:'teach-2g2kzjxb411e2e2e'
})
const db=cloud.database()
const collection=db.collection('subject')
var total=0
var id=""
exports.main=async(event, context)=>{
   console.log(event.currentSubject)
   console.log(event.timu)
   var subjectname=event.currentSubject
   console.log(subjectname)
   const _=db.command                              // 定义数据库操作符
   try{
      return await collection.where({subjectname:subjectname}).update({
          data:{
            timu:_.push([event.timu])             // 数据库操作符执行 push() 函数向 timu
                                                  // 数组增加题目
          }
      })
   }catch(e){
    console.error(e)
    wx.showToast({                                // 异常提示操作失败
       title:' 操作失败 ',
    })
   }
}
```

（4）getData() 云函数：使用频率比较高，功能是根据条件查询数据记录，为了能够向不同的集合中获取数据，这里 event 参数需要传入数据集合名称 collection 和查询条件 condition 两个参数。该云函数的 index.js 代码如下：

```
const cloud=require('wx-server-sdk')
cloud.init({
   env:'teach-2g2kzjxb411e2e2e'
})
const db=cloud.database()
exports.main=async(event, context)=>{
   try{
      return  await db.collection(event.collection).where(event.condition).
```

```
limit(1000).get()
  }catch(e){
    console.log(e)
    wx.showToast({
        title:'获取失败',
    })

}
```

（5）modifyAvailable() 云函数：通过修改 subject 集合问卷的标志位 available，决定是否启停该问卷调查。函数通过 event 参数传递 isAvailables 数组对象，然后循环遍历 subject 集合，修改 available 标志位。该函数 index.js 代码如下：

```
//modifyAvailable 云函数的 js 代码
// 云函数入口文件
const cloud=require('wx-server-sdk')
cloud.init({
    env:'teach-2g2kzjxb411e2e2e'
})
const db=cloud.database()
const collection=db.collection('subject')
// 云函数入口函数
exports.main=async(event, context)=>{
   try{
      let isAvailables=event.isAvailables
         for(let i=0;i<isAvailables.length;i++){
            await collection.doc(isAvailables[i]._id).update({
                data:{
                   available:isAvailables[i].available
                }
            })
      }
      return
   }catch(e){console.error(e)}
```

（6）modifySubject() 云函数：用来修改问卷调查题目，该函数通过 event 参数传入待修改问卷调查的 _id 和题目数组对象 timu，然后通过 update() 方法更新试题内容。该函数 index.js 代码如下：

```
//modifySubject 函数 js 代码
const cloud=require('wx-server-sdk')
cloud.init({
   env:'teach-2g2kzjxb411e2e2e'
})
const db=cloud.database()
const collection=db.collection('subject')
exports.main=async(event, context)=>{   // 云函数入口文件
   try{
```

```
        return await collection.doc(event._id).update({
          data:{
            timu:event.timus
          }
        })
    }catch(e){console.error(e)}
}
```

（7）statistics() 云函数：用来统计某个问卷调查统计结果，按照问卷编号 bh 和选项 sel 分组统计每道问卷每个选项的选择个数，这里用到 mongDB 数据库的 unwind 命令展开数组，用 group 命令对调查问卷进行分组，最后用 sum(1) 方法对分组进行计数。statistics 云函数 index.js 代码如下：

```
//statistics 函数 js 代码
const cloud=require('wx-server-sdk')
cloud.init({
  env:'teach-2g2kzjxb411e2e2e'
})
const db=cloud.database()
// 云函数入口函数
exports.main=async(event, context)=>{
  console.log("currentName:",event.currentSubjectName)
  const $=db.command.aggregate
    try{
     return await db.collection("answer").aggregate()
      .match({subjectname:event.currentSubjectName})
      .unwind({                  //展开 answer 数组
         path:'$answer'
      })
      .group({
 //按照问卷编号 bh 和选项 sel 分组统计每道问卷每个选项选择个数
        _id:{'bh':'$answer.bh',"sel":'$answer.sel'},
        num:$.sum(1)          //分组计数
      })
      .sort({
         '_id.bh':1,
         '_id.sel':1
      })
      .end()
     }catch(e){
       console.log("zhang:",e)
     }
}
```

3. 系统页面目录结构

根据系统功能需要，问卷调查小程序共设计 10 个页面和部件，页面目录结构如图 7-20 所示。

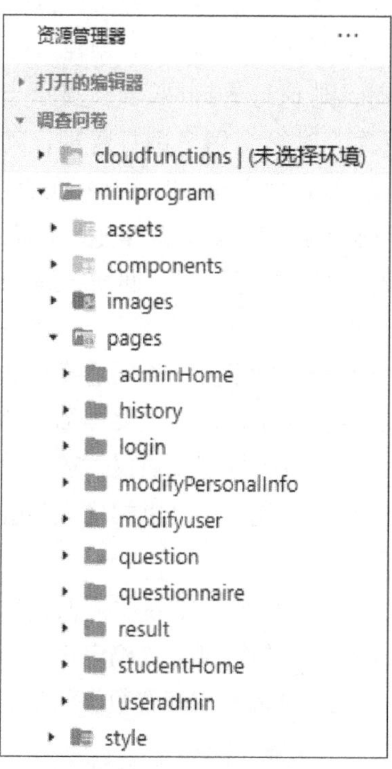

图 7-20　页面目录结构

视　频

案例系统目录结构

系统整体执行流程和对应小程序页面如图 7-21 所示。

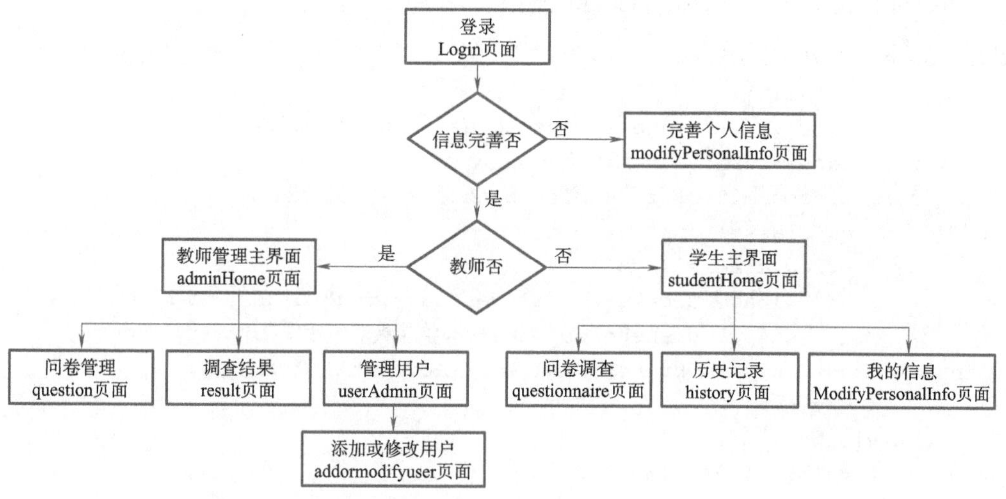

图 7-21　页面目录结构

系统首先执行 login 登录页面，验证成功，根据系统初始密码及 users 集合 verify 属性判断用户是否完善个人信息。如果没有完善，执行 modifyPersonalInfo 页面完善个人信息；如果完善个人信息，再根据 users 集合 type 属性判断是教师或者是学生，如果是教师则进入教师管理主界面 adminHome。

adminHome 主界面主要完成问卷管理、调查结果统计、管理用户，当单击问卷管理 TabBar，调用 question 页面时，可以完成问卷调查的创建、题目的添加、问卷的修改和启停问卷；当单击调查结果 TabBar 时，则执行 resutl 页面，显示当前启用的问卷调查统计结果；执行管理用户调用 userAdmin 页面，对系统用户进行管理，其中添加和修改用户信息跳转到 addormodifyuser 页面完成相应功能，删除用户和重置用户密码直接在 addormodifyuser 页面完成。

如果是学生，则进入学生主界面 studentHome。这里学生可以通过页面 questionnaire 做问卷调查，调用 history 页面查看所做过的问卷调查，执行页面 modifypersonalInfo 查看和修改个人信息。

4. 学生端页面详细实现

视 频

登录页面实现

由系统分析可知，该系统分为学生调查问卷模块和教师问卷管理模块。由于受篇幅限制，这里主要详细讲解学生调查问卷模块的实现过程，教师管理模块仅描述简单实现过程和运行效果图，不再书写代码。可以扫描教师管理模块二维码学习实现过程。

（1）login 页面。login 页面是小程序启动页面，在这个页面要完成用户的登录和用户的类型，以确定用户的操作。同时该页面也完成小程序用户 openid 和基础配置数据的获取。系统运行效果如图 7-22 所示。

图 7-22　登录界面

- login.wxml 文件。login.wxml 布局文件利用 form 组件将 input 和 button 组件组合成一个表单，当单击登录的时候执行 formSubmit() 函数，单击重置时执行 formReset() 函数。布局代码如下：

```
<!--pages/login/login.wxml-->
<view class='all'>
   <image src='../../images/3.jpg' class='tu'></image>
   <view class='text'>大学生调查问卷</view>
    <form bindsubmit="formSubmit" bindreset="formReset">
       <view class='input'>
          <view class='logo'>
             <image src="../../images/name.png" class='img'></image>
             <input placeholder='请输入学号或者工号' bindinput=
'inputAccount'  type='number' value='{{account}}'></input>
          </view>
      </view>
          <view class='input'>
             <view class='logo'>
             <image src="../../images/key.png" class='img'></image>
             <input password
                placeholder='默认密码123456'bindinput='inputPsw'
                type='number' value='{{password}}'>
             </input>
          </view>
           </view>
```

```
        <view class="footbtn">
            <button form-type="submit">登录</button>
            <button form-type="reset">重置</button>
        </view>
    </form>
</view>
```

- login.js 文件：完成该页面的业务逻辑，该页面在 load 事件触发时加载全局配置文件和获取用户 openid，全局配置文件通过 getData() 云函数从数据集 basedata 中获取基础配置数据并赋值给全局页面对象 globalData.basedata 数组；通过云函数 login() 获得当前用户的 openid，存放在全局页面对象 globalData.openid 中。login.js 初始化及加载数据部分代码如下：

```
// pages/login/login.js
const app=getApp() //获得全局页面对象 app
Page({
   /**
    * 页面的初始数据
    */
   data:{
      account:"",
      password:""
   },
   // getOpenid() 函数调用云函数 login 获得用户 openid
getOpenid:function(){
     wx.cloud.callFunction({
        name:'login',
        data:{},
        success:res=>{
           console.log('[云函数] [login] user openid:', res.result.openid)
           app.globalData.openid=res.result.openid
        },
        fail:err=>{
          console.error('[云函数] [login] 调用失败', err)
        }
     })
   },
   /**
    * 生命周期函数——监听页面加载
    */
   onLoad:function(options){
      //获得用户 openId
      this.getOpenid()
      //获得基础配置数据
      wx.cloud.callFunction({
        name:'getData',
```

```
            data:{
                'collection':'basedata',
                'condition':{}
            }
        }).then(res=>{
            console.log(res.result.data[0])
              app.globalData.basedata=res.result.data[0]
        })
    }
})
```

该函数通过单击 formSubmit 函数进行提交登录，又调用自定义函数 login() 函数完成账号验证。当登录成功后判断用户的 verify 值，如果 verify==0 表示首次登录，转向 modifyPersonalInfo 进行个人信息完善。如果 verify==1 表示信息已经完善，再次判断用户身份，type==0 进入学生文件调查主界面 studenHome, 如果 type==1 进入教师问卷管理主界面 adminHome。login.js 增加的函数代码如下：

```
inputAccount:function(e){                  //获得用户账户
   this.setData({
     account:e.detail.value
   })
},
inputPsw:function(e){                      //获得用户密码
   this.setData({
      password:e.detail.value
   })
},
formSubmit:function(e){                    //单击登录，执行登录验证
   if(this.data.account===""){             //账号输入框不能够为空，为空返回
      wx.showToast({
        title:'学号或者工号为空',
        duration:2000
      })
      return
   }
      if(this.data.password===""){         //密码输入框不能够为空，为空返回
        wx.showToast({
          title:'密码为空',
          duration:2000
        })
      return
   }
   this.login();     //调用 login() 自定义函数进行账号验证
 },
```

```
formReset:function(){                    //单击重置按钮，将账号和密码输入框置空
   this.setData({
      account:"",
      password:""
   })
},
login:function(){              //登录验证函数
   var account=this.data.account
   var password=this.data.password
   wx.showToast({
       title:'加载中 ...',
       icon:'loading',
  })
  wx.cloud.callFunction({
     name:"getData",
     data:{
        'collection':'users',
        'condition':{account:account,psw:password}
     }
  })
  .then(res=>{
      wx.hideToast({
         success:(res)=>{},
      })
      app.globalData.personalInfo=res.result.data[0]
      if(app.globalData.openid!='')
         app.globalData.personalInfo['_openid']=app.globalData.openid
      if(!app.globalData.personalInfo.verify){    //verify==0，首次登录，
                                                  //需要完善个人信息
         wx.showModal({
         title:"首次登录",
         content:"将跳转到完善信息界面" ,
         showCancel:false,
         success:function(res){
            if(res.confirm)
            wx.navigateTo({
               url:'/pages/modifyPersonalInfo/modifyPersonalInfo'
            })
         }
        })
      }
      else{
         if(app.globalData.personalInfo.type==0){
         //完善过个人信息，如果是学生转向 studnetHome 主界面
            wx.showToast({
               title:'开始问卷调查',
```

```
                })
                wx.navigateTo({
                    url:'../studentHome/studentHome',
                })
            }
            else{
            //完善过个人信息，如果是教师转向 adminHome 主界面
                wx.showToast({
                    title:'进入管理页面',
                })
                wx.navigateTo({
                    url:'../adminHome/adminHome',
                })
            }
        }
      }).catch(err=>{
          wx.showModal({
              title:"提示",
              content:"账号不存在，或者密码错误！",
              showCancel:false
          })

  })
}
```

（2）modifyPersonalInfo 页面：用来完善个人基本信息，同时该页面也作为部件加载到查看个人信息页面。页面运行效果如图 7-23 所示。

视频

完善个人信息页面实现

图 7-23 完善个人信息

● modifyPersonalInfo.wxml 页面：个人账号和姓名信息由教师录入，不能够修改，这里 input 组件的 disable 属性设置为 true。学生和教师共用一个页面，学生显示学号和班级，教师显示工号和部门，这里根据用户的 type 值，利用 wx:if 语句来判断显示。例如，显示学号或者工号，代码如下：

```
<view wx:if="{{personalInfo.type==0}}"> 学号 :</view>
<view wx:else> 工号 :</view>
```

该页面还将作为部件加载到学生个人信息主页面，个人信息用 scroll-view 组件来实现，当内容多时，可以滚动显示。modifyPersonalInfow.wxml 的完整代码如下：

```
<!-- 完善个人信息界面 /pages/modifyPersonalInfo/odifyPersonalInfo.wxml -->
<view class="main">
   <view class="title"><view> 完善个人信息 </view></view>
   <scroll-view class="showcontent" scroll-y >
   <view class="content">
      <view wx:if="{{personalInfo.type==0}}"> 学号 :</view>
      <view wx:else> 工号 :</view>
      <input  class="disableedit" value="{{personalInfo.ac
count}}" disabled />
      <text> 姓名 :</text><input class="disableedit" value="{{per
sonalInfo.name}}" disabled />
   </view>
   <view class="content">
       <view class=" note" ><text> 性别 :</text></view>
       <view class="info">
          <radio-group bindchange="getSex" >
           <radio value=" 男 " checked="{{personalInfo.sex==' 男 '}}"> 男 </radio>
          <radio  value=" 女 " checked="{{personalInfo.sex==' 女 '}}" > 女 </radio>
          </radio-group>
       </view>
   </view>
   <view class="content">
       <view class="note"><text> 出生日期 :</text></view>
       <view class="info">
         <picker mode="date" bindchange="getDate">
            <input class='edit' value="{{personalInfo.birthday}}"  />
         </picker>
       </view>
    </view>
    <view class="content">
       <view class="note"><text> 学院 :</text></view>
       <view class="info">
          <picker  range="{{basedata.academy}}" bindchange="getAcademy">
             <input class='edit' value="{{personalInfo.academy}}"disabled/>
          </picker>
      </view>
```

```
    </view>
    <view class="content">
      <view class="note" wx:if="{{personalInfo.type==0}}"><text>班级：
</text></view>
      <view class="note" wx:else><text>部门：</text></view>
        <view class="info" wx:if="{{personalInfo.type==0}}">
            <picker  range="{{basedata.class}}" bindchange="getClass">
              <input class='edit' value="{{personalInfo.class}}" disabled/>
            </picker>
        </view>
        <view class="info" wx:else>
            <picker  range="{{basedata.depart}}" bindchange="getDepart">
             <input class='edit' value="{{personalInfo.depart}}" disabled/>
            </picker>
        </view>
     </view>
    <view class="content">
       <view class="note"><text>新的密码：</text></view>
       <view class="info">
          <input class='edit' value="{{psw1}}" bindblur="getPsw1"
            password  placeholder="请输入新密码"/>
          </view>
    </view>
    <view class="content">
       <view class="note"><text>再次输入：</text></view>
       <view class="info">
          <input class='edit' value="{{psw2}}" bindblur="getPsw2"
          password  placeholder="请再次输入密码"/>
       </view>
    </view>
    <view class="content">
       <view class="info"><text>单击图片上传个人照片：</text></view>
    </view>
    <view class="content center">
       <image class="img"
          src="{{personalInfo.picture==''||personalInfo.picture
==null?'../../images/3.jpg':
          personalInfo.picture}}" bindtap="uploadImage">
      </image>
    </view>
    <view class="content center" >
       <view class="info">
       <button type="primary" bindtap="submitPersonalInfo">提交</button>
    </view>
    </view>
   </scroll-view>
```

```
</view>
```

● modifyPersonalInfo.js 代码：该业务逻辑代码实现个人信息的获得，并通过云函数 addPersonalInfo() 保存到 users 集合。其中，个人照片利用云存储存放，照片云存储的 fileID 存放到 users 集合个人信息中，上传照片执行 upLoadImage() 自定义函数；单击提交触发 submitPersonalInfo 函数，利用云函数 addPersonalInfo() 将个人信息存放到 users 集合中。modifyPersonalInfo.js 完整代码如下：

```
// pages/addPersonalInfo/addPersonalInfo.js
const app=getApp()                    //获得全局对象 app
Page({
  // 页面的初始数据
  data:{
    personalInfo:{},            //个人信息
    basedata:{},                //基础配置数据
    psw1:"",                    //第一次输入密码
    psw2:""                     //第二次输入密码
  },
  getSex:function(e){             //修改性别
    console.log(e)
    this.data.personalInfo.sex=e.detail.value
    this.setData({
      personalInfo:this.data.personalInfo
    })
  },
  getDate:function(e){            //修改出生日期
    console.log("pan",e)
    this.data.personalInfo.birthday=e.detail.value
    this.setData({
      personalInfo:this.data.personalInfo
    })
  },
  getAcademy:function(e){         //修改学院
    this.data.personalInfo.academy=this.data.basedata.academy[e.detail.value]
    this.setData({
      personalInfo:this.data.personalInfo
    })
  },
  getClass:function(e){           //修改班级
    this.data.personalInfo.class=this.data.basedata.class[e.detail.value]
    this.setData({
      personalInfo:this.data.personalInfo
    })
  },
  getDepart:function(e){          //修改部门
    this.data.personalInfo.depart=this.data.basedata.depart[e.detail.value]
```

```
    this.setData({
       personalInfo:this.data.personalInfo
    })
  },
  getPsw1:function(e){          //获得第一次输入的密码
     this.setData({
        psw1:e.detail.value
     })
  },
  getPsw2:function(e){          //获得第二次输入的密码
     this.setData({
        psw2:e.detail.value,
     })
  },
   // 选择并上传图片，图片 fileId 存入 users 集合中，便于检索
   uploadImage:function(){
    // 选择图片
    let that=this
    wx.chooseImage({
       count:1,
       sizeType:['compressed'],
       sourceType:['album', 'camera'],
       success:function(res){
          wx.showLoading({
             title:'上传中',
          })
          const filePath=res.tempFilePaths[0]
          // 上传个人照片，以个人账号命名
          const cloudPath=that.data.personalInfo.account+filePath.
match(/\.[^.]+?$/)[0]
          wx.cloud.uploadFile({
             cloudPath,
             filePath,
             success:res=>{
                //获取个人照片云存储fileID
                that.data.personalInfo.picture=res.fileID
                that.setData({
                   personalInfo:that.data.personalInfo
                })
            },
            fail:e=>{
                wx.showToast({
                   icon:'none',
                   title:'上传失败',
                })
            },
```

```
            complete:()=>{
                wx.hideLoading()
            }
        })
    },
    fail:e=>{
        console.error(e)
    }
  })
},
submitPersonalInfo:function(e){
    let psw1=this.data.psw1
    let psw2=this.data.psw2
    let that=this
    if(psw1==""||psw2==""||psw1!=psw2){//密码为空或者两次输入密码不一致，返回重新输入
        wx.showToast({
            title:'不符合规范',
            duration:2000
        })
        return
    }
  if(psw1=='123456'){          //密码为初始密码123456，返回重新输入
      wx.showToast({
          title:'原始密码',
          duration:2000
      })
      return
  }
  that.data.personalInfo.psw=psw1
  wx.cloud.callFunction({     //调用云函数addPersonalInfo()
       name:'addPersonalInfo',
       data:{
          personalInfo:that.data.personalInfo
       }
  }).then(res=>{console.log("成功修改个人信息:",res)
      wx.showToast({
         title:'提交成功',
      })
  })
 .catch(err=>{console.log("个人信息修改失败: ",err)})
},
   //加载全局配置文件基础数据basedata和当前用户信息
  onLoad:function(options){
      this.setData({
         personalInfo:app.globalData.personalInfo,
         basedata:app.globalData.basedata
```

```
        })
    }
})
```

（3）studentHome 页面。用户登录成功，并且已经完善过个人信息，根据 type 类型判断用户是学生，则进入学生主界面 studentHome，这里学生可以选择做问卷调查、查看历史问卷调查和查看个人信息。由于微信小程序目前 tabBar 不能够动态的加载，而系统学生和教师两种角色执行不同的操作，所对应的 tabBar 不一样。这里自定义一个 tabBar。

视频

学生主页面实现

● studentHome.wxml 页面：studentHome 是学生问卷调查主界面，供学生问卷调查、查看历史问卷调查和查看个人信息，自定义一个 tabBar；同时在页面中引自定义组件。studentHome.wxml 代码如下：

```
<!--pages/studentHome/studentHome.wxml-->
<view style='margin-bottom:130rpx;'>
<!-- 组件显示，根据自己需求添加 -->
   <view hidden="{{currentTab==0? false:true}}">
      <component_questionnaire id="componentquestionnaire"/>
   </view>
   <view hidden="{{currentTab==1? false:true}}">
      <component_history id="componenthistory"/>
   </view>
   <view hidden="{{currentTab==2? false:true}}">
      <component_mine id="componentmine"/>
   </view>
</view>
<!-- 自定义 tabbar -->
<view class="nav-tabs">
   <view class="tab-list {{currentTab==idx ? 'active' :'default' }}"
 wx:for="{{items}}"
      wx:key="prototype" wx:for-index="idx" wx:for-item="item"
       data-current="{{idx}}" bindtap="swichNav">
     <text class="tab-text" wx:for-index="idx" data-current="{{idx}}"
          src="{{currentTab==idx ? item.selectedIconPath :item.iconPath
 }}">
          {{item.text}}
     </text>
     <image class="iconPath" wx:for-index="idx" data-current="{{idx}}"
          src="{{currentTab==idx ? item.selectedIconPath:item.
iconPath }}">
     </image>
    </view>
</view>
```

● studentHome.json 代码。wxml 页面视图中引用自定义组件，例如代码：

```
<view hidden="{{currentTab==0? false:true}}">
   <component_questionnaire id="componentquestionnaire"/>
</view>
```

表示自定义一个组件名字叫 component_questionnaire，这里需要在 studentHome.json 文件中，"usingComponents" 声明组件。代码如下：

```
"usingComponents":{
   "component_questionnaire':"/pages/questionnaire/questionnaire",
   "component_mine":"/pages/modifyPersonalInfo/modifyPersonalInfo",
   "component_history":"/pages/history/history"
}
```

这里声明自定义组件 "component_questionnaire"，指向 questionnaire 页面；声明组件 "component_history"，指向 history 页面;声明组件 " component_mine"，指向 modifyPersonalInfo 页面。然后，在 view 页面利用标签进行引用，例如 <component_questionnaire id="componentquestionnaire"/>，引用自定义组件 component_ questionnaire，指定 id="componentquestionnaire"。

- student.Home.js 代码：在 wxml 文件中自定义 tabBar，利用 items 数组作为 tabBar 选项，对每一个选项单击时执行 swichNav() 方法，其完整代码如下：

```
let app=getApp()
Page({
  data:{
     currentTab:0,
     flag:1,
     //这里 tab 名称和显示图标
     items:[
        {
           "text":"问卷调查",
           "iconPath":"/assets/icons/home.png",
           "selectedIconPath":"/assets/icons/home_active.png"
        },
        {
           "text":"历史问卷",
           "iconPath":"/assets/icons/history.png",
           "selectedIconPath":"/assets/icons/history_active.png"
        },
        {
           "text":"我的信息",
           "iconPath":"/assets/icons/mine.png",
           "selectedIconPath":"/assets/icons/mine_active.png"
        }
     ]
  },
  swichNav:function(e){
     let that=this;
     if(that.data.currentTab===e.target.dataset.current){
```

```
            return false;
        }else{
            that.setData({
                currentTab:e.target.dataset.current
            })
            if(e.target.dataset.current===0){
            // 页面获取自定义组件实例
                let myComponent=that.selectComponent('#componentquestionnaire');
                myComponent.onLoad();    // 通过实例调用组件 onload() 事件
            }
            if(e.target.dataset.current===1){
                let myComponent=that.selectComponent('#componenthistory');
                // 页面获取自定义组件实例
                myComponent.onLoad();     // 通过实例调用组件 onload() 事件
            }
            if(e.target.dataset.current===2){
                let myComponent=that.selectComponent('#componentmine');
                // 页面获取自定义组件实例
                myComponent.onLoad();    // 通过实例调用组件 onload() 事件
            }
        }
    },
    onLoad:function(option){
    // 页面获取自定义组件实例
        let myComponent=this.selectComponent('#componentquestionnaire');
        myComponent.onLoad();             // 通过实例调用组件 onload() 事件
    }
})
```

这里 items 数组定义 tabBar 每个 item 的名称、选中和未选中时的图标，当单击每个组件时，执行 swichNav() 方法，修改 currentTab 的值，在 studentHome.wxml 文件中通过 hidden 属性，控制相应组件的显示。例如代码：

```
<view hidden="{{currentTab==0? false:true}}">
    <component_questionnaire id="componentquestionnaire"/>
</view>
```

控制 component_questionnaire 组件的显示或者隐藏。

另外，在 onLoad() 事件中语句：let myComponent=this.selectComponent('#componentquestionnaire')。

通过 .selectComponent() 方法选择指定组件 component_questionnaire 的实例，然后执行组件 component_questionnaire 的 onLoad() 事件，加载相应数据。

单击问卷调查、历史问卷和我的信息选项，系统运行结果如图 7-24 所示。

“我的信息”页面以组件方式加载 modifyPersonalInfo 页面，该页面前面已经讲过，下面讲解问卷调查和历史问卷页面的实现。

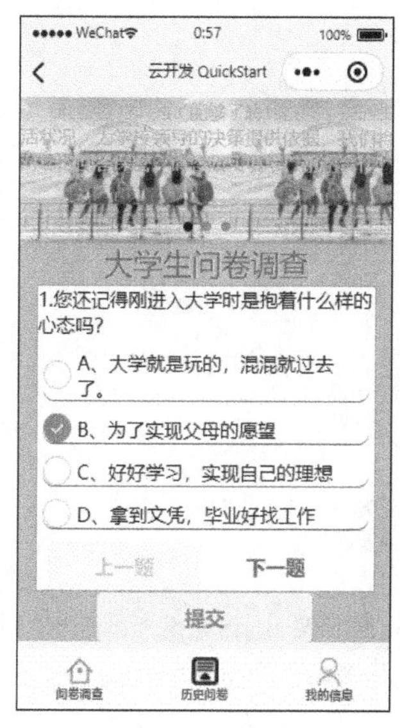

(a)问卷调查

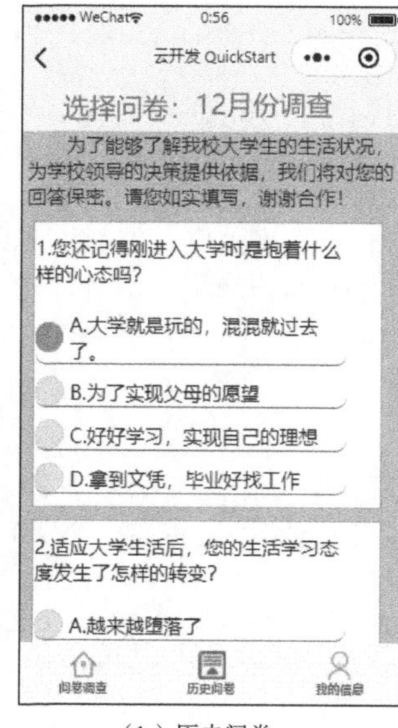

(b)历史问卷

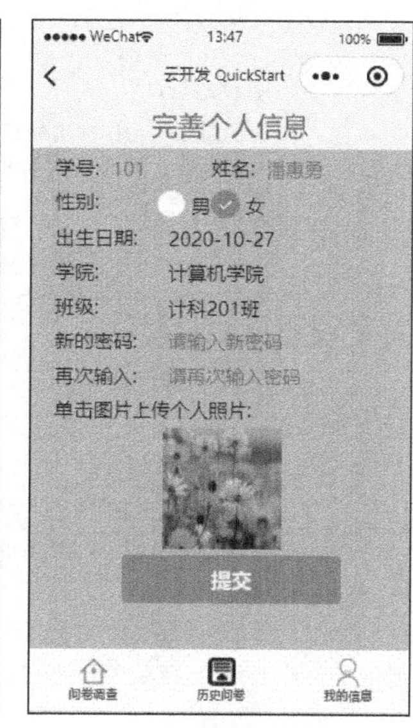

(c)我的信息

图 7-24 学生管理主界面运行结果

视 频

学生问卷调查页面实现

(4)questionnaire 问卷调查页面：questionnaire 问卷调查页面显示当前启用的问卷调查，问卷调查界面如图 7-24(a)所示。

- questionnaire.wxml 页面：如图 7-24(a)所示，在设计页面时，上半区域以轮播图的方式显示图片和本次问卷调查目的。中间部分显示问卷题目，每次显示一道题目，下半区域是操作按钮。questionnaire.wxml 页面完整代码如下：

```
<!--pages/questionnaire/questionnaire.wxml-->
<view class='contain' >
   <swiper autoplay indicator-dots circular duration="300" class='swiper'>
     <block wx:for="{{img}}" wx:key="index">
         <swiper-item style="background:url({{item}}); background-size:contain;">
            <view class="swipertext">
               <text> 调查目的: {{usingSubject.subjectdescribe}}
               </text></view>
           </swiper-item>
     </block>
   </swiper>
   <view style='text-align:center;font-size:25px;color:red'> 大学生问卷调查 </view>
   <view class="item">
      <view>
          <text>{{usingSubject.timu[index].bh}}.{{usingSubject.timu[index].stem}}
          </text>
      </view>
      <view>
      <radio-group  bindchange="selOption" >
         <radio  checked="{{checked}}" value='A'  class='selitem'>
              A、{{usingSubject.timu[index].A}}
         </radio>
         <radio  checked="{{checked}}" value='B'  class='selitem'>
```

```
            B、{{usingSubject.timu[index].B}}
        </radio>
        <radio  checked="{{checked}}" value='C'  class='selitem'>
            C、{{usingSubject.timu[index].C}}
        </radio>
        <radio  checked="{{checked}}" value='D'  class='selitem'>
            D、{{usingSubject.timu[index].D}}
        </radio>
      </radio-group>
    </view>
    <veiw class="btn1">
       <button class="{{index==0?'color1':'color2'}}" bindtap="preview"
         disabled="{{index==0||havingDone}}" >上一题
       </button>
       <button class="{{index==count-1?'color1':'color2'}}" bindtap="next"
              disabled="{{index==count-1||havingDone}}">下一题
       </button>
    </veiw>
    </view>
    <view class="btn" >
       <button type="default" bindtap="submitAnswer" disabled="{{havingDone}}">提交
        </button>
    </view>
</view>
```

该页面布局问卷每次显示一道问卷试题，通过命令按钮“下一题”和“上一题”分别向下和向上翻滚问卷试题。havaingDone 用来判断该用户是否答过该问卷，如果答过或者 index==0 即当前是第一道题目，则向上按钮失效；如果 havingDone 为真，并且 index==count-1，即当前为最后一道题目，则下一题按钮失效。

- questionnaire.js 代码。由 questionnaire.wxml 页面布局问卷看出，当单击“上一题”按钮时，执行 next() 函数，使试题数组下标为 -1；当单击“下一题”按钮时，使题目下标为 +1；当执行“提交”按钮时，执行 submitAnswer() 方法，通过小程序端函数将数据提交到集合 answer 中。questionnaire.js 完整代码如下：

```
// pages/questionnaire/questionnaire.js
let app=getApp()                     //获取全局 app 对象
Page({
   data:{
     //轮播图显示图片
     img:["../../images/school1.jpg","../../images/school2.jpg","../../
images/school3.jpg"],
     usingSubject:{},               //当前启用的调查问卷
     currentSubjectContent:[], //当前启用的调查问卷的题目
     index:0,                       //默认第一条记录下标
     answer:[],                     //用户调查问卷答题答案
     count:0,                       //当前调查问卷总题数
     checked:false,                 //选项是否选择，默认没有选择
     havingDone:false               //问卷调查已经做过
```

```
    },

selOption:function(e){                  //选择问卷选项
    let bh=this.data.index+1
    let sel=e.detail.value
console.log("sel:",sel)
    this.data.answer[this.data.index]={bh,sel}
    this.setData({
        answer:this.data.answer
    })
},
preview:function(e){                    //向上翻滚试题
    this.setData({checked:false})
    this.data.index=this.data.index-1
    if(this.data.index==-1)             //当 index 为 -1 时，使 index=0，处于第一条记录
      this.data.index=0;
      this.setData({index:this.data.index})
},
next:function(e){                       //向下翻滚试题
    this.setData({checked:false})
    this.data.index=this.data.index+1
    if(this.data.index==this.data.count)
        this.data.index=this.data.count-1
        this.setData({index:this.data.index})
},
submitAnswer:function(e){               //上传问卷答案
    if(this.data.answer.length<this.data.count){    //判断是否全部答完问卷调查
        wx.showToast({
            title:'没有答完题',
        })
        return
    }
     console.log(app.globalData.personalInfo)
     wx.cloud.init({
         env:'teach-2g2kzjxb411e2e2e',
         traceUser:true,
    })
    //通过小程序端存储答案到集合 answer 中
    const db=wx.cloud.database()
    db.collection("answer").add({
        data:{
            account:app.globalData.personalInfo.account,//学生账号
            name:app.globalData.personalInfo.name,       //学生姓名
            subjectid:this.data.usingSubject._id,        //当前启用调查问卷的id
            subjectname:this.data.usingSubject.subjectname, //当前启用调查问
                                                          //卷的名称
```

```
            answer:this.data.answer,                          // 当前学生调查问
                                                              // 卷的答案
            answerdate:new Date().toLocaleDateString()        // 学生上传答案时间
          }
        }).then(res=>{
          wx.showToast({
            title:'问卷提交成功',
          })
        }).catch(err=>{
          wx.showToast({
            title:'问卷提交失败',
          })
        })
    },
    //获取当前启用的调查问卷
     getQuestionnaire:function(e){
        wx.cloud.callFunction({
        name:'getData',
        data:{
           'collection:'subject',
           'condition':{"available":"1"}
         }
        }).then(res=>{
           //存放在全局对象glogbalData.usingSubject字段中
           app.globalData.usingSubject=res.result.data[0]
           this.setData({
              usingSubject:res.result.data[0],         //当前使用的问卷调查
              currentSubjectContent:res.result.data[0].timu,
              index:0,
              count:res.result.data[0].timu.length
           })
           this.havingDone()      //判断学生是否已经做过该调查问卷
       }).catch(err=>{
           console.log("res:",err)
       })
    },
     /**
      * 判断学生是否已经做过该调查问卷，通过判断answer集合中是否有前试卷id和学生账号account
      */
    havingDone:function(e){
       wx.cloud.callFunction({
       name:'getData',
       data:{
          'collection':'answer',
          'condition':{
           "subjectid":app.globalData.usingSubject._id,  //answer集合中有当前试卷id
```

```
        "account":app.globalData.personalInfo.account,}  //answer 集合中
                                                           //有当前学生账号
      }
    }).then(res=>{
        if(res.result.data.length>0){
          wx.showToast({
            title:'问卷已经提交',
          })
         this.setData({havingDone:true})
        }
          }).catch(err=>{
            wx.showToast({
              title:'访问失败',
            })
          })
  },
    onLoad:function(options){
     this.getQuestionnaire() //调用 getQuestionnaire() 方法，获取当前启用的调查问卷
    }
})
```

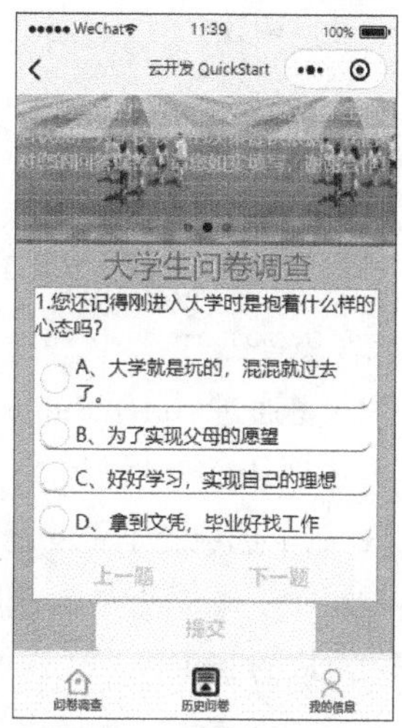

图 7-25　已做调查问卷

这里，getQuestionnaire() 方法中调用 havingDone() 方法获取当前启用的调查问卷，并调用 havingDone() 方法，通过判断 answer 集合中是否有当前试卷 id 和学生账号 account，来判断学生是否已经做过该调查问卷。该学生已经做过该问卷调查，则命令按钮处于禁用状态，如图 7-25 所示。在页面 onLoad() 事件中加载 getQuestionnaire() 方法；preview() 方法和 next() 方法向上和向下翻滚试题；submitAnswer() 方法只有当所有问卷题目全部做完，通过小程序端函数将学生答案存储在 answer 集合中，完成学生问卷调查。

视　频

学生历史问卷页面实现

（5）history 历史问卷页面。历史问卷页面是学生查看已经做过的调查问卷，如图 7-24（b）所示。学生选择自己做过的问卷调查，查看答卷情况。history.wxml 问卷代码如下：

```
<!--pages/history/history.wxml-->
<view class="title1">
    <text>选择问卷：</text>
    <picker range="{{historySubjectName}}" bindchange="selSubject"
 style="width:120px;">
        <input value="{{currentSubjectName}}" placeholder="选择问卷"/>
    </picker>
</view>
<scroll-view class="showinfo" scroll-y>
    <view style="text-indent:2em;margin:auto 5px;">
```

```
            {{currentSubject.subjectdescribe}}
        </view>
        <block wx:for="{{currentSubject.timu}}" wx:key="index" >
            <view class='itemsel'>
                <view class='stem'>{{item.bh}}.{{item.stem}}</view>
                    <radio-group >
                  <radio disabled checked="{{currentAnswer[item.bh
-1]=='A'}}"  class='sel' value='A'>
                       A.{{item.A}}
                  </radio>
                  <radio disabled checked="{{currentAnswer[item.bh
-1]=='B'}}"  class='sel' value='B'>
                       B.{{item.B}}
                  </radio>
                  <radio disabled checked="{{currentAnswer[item.bh
-1]=='C'}}"  class='sel' value='C'>
                        C.{{item.C}}
                  </radio>
                  <radio disabled checked="{{currentAnswer[item.bh
-1]=='D'}}"  class='sel' value='D'>
                       D.{{item.D}}
                  </radio>
                </radio-group>
              </view>
           </block>
    </scroll-view>
```

这里通过 currentSubject.timu，当前问卷的 timu 数组遍历整个问卷题目，在页面展示出来。每个选项 disabled 设置为 true，不可编辑，通过答案选项 currentAnswer[item.bh-1] 和 A、B、C、D 四个选项看是否匹配，匹配则该选项被选择，例如语句 checked="{{currentAnswer[item.bh-1]=='A'}}"，看是否是 A 选项。

对应的 history.js 代码如下：

```
// pages/history/history.js
let app=getApp()                              //获得全局 app
Page({
   data:{
      personalInfo:{},                        //当前用户个人信息
      answerList:[],                          //问卷答卷列表
      historySubjectName:[],                  //问卷列表
      currentSubjectName:"",                  //当前问卷名称
      currentAnswer:[],                       //当前试卷答案，整合为数组对象
      [{bh:1,sel:A},{bh:2,sel:B}...]
      currentSubject:{}                       //当前试卷
   },
```

```
  //选择历史问卷，显示题目和答卷情况
  selSubject:function(e){
     let currentSubjectName=this.data.historySubjectName[e.detail.value]
     //选择历史问卷
     this.setData({currentSubjectName:currentSubjectName})
     for(let i=0;i<this.data.answerList.length;i++)
     if(this.data.answerList[i].subjectname==currentSubjectName)
     {
        let currentAnswer=[],j=0
        let answer=this.data.answerList[i].answer
  //答案整合为数组方式存放在currentAnswer数组中，格式为currentAnswer[0]=A,
  //表示第一题选择A
        for(j=0;j<answer.length;j++)
          currentAnswer[answer[j].bh-1]=answer[j].sel
        console.log("currentanswer:",currentAnswer)
         this.setData({currentAnswer:currentAnswer})
        }
      //获得当前试卷内容
      wx.cloud.callFunction({
         name:"getData",
         data:{
            collection:"subject",
            condition:{subjectname:this.data.currentSubjectName}
         }
      }).then(res=>{
         console.log("currentstem",res)
         //获得当前试卷
         this.setData({currentSubject:res.result.data[0]})

      })
 },
 /**
  * 通过学生账号，获取学生历史问卷
  */
 onLoad:function(options){
    this.setData({personalInfo:app.globalData.personalInfo})
    wx.cloud.callFunction({
       name:"getData",
       data:{
          collection:"answer",
          condition:{"account":this.data.personalInfo.account}//条件为当
                                                              //前用户account
       }
    }).then(res=>{
        console.log("answer_res:",res)
        this.setData({
```

```
            answerList:res.result.data          //历史答卷列表
         })
         let historySubjectName=[]
         for(let i=0;i<this.data.answerList.length;i++)
            historySubjectName.push(this.data.answerList[i].subjectname)
         this.setData({historySubjectName:historySubjectName})
      }).catch(err=>{
         wx.showToast({
            title:'答卷获取失败',
         })
      })
   }
})
```

在 load() 事件中获取历史问卷，然后通过 selSubject() 方法选择要显示的问卷，在页面视图显示当前问卷和答卷情况。

视 频

教师管理模块详细实现

5. 教师端页面详细实现

adminHome 教师主界面方便教师管理问卷调查、统计学生调查问卷和管理系统用户。该界面也是自定义 tabBar，并引入相应自定义组件，这里不再详细介绍。当单击“问卷调查”按钮时，显示 question 调查问卷管理界面，如图 7-26 所示。

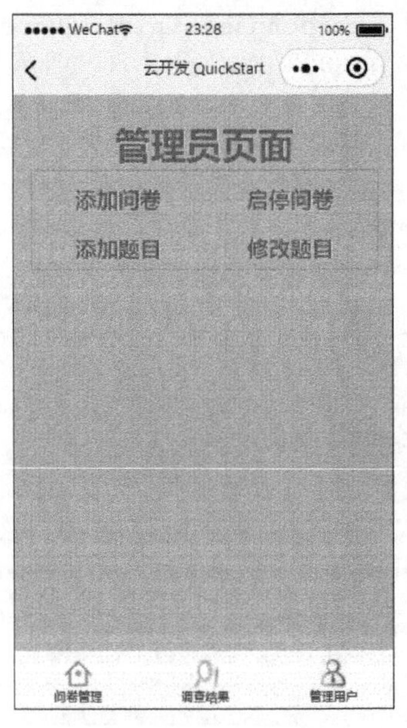

图 7-26 教师主界面

该页面对调查问卷进行管理，可以添加问卷、启停问卷、添加和修改题目。单击“添加问卷”选项，显示添加问卷操作，运行结果如图 7-27 所示。

在教师管理主界面单击调查结果选项，将加载 result 调查统计结果页面，运行结果如图 7-28 所示。

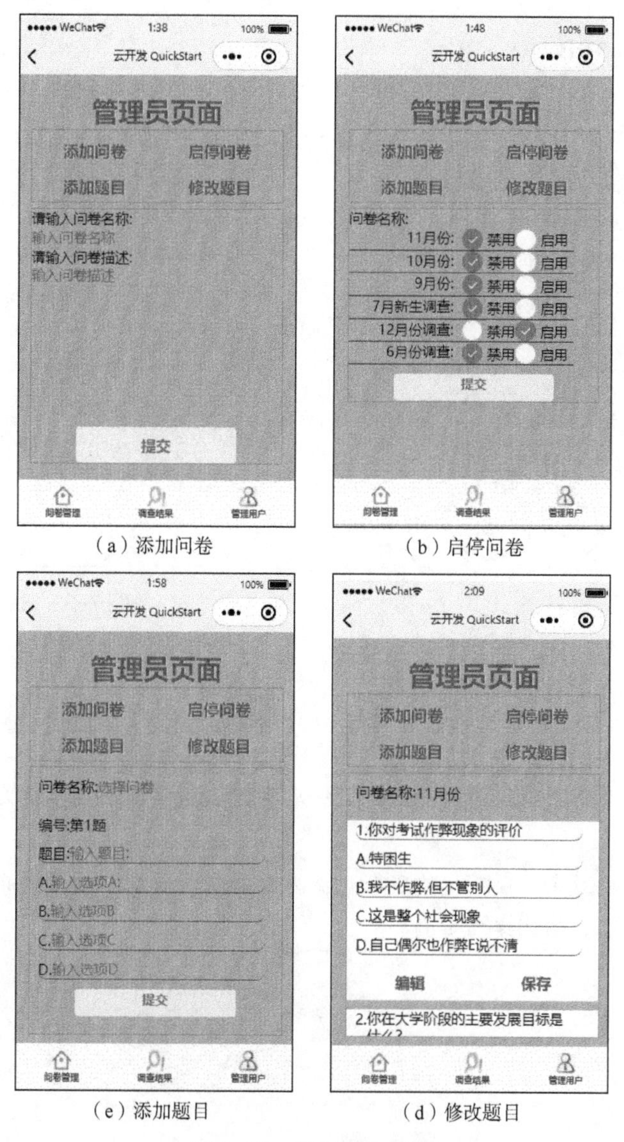

（a）添加问卷　　（b）启停问卷

（e）添加题目　　（d）修改题目

图 7-27　调查问卷管理

单击“管理用户”选项卡，则会加载 useradmin 用户管理页面，该页面主要完成用户的增加、删除、修改和重置密码功能，其运行结果如图 7-29 所示。单击“操作”会弹出操作选项，完成添加用户、修改用户、删除用户和重置用户密码的操作。限于篇幅页面具体实现这里不做详细讲解。

以上调查问卷云开发的整个实现过程，从开发过程可知，利用云开发开发小程序，快速、高效，开发简单，无须再搭建服务器，运行稳定，将成为主流的开发模式，希望读者掌握小程序云开发模式和相关技术。

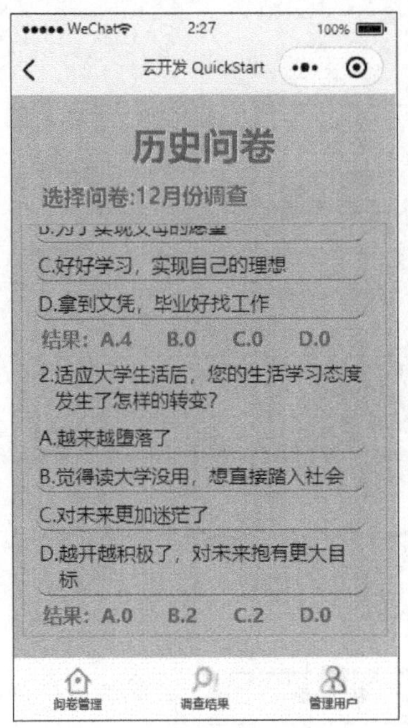

图 7-28　调查结果统计

图 7-29　用户管理

习　题

1. 编写一个智力测试小程序，使用云数据库存储试题信息。要求智力测试题目从云数据库随机获取。

2. 编写一个新闻浏览小程序，使用云数据库存储新闻信息。要求有新闻列表页、新闻详情页、个人爱好收藏页、新闻发布页面。

第 8 章 微信小游戏开发

微信小游戏是小程序的一个类目，小游戏是微信开放给小程序的更多的能力，让小程序开发者有了开发游戏的能力。微信小游戏是在小程序的基础上添加了游戏库 API。微信小游戏只能运行在小程序环境中，微信小游戏没有小程序中 WXSS、WXML、多页面等内容，所以微信小游戏开发时小程序的组件就无法使用；但增加了一些渲染、文件系统及后台多线程的功能。本章通过学习小游戏开发 API、小游戏动画和触摸事件，从而实现开发出自己的小游戏。

8.1 微信小游戏开发基础

8.1.1 微信小游戏的发展史

2017 年 12 月 28 日，微信更新的 6.6.1 版本开放了微信小游戏。微信启动页面还重点推荐了小游戏“跳一跳”。

2018 年 3 月份下旬，微信小程序游戏类正式对外开放测试，但此时第三方小游戏还不能对外发布。

2018 年 4 月 4 日，第三方开发者推出的微信小游戏《征服喵星》已经通过审核。用户可以通过入口搜索到该游戏，依托微信 10 亿流量级平台，并可以体验游戏。

8.1.2 微信小游戏开发过程

微信小游戏开发过程与普通小程序开发一样，申请账号的流程，开发工具和发布的流程都是一样的。普通小程序的入口在 app.js，通过定义各个页面，然后在页面中给回调事件定义逻辑代码实现数据呈现。而“小游戏”入口在 game.js，不存在页面 page 的概念，通过 weapp-adapter.js 引进 canvas 实例。每个小游戏允许上传的代码包总大小为 4 MB。

使用微信开发者工具新建项目，如图 8-1 所示，其中左侧类别选择小游戏，右侧的项目名称是为此小游戏取得一个名字，项目目录是在本地存放小游戏项目代码的文件夹，AppID 是小游戏对应的 AppID，如果有填入即可。如果没有，可以选择 AppID 输入框下方的注册前去注册，也可以选择使用测试账号。

单击“新建”按钮，就得到第一个小游戏，如图 8-2 所示。这是微信开发者工具提供的飞机大战的游戏案例，单击“编译”在微信开发工具里可以预览游戏效果。在手机上体验小游戏，在微信开发者工具的工具栏上单击“预览”按钮，使用微信扫描二维码就可以在手机上体验。

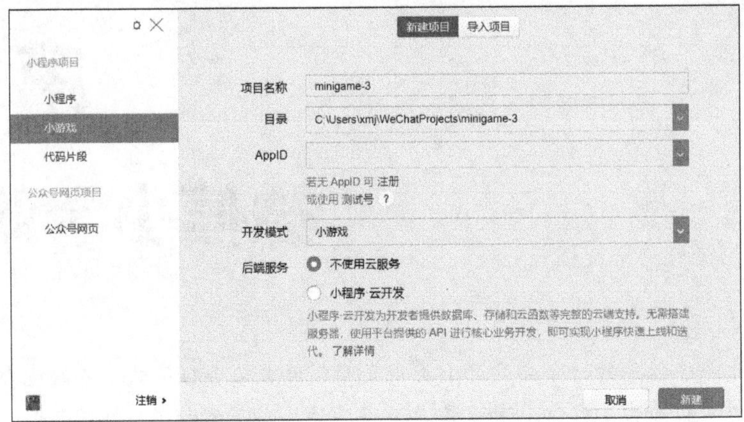

图 8-1　微信开发工具新建项目

8.1.3　微信小游戏目录结构

图 8-2 界面的中间部分，为文件结构区域。

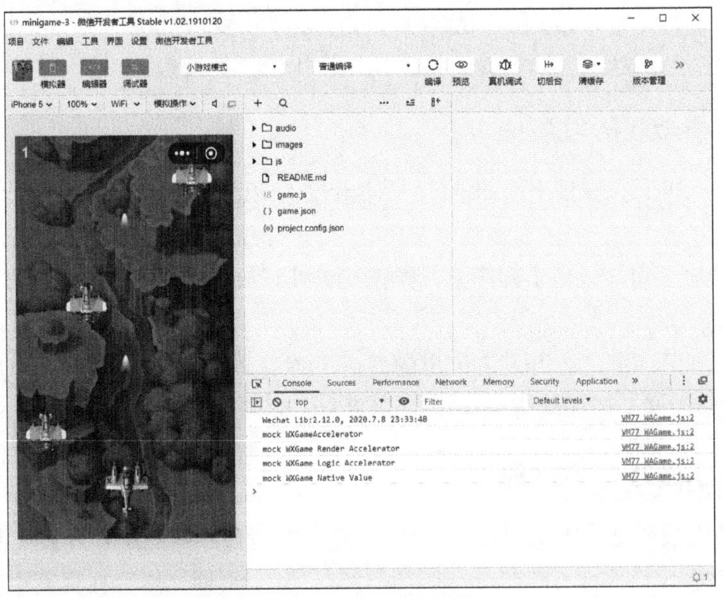

图 8-2　微信开发工具快速创建的一个小游戏

微信小游戏目录结构中有：

（1）audio 文件夹：用来存放音频文件，非必需。

（2）images 文件夹：用来存放图片文件，非必需。

（3）js 文件夹：用来存放脚本文件，非必需。

（4）.game.js 文件：游戏入口文件，必需。

（5）.game.json 文件：游戏配置文件，必需。

（6）.project.config.json 文件：项目配置文件，非必需。

微信小游戏根目录 game.json 文件用来对小游戏进行配置。开发工具和客户端需要读取这个配置，完成相关界面渲染和属性设置。

game.json 文件配置的选项如表 8-1 所示。

表 8-1 game.json 文件配置的选项

配 置 项	数 据 类 型	默 认 值	说 明
deviceOrientation	String	portrait	屏幕方向，portrait 为竖屏，landscape 为横屏
showStatusBar	Boolean	false	是否显示状态栏
networkTimeout	Number	60000	网络请求的超时时间，单位 ms
networkTimeout.request	Number	60000	wx.request 的超时时间，单位 ms
networkTimeout.connectSocket	Number	60000	wx.connectSocket 的超时时间，单位 ms
networkTimeout.uploadFile	Number	60000	wx.uploadFile 的超时时间，单位 ms
networkTimeout.downloadFile	Number	60000	wx.downloadFile 的超时时间，单位 ms

其中，比较常用的是 deviceOrientation 选项，其他选项保持默认即可。配置示例如下：

```
"deviceOrientation":"portrait"                //竖屏
"networkTimeout":{
    "request":5000,
    "connectSocket":5000,
    "uploadFile":5000,
    "downloadFile":5000}
```

8.1.4 CommonJS 风格

小游戏提供了 CommonJS 风格的模块 API，可以将一些公共的代码抽离成为一个单独的 JS 文件，作为一个模块。可以通过 module.exports 或者 exports 导出模块，通过 require 引入模块。其实开发者按正常的编码习惯编码即可。

```
// common.js
function sayHello(name){
   console.log('Hello'+name+'!')
}
function sayGoodbye(name){
   console.log('Goodbye'+ name+'!')
}
module.exports.sayHello=sayHello              //提供对外的接口
module.exports.sayGoodbye=sayGoodbye          //提供对外的接口
```

在 game.js 中通过 require common.js，就可以调用 common 模块导出的接口。所有输出接口都会成为输入对象的属性。

```
var common=require('./js/libs/common.js')
common.sayHello('xmj')
common.sayGoodbye('xmj')
```

在模块化时，也可以使用 export default 命令和 import 命令。

使用 import 命令时用户需要知道所加载的变量或者函数名，否则无法加载。为了方便用户，使其不用预先知道就能加载模块，这时可以使用 export default 为模块指定默认输出。

```
// common2.js
export default function test(){   //当然也可以是一个类
   console.log("大家好");
};
```

导入时可以如下：

```
import t from './js/libs/common2.js'
t('xmj')
```

使用 import 导入时可以使用任意名称指定模块 js 文件的导出方法 test()。本质上 export default 就是输出一个叫作 Default 的方法，只是系统允许为它任意取名。微信小游戏支持 ES6，所以开发时可以使用 export default class 定义各种类模块，如 Bullet 子弹类、Sprite 精灵类、Enemy 敌人类模块，使用 import 导入类模块。

```
import Player from './player/player'
import Enemy from './npc/enemy'
```

小游戏并不能调用所有小程序的 API，但是能调用到大部分的 API。例如，wx.request、wx.chooseImage、wx.showToast 等 API，小游戏都可以调用。更详细的 API 功能见微信官方 API 文档。

8.1.5 微信小游戏 Adapter（适配器）

由于小游戏运行在 JavaScript Core 中，没有提供 DOM、BOM 接口。为了让基于 Web 环境开发的游戏引擎能够快速适配，微信小游戏提供了一个 Adapter（适配器），它的作用是基于小游戏接口做一层封装，在全局暴露一些 DOM、BOM 接口。目前，Adapter 会内置于小程序内，开发者无须自行引入。后续 Adapter 项目将不再内置于小程序内，开发者可以选择自行引入 Adapter 来适配，也可以完全基于小游戏平台提供 wx API 自行开发。

引入 Adapter（适配器）之后，会在全局暴露一个 canvas 对象，所有的绘图命令必须通过这个全局的 canvas 来发出。此外，还会暴露 window、document 等 DOM API，开发者可将其当作跟浏览器一样的环境来开发。

微信提供的飞机大战小游戏示例程序中：

```
import'./js/libs/weapp-adapter'
import'./js/libs/symbol'
```

以上代码就是导入 Adapter（适配器），就可以使用其中提供 canvas、image 对象等。例如：

```
const ctx=canvas.getContext('2d')
ctx.fillStyle='#ffffff'
ctx.fillText('hello, world', 0, 0)
```

注意：

Adapter 不是必要引入的模块，开发者可自行选择是否引入，也可以根据游戏实际需要自行修改 Adapter。

8.2　微信小游戏开发 API

小游戏的运行环境是一个绑定了一些方法的 JavaScript VM。与浏览器不同，这个运行环境没有 BOM 和 DOM API，只有 wx API。下面介绍如何用 wx API 来完成创建画布、绘制图形、显示图片的基础功能。

1. 创建 Canvas

调用 wx.createCanvas() 接口，可以创建一个 Canvas 对象。

```
var canvas=wx.createCanvas()
```

此时创建的 canvas 是一个上屏 Canvas，已经显示在屏幕上，且与屏幕等宽、等高。

```
console.log(canvas.width, canvas.height);
```

注意：

在 game.js 中测试此代码，可以先将 game.js 中已有的内容注释。

在整个小游戏代码中首次调用 wx.createCanvas() 创建的是上屏 Canvas，之后调用则创建的是离屏 Canvas。

如果项目中使用了官方提供的 Adapter（适配器），即 weapp-adapter.js，那么此时创建的就是一个离屏 Canvas。因为在 weapp-adapter.js 已经调用了一次 wx.createCanvas()，并把返回的 canvas 作为全局变量暴露出来。

由于注释掉了 game.js 默认的内容，因此这里是一个上屏 Canvas。

2. 在 Canvas 上进行绘制

创建了一个 canvas 对象，但是并没有在 canvas 上面绘制任何内容，因此 canvas 是透明的。可以使用 2D 渲染上下文进行简单的绘制。

例如，在屏幕的左上角创建一个 100 × 100 像素的红色矩形。

```
var context=canvas.getContext('2d');
context.fillStyle='red';
context.fillRect(0,0,100,100);
```

3. 显示图片

通过 wx.createImage() 接口，可以创建一个 Image 对象。Image 对象可以加载图片，当 Image 对象被绘制到 Canvas 上时，图片才会显示在屏幕上。

```
var image=wx.createImage();
```

设置 Image 对象的 src 属性可以加载本地的一张图片或网络图片。当图片加载完毕时会执行注册的 onload 回调函数，此时可以将 Image 对象绘制到 Canvas 上。

```
image.onload=function(){
    console.log(image.width, image.height);          //打印图片的宽高
    context.drawImage(image,0,0);
}
image.src='logo.png';                                //显示的图片
```

上面这段代码的作用是指定 image 的路径，并打印其宽高，同时将其显示在 canvas 中。

4. 创建多个 Canvas

在整个小游戏运行期间，首次调用 wx.createCanvas() 接口创建的是一个上屏 Canvas。在这个 canvas 上绘制的内容都将显示在屏幕上。而第二次、第三次等之后调用 wx.createCanvas 创建的都是离屏 Canvas，在离屏 Canvas 上绘制的内容仅仅只是绘制到了这个离屏 Canvas 上，并不会显示在屏幕上。

```
var offScreenCanvas=wx.createCanvas();
var offContext=offScreenCanvas.getContext('2d');
offContext.fillStyle='green';
offContext.fiiRect(0,100,100,100);
```

在这种情况下并没有在屏幕的（0，100）的位置绘制上一个 100×100 像素的绿色矩形。

为了让这个绿色的矩形显示在屏幕上，需要把离屏的 offScreenCanvas 绘制到上屏的 Canvas 上。

添加代码如下：

```
context.drawImage(offScreenCanvas,0,0);
```

8.3 微信小游戏动画和触摸事件

1. 创建动画

动画的基本原理是：通过定时器不断清空画布，改变运动元素的状态，再重画所有元素。如此重复，就能看到页面上运动元素的动画效果。

在 JavaScript 中，一般通过 setInterval、setTimeout、requestAnimationFrame 来实现动画效果。微信小游戏对这些 API 提供了支持：

```
setInterval()
setTimeout()
requestAnimationFrame()
clearInterval()
clearTImeout()
cancelAnimationFrame()
```

另外，还可以通过 wx.setPreferredFramesPersSecond() 修改执行 requestAnimationFrame 回调函数的频率，以降低性能消耗。

2. 触摸事件

响应用户与屏幕的交互是游戏中必不可少的部分，小游戏提供了监听触摸事件的 API：

```
wx.onTouchStart()
wx.onTouchMove()
wx.onTouchEnd()
wx.onTouchCancel()
```

可以通过以下代码来体验一下各个事件：

```
wx.onTouchStart(function(e){
```

```
    console.log(e.touches);
})
wx.onTouchMove(function(e){
    console.log(e.touches);
})
wx.onTouchEnd(function(e){
    console.log(e.touches);
})
wx.onTouchCancel(function(e){
    console.log(e.touches);
})
```

这些和前面的微信小程序的功能使用方法都是一致的。

触摸过程中 onTouchStart、onTouchEnd、onTouchCancel 执行一次，onTouchMove 每帧执行一次。

下面示例实现让一张图片跟随鼠标或者手指的移动而移动。

```
let ctx=canvas.getContext('2d')
let image=wx.createImage();
image.onload=function(){
   ctx.drawImage(image,0,0,53,33)
}
image.src="images/hero.png"           //飞机图片
export default class Main{
   constructor(){
      this.TouchEvent();              //注册事件监听
   }
   TouchEvent(){
      wx.onTouchStart(function(e){
        console.log(e.touches);
        console.log("移动开始"+e.touches[0].clientX+" "+e.touches[0].clientY)
      })
      wx.onTouchMove(function(e){
        let x=e.touches[0].clientX;
        let y=e.touches[0].clientY;
        //每次清除一下画布
        ctx.clearRect(0, 0, canvas.width, canvas.height)
        //重新绘制一张图片并指定位置
        ctx.drawImage(image,x,y,53,33)
        console.log("移动中"+e.touches[0].clientX+" "+e.touches[0].clientY)
      })
      wx.onTouchEnd(function(e){
         console.log(e.touches)       //移动结束的时候触摸点列表长度为0
       })
      wx.onTouchCancel(function(e){//移动取消的时候触摸点列表长度为0
         console.log("取消移动")
         console.log(e.touches)
```

```
        })
    }
}
new Main()
```

运行以后，可以看到 hero.png 飞机图片跟随鼠标或者手指的移动而移动，同时控制台显示出如图 8-3 所示内容。

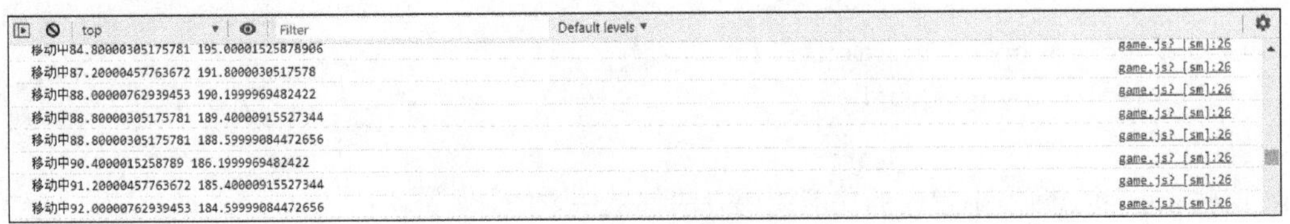

图 8-3　控制台显示鼠标的移动坐标

以下代码可以判断是否单击 hero.png 图片：

```
var canvas=wx.createCanvas()
var ctx=canvas.getContext("2d")
var img=wx.createImage()
var firstX=100
var firstY=100
var imgW=100
var imgH=100
img.src=" images/hero.png"
img.onload=function(){
    ctx.drawImage(img, firstX, firstY,imgW,imgH);
}
wx.onTouchStart(function(e){
    var touch=e.changedTouches[0]
    var clientX=touch.clientX
    var clienty=touch.clientY
    if((firstX<clientX&&clientX<(firstX+imgW))&&(firstY<clienty&&clienty
<(firstY+imgH))){
      console.log(" 你被点中了 ")
    }
})
```

视　频

接宝石箱子游戏

8.4　微信小游戏开发——接宝石箱子游戏

接宝石箱子小游戏运行后底部出现主角工人，屏幕上方不断掉落宝石箱子，主角工人每接住一个箱子积分增加 1 分，玩家通过触碰屏幕左侧或者右侧控制工人移动方向。本游戏运行界面如图 8-4 所示。

图 8-4　接宝石箱子小游戏运行界面

8.4.1　程序设计步骤

使用微信开发者工具新建项目，左侧类别选择小游戏，右侧的项目名称输入“接宝石箱子游戏”，单击“新建”按钮，新建一个新的小游戏。

在图 8-5 所示界面的中间部分，为文件结构区域。右击文件结构区域上方的“+”号，下拉菜单中选择“目录”，建立文件夹 test/images 结构，放入相关游戏图片（箱子、工人）。

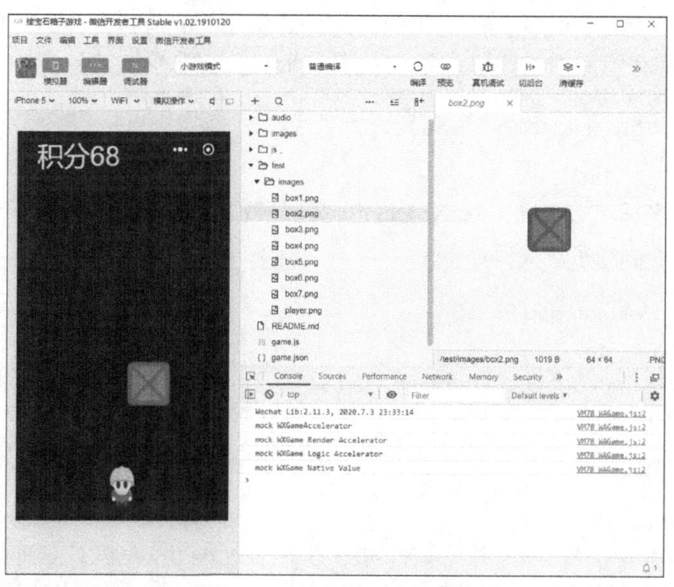

图 8-5　放入相关游戏图片

准备工作完成后，修改 game.js 文件。本游戏不使用 Adapter（适配器），使用微信 wx API 自行开发。代码如下：

```
/*import './js/libs/weapp-adapter'
import './js/libs/symbol'
import Main from './js/main'
```

```
new Main()
*/
const DROP_SPEED=8                                    //箱子下移速度
const MOVE_SPEED=4                                    //人物左右移速度
const canvas=wx.createCanvas()
const context=canvas.getContext('2d')
context.fillStyle="#ffff00"
context.font="40px Arial"
```

加载工人图片，并设置位置坐标（imgX，imgY）为屏幕底部。代码如下：

```
const image=wx.createImage()                          //人物图片
let imgX=canvas.width / 2-18                          //人物位置
let imgY=canvas.height-80
image.onload=function(){
   context.drawImage(image, imgX, imgY)
}
image.src='test/images/player.png'
```

drawRect(x, y) 函数清空屏幕，重绘宝石箱子、人物和积分文字。代码如下：

```
let score=0
const { windowWidth, windowHeight }=wx.getSystemInfoSync() //屏幕宽度和高度
function drawRect(x, y){
   context.clearRect(0, 0, windowWidth, windowHeight)    //重绘清空屏幕
   context.drawImage(boxImage, x, y)          //画宝石箱子
   context.drawImage(image, imgX, imgY)       //画人物
   context.fillText("积分"+score, 30, 50)     //绘制积分文字
}
```

设置宝石箱子坐标初始位置（rectX, rectY）为屏幕顶端中央。调用 box(rectX, rectY) 在指定位置 (rectX, rectY) 绘制箱子。代码如下：

```
let rectX=canvas.width/2-30                           //宝石箱子坐标
let rectY=0
const boxImage=wx.createImage()                       //宝石箱子图片
box(rectX, rectY)                                     //调用 box((rectX, rectY) 在指
                                                      //定位置 (rectX, rectY) 绘制箱子

function box(x, y){
   // Math.ceil() 只要有小数总是向上取整数；例如 Math.ceil(1.1) 输出为 2
   let number=Math.ceil(Math.random()*7)    //随机产生 1 ~ 7 数字
   let box_src='test/images/box'+number+'.png'
   boxImage.onload=function(){
      context.drawImage(boxImage, x, y)
   }
   boxImage.src=box_src
}
```

以下为触摸（碰）事件处理。判断触碰位置在人物的左侧则移动方向 direction 值为 -1，这

样 x 坐标可以不断减少。触碰位置在人物的右侧则移动方向 direction 值为 1，这样 x 坐标可以不断增加。

```
var direction=0
var touchX=imgX
var touchY=imgY
wx.onTouchStart(function(res){          //触碰事件
  touchX=res.changedTouches[0].clientX-18
  if(touchX < imgX){                    //触碰位置在人物的左侧
    direction=-1                        //向左移动
    console.log("left")
  } else {                              //触碰位置在人物的右侧
    direction=1                         //向右移动
    console.log("right")
  }
})
```

loop() 是用来实现游戏帧循环达到动画效果。首先判断工人达到屏幕两侧边界，如果判断工人的位置到达屏幕最左侧，则改向右；到达屏幕最右侧，则改向左。箱子 Y 坐标不断增加，显示出下落效果，工人位置坐标根据移动方向不断修改，同时重新绘制箱子、工人、积分。

如果箱子到达底部区域，则判断与工人之间的距离，如果小于 50 则认为碰撞（就是工人接到宝石箱子），进行加分处理。如果箱子出了屏幕底部，重新设置箱子图片并设置位于顶部。最后调用 requestAnimationFrame(loop); 起到循环渲染效果。

```
function loop(){
   if(imgX<=10){                         //人物位置到达屏幕最左侧，改向右
     direction=1
   }else if(imgX>=canvas.width-50){  //人物位置到达屏幕最右侧，改向左
     direction=-1
   }
   rectY+=DROP_SPEED            //箱子下移 DROP_SPEED
   imgX+=direction*MOVE_SPEED //改变人物位置坐标
   drawRect(rectX, rectY)      //重新绘制箱子，人物，积分
   if(rectY>canvas.height-100 && rectY<=canvas.height){  //达到底部
     let range=Math.abs(rectX-imgX) //与人物之间距离
     if(range<=50){              //检测碰撞
       rectY=canvas.height
       score++                   //加分
     }
   }
   if(rectY>canvas.height){
     rectY=0
     let spwanX=Math.floor(Math.random()*(canvas.width-80))
     box(spwanX, rectY)         //重新设置箱子位于顶部
     rectX=spwanX
   }
   requestAnimationFrame(loop);       //循环渲染
```

```
    }
    loop()
```

8.4.2 增加炸弹功能

为了增加游戏难度，下落的宝石箱子中有炸弹，如果接到炸弹则减 10 分，玩家要注意避免接到炸弹。文件夹 test/images 结构，放入相关游戏炸弹图片，然后修改 game.js 文件。代码如下：

```
var box_src;
function box(x, y){
    // Math.ceil() 只要有小数总是向上取整数；例如 Math.ceil(1.1) 输出为 2
    let number=Math.ceil(Math.random()*8)          // 随机产生 1 ~ 8 数字
    if(number==8)
        box_src='test/images/candy.png'            // 炸弹图片
    else
        box_src='test/images/box'+number+'.png'    // 宝石箱子图片
    boxImage.onload=function(){
        context.drawImage(boxImage, x, y)
    }
    boxImage.src=box_src
}
```

代码中判断随机产生 number 数字是否为 8，如果是 8 则显示炸弹图片。

在碰撞检测中，判断碰撞箱子图片 box_src 是否为炸弹，若是则游戏积分减 10 分，否则加分。代码如下：

```
if(rectY>canvas.height-100 && rectY<=canvas.height){// 达到底部
    let range=Math.abs(rectX-imgX)
    if(range<=50){                                  // 检测碰撞
        rectY=canvas.height
        if(box_src== 'test/images/candy.png')       // 是否是炸弹图片
            score-=10;
        else
            score++;                                // 加分
    }
}
```

以上修改就可以实现炸弹减分功能。

8.4.3 增加游戏失败功能

如果工人漏接宝石箱子数达到一定数量，例如 10 个箱子落地则游戏失败。当然，可以根据积分不断增加允许箱子落地的数量。

增加变量定义：

```
var losenum=0
var stop=false
```

如下修改 game.js 文件：

```
function loop(){
   …//
   if(rectY>canvas.height){
     rectY=0
     let spwanX=Math.floor(Math.random() *(canvas.width-80))
     box(spwanX, rectY)                           //重新设置箱子位于顶部
     rectX=spwanX
     losenum+=1
     if(losenum==10)                              //10 个以上箱子落地
       wx.showModal({
          title:'游戏失败',
          content:'确定要重新开始游戏？',
          cancelText:"否",                        //默认是"取消"
          confirmText:"是",                       //默认是"确定"
          confirmColor:'skyblue',                 //确定文字的颜色
          success:function(res){
             if(res.cancel){                      //点击否，默认隐藏弹框
               stop=true;
             }
             if(res.confirm){                     //点击是
               score=0;  rectY=0;
               losenum=0
               let spwanX=Math.floor(Math.random() *(canvas.width-80))
               box(spwanX, rectY)                 //重新设置箱子位于顶部
               rectX=spwanX
             }
          },
     })
   }
   if(!stop)requestAnimationFrame(loop);      //循环渲染
}
```

8.4.4 增加背景音乐功能

本游戏使用 wx.createInnerAudioContext() 接口播放背景音乐。

通过 wx.createInnerAudioContext() 接口可以创建一个音频实例 innerAudioContext，通过这个实例可以播放音频。例如：

```
var audio=wx.createInnerAudioContext();
audio.src='audio/bgm.mp3;
audio.play();
```

可直接使用飞机大战的背景音乐。

在游戏期间，音频被系统打断时会触发音频中断事件。音频中断事件分为中断开始和中断结束事件，分别使用 wx.onAudioInterruptionBegin() 和 wx.onAudioInterruptionEnd() 来监听。

以下事件会触发音频中断开始事件：转到电话、闹钟响起、系统提醒、收到微信好友的语

音 / 视频通话请求。被中断后，小程序内所有音频会被暂停，并在中断结束之前不能再播放成功。

中断结束之后，被暂停的音频不会自动继续播放。如果小游戏有背景音乐，需要监听音频中断结束事件，并在收到中断结束事件之后调用背景音乐继续播放。

```
wx.onAudioInterruptionEnd(function(){
    audio.play();
})
```

至此，一个完整的小游戏完成了。

由于原生微信小游戏开发效率低下，实际上微信小游戏大多都是用游戏引擎开发。例如，“跳一跳”微信小游戏就是基于 three.js 引擎开发的。有兴趣的读者可以尝试学习使用 Cocos Creator 游戏引擎开发微信小游戏。

附录 A

项目案例——约尚蛋糕订购微信小程序

约尚蛋糕订购微信小程序是用于将蛋糕店传统销售模式转为线上订购、线下取货的运营方式，给商家和顾客带来便利。商家通过小程序对店内产品信息进行管理、统计、分析，了解顾客对店内产品的喜好，决定店铺营销方式；顾客使用小程序对店铺产品进行选购，查看个产品用户评价，方便顾客了解产品详情，免去以往烦琐流程，节省顾客时间。

约尚蛋糕微信小程序主要分为前台和后台两部分，这两部分功能的用户分别为普通用户和管理员。

（1）普通用户功能：用户进入小程序内可以对店铺商品进行浏览查看，在商品详情页可以对商品进行评价。如果想订购蛋糕则需要进行注册登录才能进一步操作，用户可以对购物车内添加的商品进行操作，在个人中心可以查看自己的订单信息和评价。

（2）管理员功能：管理员通过登录进入小程序后台，可以查看当前小程序所有商品信息和商品分类，对商品信息和分类信息进行修改删除，可以为小程序添加新的商品和分类，可以查看用户的订单信息改变订单状态，为用户重置密码。

小程序在设计过程中将系统分为前台用户功能模块和后台管理员功能模块两部分，其中前台用户模块功能主要有用户注册登录、小程序商品浏览、购物车、个人中心等功能；后台管理员模块为系统内部管理人员使用，可以对商品信息和商品分类进行管理，还可以对订单信息以及用户信息进行管理。约尚蛋糕订购微信小程序的系统功能模块结构图如图 A-1 所示。

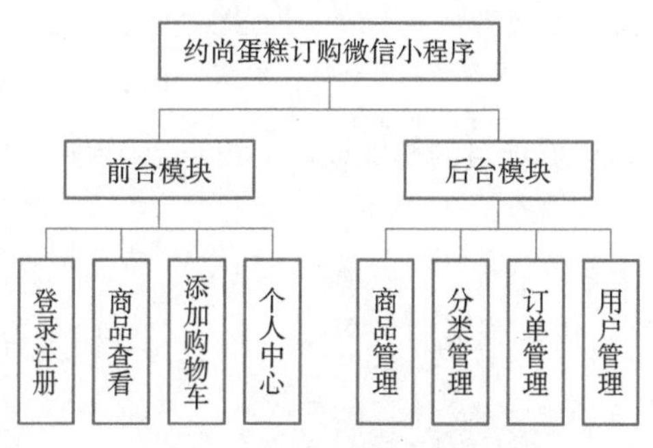

图 A-1　系统功能模块结构图

视 频

附录 A　项目案例——微信蛋糕订餐服务

读者扫描二维码，可观看项目的详细设计文档及源代码。

附录 B

项目案例——计算器小程序

小程序运行后的结果如图 B-1 所示。输入计算时，显示输入数字和运算符并记录计算过程，如图 B-2 所示。单击 C 按钮实现清屏，单击 DEL 按钮实现退格清除。

图 B-1　初始界面

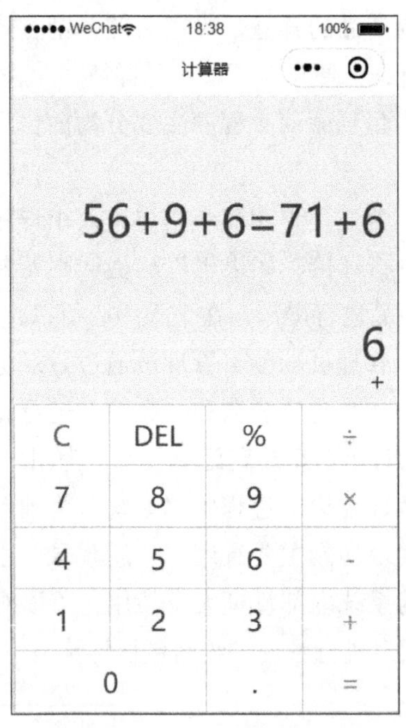

图 B-2　运算过程界面

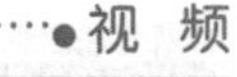

附录 B　项目案例——计算器小程序

读者扫描二维码，可观看项目的详细设计文档及源代码。

附录 C

项目案例——推箱子游戏

经典的推箱子是一个来自日本的古老游戏，目的是训练用户的逻辑思考能力。在一个狭小的仓库中，要求把木箱放到指定的位置，稍不小心就会出现箱子无法移动或者通道被堵住的情况，所以需要巧妙地利用有限的空间和通道，合理安排移动的次序和位置，才能顺利地完成任务。

推箱子游戏功能如下：

游戏运行载入相应的地图，屏幕中出现一个推箱子的工人，其周围是围墙、人可以走的通道、几个可以移动的箱子和箱子放置的目的地。让玩家通过按上下左右键控制工人推箱子。当箱子都推到目的地后出现过关信息，并显示下一关。推错了玩家可按空格键重新玩过这关，直到通过完全部关卡。

推箱子游戏界面如图 C-1 所示。

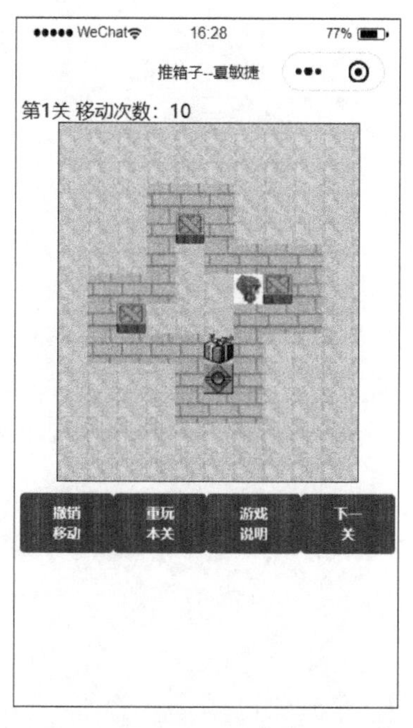

图 C-1　推箱子游戏界面

读者扫描二维码，可观看项目的详细设计文档及源代码。

视　频

附录 C　项目案例——推箱子游戏

参考文献

[1] 周文洁 . 微信小程序开发零基础入门 [M]. 北京：清华大学出版社，2019.

[2] 肖睿，何源 . 微信小程序开发实战 [M]. 北京：人民邮电出版社，2020.

[3] 杜春涛 . 微信小程序开发案例教程 [M]. 北京：中国铁道出版社有限公司，2019.

[4] 阮文江 . JavaScript 程序设计基础教程 [M]. 2 版 . 北京：人民邮电出版社，2015.

[5] 李雯，李洪发 . HTML5 程序设计基础教程 [M]. 北京：人民邮电出版社，2017.